国家林业和草原局职业教育"十三五"规划教材

茶叶审评技术

张清海　朱珺语　主编

中国林业出版社
China Forestry Publishing House

内容简介

本教材创新性地将各级茶叶标准与评茶职业技能大赛要求结合,以评茶员职业标准为核心,以茶叶基础知识掌握、评茶职业能力及评茶员职业素养综合提升为目标,以企业开展茶叶审评工作真实情景为背景进行编写,层层递进推动教学,有序指导开展评茶训练,实现学生(学员)技能升级。全书分为9个项目、22个任务,内容主要包括:夯实评茶基础、解锁茶叶审评基本条件及基础技能、绿茶审评、红茶审评、黄茶审评、白茶审评、乌龙茶审评、黑茶审评和再加工茶审评。

本教材既适用于高等职业教育茶叶生产与加工技术、茶艺与茶文化、园艺技术专业茶叶审评技术课程的教学,也可用于评茶员职业能力提升培训。

图书在版编目(CIP)数据

茶叶审评技术/张清海,朱珺语主编. —北京:中国林业出版社,2022.6
国家林业和草原局职业教育"十三五"规划教材
ISBN 978-7-5219-1731-4

Ⅰ.①茶… Ⅱ.①张… ②朱… Ⅲ.①茶叶-食品检验-职业教育-教材 Ⅳ.①TS272.7

中国版本图书馆 CIP 数据核字(2022)第 108524 号

中国林业出版社·教育分社

策划、责任编辑:曾琬淋
电话:(010)83143630　　　　传真:(010)83143516

出版发行	中国林业出版社(100009　北京市西城区刘海胡同7号)
电子邮箱	jiaocaipublic@163.com
网　　站	http://www.forestry.gov.cn/lycb.html
印　　刷	北京中科印刷有限公司
版　　次	2022年6月第1版
印　　次	2022年6月第1次印刷
开　　本	787mm×1092mm　1/16
印　　张	15.25
字　　数	385千字(含数字资源35千字)
定　　价	52.00元

未经许可,不得以任何方式复制或抄袭本书之部分或全部内容。

版权所有　侵权必究

编写人员名单

主 编

张清海（湖北生态工程职业技术学院、湖北省张清海技能大师工作室）
朱珺语（湖北生态工程职业技术学院）

副主编

石海云（湖北生态工程职业技术学院）
何　洁（湖北恩施学院、湖北省何洁技能大师工作室）
陈　蔚（湖北科技职业学院）
殷　露（殷露评茶技能大师工作室）

参　编（按姓名拼音排序）

白　琳（湖北生态工程职业技术学院）
崔亚慧（湖北生态工程职业技术学院）
董　晨（三峡大学）
戈　英（湖北生态工程职业技术学院）
黄慧中（湖北生态工程职业技术学院）
李文龙（湖北省张清海技能大师工作室）
李雅琦（湖北生态工程职业技术学院）
毛小康（武汉纺织大学）
宋　璨（湖北生态工程职业技术学院）
宋晓维（武汉理工大学）
王银环（武汉沧月幽兰文化有限公司）
袁　率（湖北生态工程职业技术学院）
张善明（湖北三峡职业技术学院）
张苏丹（黄冈职业技术学院）

主 审

章承林（湖北生态工程职业技术学院）

前言

"茶之为饮,发乎神农氏,闻于鲁周公。"中国是茶的故乡、茶文化发祥地、世界最大产茶国。中华民族五千多年文明画卷,每一卷都飘着清幽茶香。从"一片叶子,成就了一个产业,富裕了一方百姓",到"一带一路""万里茶道""茶酒论""茶之友谊"等"茶叙外交",习近平总书记高度重视茶产业发展和茶文化交流,在多次出访中介绍中国茶文化,为"中国茶"的共享发展指明了方向和路径。2020年国际茶日,习近平总书记表示,作为茶叶生产和消费大国,中国愿同各方一道,推动全球茶产业持续健康发展,深化茶文化交融互鉴,让更多的人知茶、爱茶,共品茶香茶韵,共享美好生活。

随着茶文化的兴盛与发展,无论是"柴、米、油、盐、酱、醋、茶"的"茶",还是"琴、棋、书、画、诗、曲、茶"的"茶",均已广泛深入人心,喝茶成为人们愉悦与健康的生活方式。现阶段茶叶消费者普遍表现出了对茶叶品质的追求,提高了对食品安全的要求,形成了对茶园生态的关注。茶叶审评工作贯穿茶叶生产、销售、品饮等各个环节,具有审评结果快速、直观、准确的特点,同时具有定级、定价、仲裁等关键作用,是一项技术性较强的工作。评茶员把关茶叶企业产品特色、安全、质量,是茶叶企业产品品质的一杆尺,对企业及行业发展意义重大。

同期,职业教育教学模式不断发展,传统教材无法满足项目化教学要求。2020年国家教材委员会印发《全国大中小学教材建设规划(2019—2022年)》,教育部印发《职业院校教材管理办法》,强调职业教育教材重在体现"新"和"实",提升服务国家产业发展能力。基于此,我们组织了长期从事茶叶审评技术课程理论教学和实践教学的"双师型"教师、评茶技能大师及长期在企业从事茶叶审评的专业人士合作编写了本教材。

通过一门课程的实施或通过职业培训的开展,使学生或初级从业人员迅速进入角色,掌握茶叶审评的方法,获得职业能力提升,是本教材编写的初衷。本教材创新性地将各级茶叶标准与评茶职业技能大赛要求结合,以评茶员职业标准为核心,以茶叶基础知识掌握、评茶职业能力及评茶员职业素养综合提升为目标,以企业开展茶叶审评工作真实情景为背景,通过9个项目、22个具体任务的完成,层层递进推动教学,有序指导开展评茶训练,实现学生(学员)技能升级。

  本教材由湖北生态工程职业技术学院生态环境学院果茶教研室牵头，湖北省张清海技能大师工作室、湖北省何洁技能大师工作室、殷露评茶技能大师工作室、武汉沧月幽兰文化有限公司专业人士，以及湖北恩施学院、三峡大学、武汉理工大学、武汉纺织大学、湖北科技职业学院、湖北三峡职业技术学院、黄冈职业技术学院教师共同编写。具体分工如下：张清海、朱珺语、戈英编写项目一，朱珺语、石海云、白琳编写项目二，袁率、董晨、宋晓维编写项目三，朱珺语、王银环、宋璨编写项目四，戈英、殷露、黄慧中编写项目五，何洁、张苏丹、李雅琦编写项目六，陈蔚、张善明、毛小康编写项目七，石海云、袁率、李文龙编写项目八，朱珺语、白琳、崔亚慧编写项目九。

  本教材是高等职业教育助力茶行业发展的有力理论指导，是校企合作育人的生动实践，是林业类高等职业院校聚焦人才培养、对接产业发展需求的创新举措。本教材既可用于高等职业教育茶叶生产与加工技术、茶艺与茶文化、园艺技术专业茶叶审评技术课程的教学，也可用于评茶员职业能力提升培训。

  感谢湖北生态工程职业技术学院张钰、雷雅欣、杨拓、严丽青参与了本教材的资料收集及整理工作。教材编写的过程中，我们参阅了许多同行、专家的文献资料等，在此一并表示诚挚的谢意！

  限于我们的学术水平和实践经验，书中错漏之处在所难免，恳请各位同仁、各位读者批评指正。

编 者

2021 年 12 月

目 录

前 言

项目一　夯实评茶基础

任务一　了解茶叶基础知识　/ 3
　　知识点一　茶的起源与传播　/ 3
　　知识点二　茶区概况　/ 7
　　知识点三　茶树生物学和生态学基础　/ 8
　　知识点四　鲜叶采摘及管理　/ 12
　　知识点五　茶叶命名及分类　/ 15

任务二　茶叶包装、运输及贮藏　/ 22
　　知识点一　茶叶包装要求　/ 22
　　知识点二　茶叶的吸附性　/ 25
　　知识点三　茶叶陈化　/ 26
　　知识点四　茶叶贮藏　/ 30

任务三　认识评茶员　/ 32
　　知识点一　评茶员职业概况　/ 33
　　知识点二　评茶员职业道德　/ 34
　　知识点三　评茶员职业能力要求及工作内容　/ 35

项目二　解锁茶叶审评基本条件及基础技能

任务一　做好评茶准备　/ 49
　　知识点一　茶叶感官审评基本条件　/ 49
　　知识点二　茶叶标准　/ 55
　　知识点三　人体感官生理基础　/ 58

任务二　熟练掌握茶叶审评基本流程　/ 63

任务三　规范运用评茶术语　/ 75
　　知识点一　茶叶感官审评术语分类整理　/ 75
　　知识点二　茶叶感官审评常用名词　/ 90
　　知识点三　茶叶感官审评常用虚词　/ 91
　　知识点四　运用评茶术语应注意的事项　/ 91

项目三　绿茶审评

任务一　认识绿茶　/ 97
　　知识点一　绿茶茶类形成与发展　/ 97
　　知识点二　绿茶加工工艺及品质形成　/ 99
　　知识点三　绿茶品质特征描述　/ 102

任务二　开展绿茶审评　/ 113
　　知识点　绿茶审评方法　/ 114

项目四　红茶审评

任务一　认识红茶　/ 123
　　知识点一　红茶茶类形成与发展　/ 123
　　知识点二　红茶加工工艺及品质形成　/ 124
　　知识点三　红茶品质特征描述　/ 128

任务二　开展红茶审评　/ 134
　　知识点　红茶审评方法　/ 134

项目五　黄茶审评

任务一　认识黄茶　/ 141
　　知识点一　黄茶茶类形成与发展　/ 141
　　知识点二　黄茶加工工艺及品质形成　/ 142
　　知识点三　黄茶品质特征描述　/ 143

任务二　开展黄茶审评　/ 146
　　知识点　黄茶审评方法　/ 147

项目六　白茶审评

任务一　认识白茶 / 153
知识点一　白茶茶类形成与发展 / 153
知识点二　白茶加工工艺及品质形成 / 155
知识点三　白茶品质特征描述 / 156

任务二　开展白茶审评 / 159
知识点　白茶审评方法 / 160

项目七　乌龙茶审评

任务一　认识乌龙茶 / 165
知识点一　乌龙茶茶类形成与发展 / 165
知识点二　乌龙茶加工工艺及品质形成 / 166
知识点三　乌龙茶品质特征描述 / 170

任务二　开展乌龙茶审评 / 176
知识点　乌龙茶审评方法 / 177

项目八　黑茶审评

任务一　认识黑茶 / 185
知识点一　黑茶茶类形成与发展 / 185
知识点二　黑茶加工工艺及品质形成 / 187
知识点三　黑茶品质特征描述 / 189

任务二　开展黑茶审评 / 194
知识点　黑茶审评方法 / 194

项目九　再加工茶审评

任务一　紧压茶审评 / 201
知识点一　紧压茶形成与发展 / 201
知识点二　紧压茶分类 / 202
知识点三　紧压茶品质特征描述 / 203
知识点四　紧压茶审评方法 / 209

任务二　抹茶审评 / 210
　　知识点一　抹茶生产简况 / 211
　　知识点二　抹茶加工工艺及品质形成 / 211
　　知识点三　抹茶品质特征描述 / 212
　　知识点四　抹茶审评方法 / 213

任务三　袋泡茶审评 / 213
　　知识点一　袋泡茶产销简况 / 214
　　知识点二　袋泡茶产品分类 / 214
　　知识点三　袋泡茶品质特征描述 / 215
　　知识点四　袋泡茶审评方法 / 215

任务四　花茶审评 / 216
　　知识点一　花茶形成与发展 / 217
　　知识点二　香花分类和花茶品种 / 218
　　知识点三　花茶加工工艺及品质形成 / 218
　　知识点四　花茶品质特征描述 / 221
　　知识点五　花茶审评方法 / 228

参考文献 / 231

数字资源列表 / 232

项目一 夯实评茶基础

知识目标

1. 了解评茶员职业定义、职业守则、各级评茶员职业能力要求。
2. 认识茶的起源、传播与发展。
3. 了解茶叶包装材料的种类及要求。
4. 掌握茶叶分类及品质特点。
5. 了解食品安全国家标准、预包装食品标签通则。
6. 了解茶叶的吸附性与陈化原理。
7. 掌握茶叶贮藏方法。

能力目标

1. 能分析茶叶品质表现与茶树生理活动的联系。
2. 能根据不同包装材料的特点给予包装建议。
3. 能准确识别茶叶包装标识,进行包装分析。
4. 能识别次品茶、劣变茶、假茶。

素质目标

1. 通过学习评茶员职业标准,形成良好的评茶员职业道德。
2. 通过茶叶基础知识学习,了解茶文化发展历史,形成强烈的民族自豪感和文化自信。

数字资源

任务一 了解茶叶基础知识

 任务指导书

任务目标
1. 了解茶的起源与传播、茶区概况、茶树生物学和生态学等理论知识。
2. 掌握茶叶分类方法。
3. 能在实践工作中熟练实施鲜叶采摘及鲜叶管理。

任务实施
1. 利用搜索引擎及相关图书,查阅茶的起源、利用、传播、加工及中国茶文化发展历史等相关知识。
2. 实地调查各茶产区情况,了解我国各茶区的划分、分布,各茶区地理环境,以及茶类生产情况。
3. 利用搜索引擎及相关图书,获取茶树的生理特征、生长环境要求及鲜叶利用方法等相关知识。
4. 实地调查茶园及各茶产区生产企业,获取茶类的分类方法、分类依据、各茶类品质特征及关键工艺等相关知识。

考核评价
根据调查时的实际表现及调查深度,结合对相关知识的理解程度及调查报告的内容进行综合评分。

 知识链接

知识点一 茶的起源与传播

一、茶树的发源地

我国是茶的原产地,是世界上最早发现、利用和人工种植茶的国家。人们在认识自然的过程中发现了茶的食用和药用价值,并普遍饮用。目前世界各地引种的茶树、栽培技术、茶叶加工工艺以及饮茶方法,一定程度上都直接或间接地源自中国。茶的发现和利用是中华民族对人类文明的伟大贡献之一。

关于茶树的起源问题,历来争论较多,目前许多学者对茶树原产地开展了广泛的研究,提出了关于茶树原产地的不同观点。近几十年来,学者将茶树和植物学研究相结合,从茶树品种、地质变迁、气候变化、茶树的进化类型等不同角度出发,对茶树原产地做了更加深入的分析和论证，进一步证明了我国西南地区是茶树的原产地。全世界至今已发现的茶组植物有47个种，中国占46个种，其中云南占33个种（25个种为云南独有）。云南茶树种质资源多，大、中、小叶种俱全，在全省16个地、州、市生长。

中国的西南地区，有着茂密的原始森林和肥沃的土壤，气候温暖湿润，适宜茶树生长。早在三国时期（220—280年），就有关于在西南地区发现野生大茶树的记载。唐代陆羽在《茶经》中就有"茶者，南方之嘉木也"和"其巴山峡川有两人合抱者"的记载。至20世纪90年代，中国11个省份200多处发现了野生大茶树。根据近年来的科学调查，中国云南、贵州、四川是世界上最早发现野生大茶树和现存野生大茶树最多、最集中的地区。在云南省的大黑山密林中（海拔1500m）发现一株高32.12m、树围2.9m的野生大茶树，单株存在，树龄约1700年。1996年在云南省镇沅县千家寨（海拔2100m）的原始森林中，发现一株高25.5m、底部直径1.20m、树龄2700年左右的野生大茶树。在云南省澜沧县邦崴村发现一株树龄1000年左右的过渡型"茶树王"，在勐海县南糯山发现一株树龄800年左右的栽培型"茶树王"。茶树从野生型到过渡型再到栽培型，体现了人们在发现野生大茶树的基础上逐渐有意识地进行保护栽培最终大面积人工栽培的历程。

二、茶的传播和发展

（一）茶的传播

茶树的人工栽培发生在3000多年前。据《华阳国志·巴志》记载，周武王伐纣时，巴国以茶及其他珍贵物品纳贡周武王，体现了早期便有人工栽培茶树。而后，茶树的栽培从巴蜀地区向南发展至云南、贵州一带，向东发展至湖南、湖北一带，转至广东、江西、福建，入江苏、浙江，进而北移淮河流域，形成了我国广阔的茶区。

研究显示，我国茶树传播路径主要有以下4条：云南—广西—广东—海南；云南—贵州—湖南—江西—福建—台湾；云南—四川—重庆—湖北—安徽—江苏—浙江；云南—四川—陕西—河南。通过以上4条路径的传播，形成了我国广阔的茶区。

（二）茶的发展

1. 神农时期

人类对茶树的利用是从野生大茶树开始的。《神农本草经》记载："神农尝百草，日遇七十二毒，得荼*而解之。"据考证，神农氏生活在公元前2737年的原始社会时期，距今有5000多年的历史。陆羽在《茶经》中也指出"茶之为饮，发乎神农氏，闻于鲁周公"，进一步显示，我国早在原始社会时期就已经发现并利用茶叶了。

2. 夏朝

以食用为主（生煮羹饮）。

3. 商朝

巴蜀地区开始人工种植茶树。

4. 周朝

茶树由巴蜀地区传播到黄河流域。

---

* 唐朝以前无"茶"字，而只有"荼"的记载，直到唐朝陆羽的《茶经》问世，才将"荼"字写成"茶"。

5. 秦朝

出现茶从食用到饮用的最早记载；茶树从四川向陕西、河南传播。

6. 汉朝

从生煮羹饮到晒干或蒸干收藏，这就最早的蒸青，茶已成为商品进入市场。茶的药用价值得到了进一步的认识，华佗《食经》记载"苦荼久食，益意思"，《神农本草经》记载"茶味苦，饮之使人益思、少卧、轻身、明目"，《神农食经》记载"苦荼久服，令人有力悦志"，均说明茶的药理作用。同时，饮茶已经是上层社会士大夫及王公贵族的习惯。

7. 三国、晋朝、南北朝

出现饼茶采制工艺，是紧压茶最早的记载；茶叶深入佛教，以茶作为载体，倡导俭朴的风气；制茶作坊出现，将鲜叶蒸煮压制成饼。

8. 隋朝

茶文化随佛教传入日本。

9. 唐朝

制茶技术进一步完善，出现了蒸青团茶；茶作为文成公主随嫁礼品始入西藏，始辟茶马交易；天宝年出现贡茶的最早记载；"茶"字使用；世界第一部茶业专著——陆羽的《茶经》问世；确立茶税制度；805年，日本都永忠学问僧和最澄禅师回国时从中国带回茶种，植于近江滋贺村的园台麓，是日本种植茶叶的最早记载；828年，朝鲜使节大廉从中国带回茶种，植于地理山，茶传入朝鲜；茶为国家专营；制茶工艺分为晒干、烘干、炒干；茶叶形式丰富，有粗茶、散茶、末茶、饼茶。

10. 宋朝

崇尚散茶，强调真香、真味、真色，提倡清饮，饮茶方式由煮饮发展为点茶；制茶工艺在唐朝的基础上，增加了蒸茶的环节，榨除部分茶汁，以降低苦涩味；赵佶完成《大观茶论》；由丁谓、蔡襄参与创制的龙团凤饼成为千百年来名茶的代表；福建建州（今建瓯）建造著名的北苑贡茶园；南宋时期日本高僧荣西禅师到中国学习禅宗，回国时带回茶籽、茶苗，植于脊振山，并著《吃茶养生记》。

11. 元朝

武夷山四曲建立御茶园，专制贡茶；四川开始制作黑茶并发展到湖南。

12. 明朝

制茶工艺得到进一步发展，炒青绿茶、乌龙茶、黄茶、黑茶的加工工艺得到进一步完善。洪武二十四年9月下诏"罢造龙团，惟（唯）采芽茶以进"，这就是所谓的团改散，促进了炒青散茶的发展；朱权著作《茶谱》；嘉靖九年花茶已兴，窨茶的花卉除茉莉花外扩展了木樨、玫瑰、蔷薇、梅花、莲花等；田艺蘅撰《煮泉小品》；万历年间云南已有沱茶生产，产地景谷和下关，故称谷庄和关庄；万历六年李时珍著《论茶》，详细记述茶叶药用的性能及功效；万历二十五年，许次纾撰的《茶疏》一书中描述了武夷岩茶的采摘、炒制、烘焙及如梅似兰的香气特征，并详细记述了炒青绿茶的工艺技术；罗廪撰《茶解》，着重对炒青工艺技术要点做了记述；喻政在福州著《茶书全集》（原名《茶集》），分5部27篇；明代出版的《匡庐游录》《物理小识》是茶树修剪和台刈技术的最早记载。

1516年,葡萄牙人从马来半岛到中国进行贸易,贸易中就有茶;1557年,意大利作家赖麦锡著的《中国茶》和《航海行记》是欧洲介绍华茶的最早记载;1567年,俄国彼得洛夫著文介绍中国茶事,是茶讯入俄之始;1606年,荷兰人从澳门采购茶叶,是华茶入欧之始;1638年,俄国商队至湖南、安徽运茶回国。

13. 清朝

在明朝的基础上完善了六大茶类;据纽霍夫记述,1655年广州官吏宴请荷兰大使时曾将茶与牛奶调饮;红茶发源于福建武夷山的星村小种(现称"正山小种");1669年,英国东印公司运中国茶入英国;1690年,中国茶获得美国波士顿销售的特许执照;李来章的《连阳八排风土记》详细记录了茶树无性繁殖的方法,即压条繁殖;安溪铁观音问世;1780年,英国东印公司从广州购茶籽,茶苗运至印度的加尔各答种植,是中国茶入印度的最早记载;1795年,《华茶大观》中描述美国植物学家米绰克斯从一位船长获得中国茶籽,种植于查尔斯顿植物园中,是中国茶入美国最早记载;1796年,福建茶农成功创制了白茶新品种;1911年,谢观编著《中华医学大辞典》,记述了茶根煎服治病之功效。

14. 近代

1917年,湖南安化设立茶业讲习所;1918年,安徽休宁设立茶务讲习所;1923年,安徽六安省设立第三农业学校,创设了茶业专业;1931年,中山大学农学院成立茶蔗部,设有茶蔗研究所和茶蔗专业;1931年,上海和汉口相继设立了中国茶叶检验机构,并草拟了第一份出口茶叶检验规程;1935年,吴觉农、胡浩川编著《中国茶业复兴计划》一书,由上海商务印书馆出版;1935年,福建创立了福安茶叶改良场,张天福任校长,此为最早的茶叶科技学校;1939年,中国茶业公司委派范和钧、冯绍裘、张石诚等深入顺宁、佛海(今之凤庆、勐海)创办茶厂,并成功研制红茶,此为滇红生产之始;1940年,在孙寒冰、吴觉农等倡议和推动下,迁址重庆的复旦大学增设茶叶专业(本科),由吴觉农任系主任,此为中国高等院校中最早创建的茶叶系科;1940年,英士大学创办了特产专修科,内设茶业专修班;1949年,中央财政经济委员会在北京召开全国茶叶产销会议,讨论复兴华茶问题;1949年,在原中国茶业公司的基础上成立新的中国茶业公司,由农业部副部长吴觉农兼任经理,统管全国茶叶生产、收购、加工、出口和内销业务;1949年,复旦大学茶叶专修科恢复招生(二年制);1950年1月30日,中央贸易部发出通知,各地茶叶由中国茶叶进出口公司统一组织收购,各地其他贸易公司或机关不得自行在市场上收购茶叶;1950年,武汉大学农学院创办茶叶专修科;1952年,全国高等学校实行院系调整,复旦大学茶叶专修科并入安徽农学院,同年武汉大学农学院茶叶专修科并入华中农学院,西南贸易专科学校茶叶专修科调入西南农学院,浙江农学院开始茶叶专修科,蒋芸生任主任;1956年,安徽农学院、浙江农学院的茶叶专修科升格为茶业(学)系,学制由2年改为4年,同年,湖南农学院农学专业茶作组改为园艺系茶叶专业,学制4年;1958年10月6日,中国农业科学院茶叶研究所在浙江杭州成立;1959年4月,在杭州召开全国高等农业院校第一次教材协作编写会议,并决定先编写茶树栽培、育种、制茶和生化4本教材;1964年8月23日至9月2日,中国茶叶学会成立大会暨第一届学术年会在杭州召开,到会代表62人,收到论文146篇，蒋芸生任第一届理事会理事长；1973年，云南农业大学建立茶叶专修科，学制3年，1984年后改为4年制本科，属园艺系；1975年，福建农学院设立茶叶专业，学制2年，1978年改为4年制本科；1977年，台湾省台北市出现第一家茶艺馆。

知识点二　茶区概况

中国茶区分布辽阔，东起122°E的台湾东部海岸，西至95°E的西藏易贡，南自18°S的海南榆林，北到37°N的山东荣成，东西跨经度27°，南北跨纬度19°。其中，主要分布区在秦岭以南，现有茶园面积110万hm^2。

南方大部分省份都产茶，长江以北部分地区产茶。它们分别是浙江、福建、安徽、江苏、江西、湖南、湖北、四川、云南、广西、广东、海南、河南、陕西、山东、甘肃、台湾、西藏、贵州、重庆。根据茶树的生产特点、所在的地理位置、生态条件等，可以分为4个茶区：江北茶区、江南茶区、华南茶区和西南茶区。

一、江北茶区

江北茶区位于长江中、下游北岸，包括河南、陕西、甘肃、山东等省份和皖北、苏北、鄂北等地区。江北茶区主要生产绿茶。

该茶区年平均气温为15~16℃，冬季绝对最低气温一般为-10℃左右；年降水量较少，为700~1000mm，且分布不均。该茶区气温较低，茶树冬季易遭冻害，易受旱，依赖灌溉。土壤多属黄棕壤或棕壤，是中国南北土壤的过渡类型。该茶区产量略低，主要生产绿茶。少数山区有良好的微域气候，茶叶品质优异，名茶有六安瓜片、信阳毛尖等。

二、江南茶区

江南茶区位于长江中、下游南部，包括浙江、湖南、江西等省份和皖南、苏南、鄂南等地区，为中国茶叶主要产区，年产量大约占全国总产量的2/3。生产的主要茶类有绿茶、红茶、黑茶、花茶以及品质各异的特种名茶，诸如西湖龙井、黄山毛峰、洞庭碧螺春、君山银针、庐山云雾等。

茶园主要分布在丘陵地带，少数在海拔较高的山区。这些地区四季分明，年平均气温为15~18℃，冬季气温一般在-8℃左右，年降水量为1400~1600mm，春、夏季雨水最多，占全年降水量的60%~80%，秋季干旱。土壤主要为红壤，部分为黄壤或棕壤，少数为冲积壤。

三、华南茶区

华南茶区位于中国南部，包括岭南以南的广东、广西、福建、台湾、海南等省份，为中国最适宜茶树生长的地区。有乔木、小乔木、灌木等各种类型的茶树品种，茶树资源极为丰富，生产红茶、乌龙茶、花茶、白茶和六堡茶等，所产大叶种红碎茶茶汤浓度较高。

该茶区除闽北、粤北和桂北等少数地区外，年平均气温为19~22℃，最低月（1月）

平均气温为7~14℃，茶树年生长期10个月以上；年降水量是中国茶区之最，一般为1200~2000mm，其中台湾雨量特别充沛，年降水量常超过2000mm。土壤以砖红壤为主，部分地区也有红壤和黄壤分布，土层深厚，有机质含量丰富。

四、西南茶区

西南茶区是高原茶区，包括云南、贵州、四川三省以及西藏东南部，是中国最古老的茶区。茶树品种资源丰富，生产红茶、绿茶、沱茶、紧压茶和普洱茶等，是中国发展大叶种红碎茶的主要基地之一。

云贵高原为茶树原产地中心，地形复杂，有些同纬度地区海拔高低悬殊，气候差别很大，大部分地区属亚热带季风气候区，冬不寒冷，夏不炎热。土壤状况也较为适合茶树生长，其中四川、贵州和西藏东南部以黄壤为主，有少量棕壤；云南主要为赤红壤和山地红壤。土壤有机质含量一般比其他茶区丰富。

知识点三　茶树生物学和生态学基础

一、茶树形态特征

茶树的植物学名称为 *Camellia sinensis*（L.）O. Kuntze，是一种多年生常绿木本植物。茶树在植物分类学上属被子植物门双子叶植物纲山茶目山茶科山茶属茶种。

（一）茶树树体类型

茶树植物学性状相对稳定，可分为乔木型、小乔木型和灌木型3种（图1-1）。

1. 乔木型茶树

植株高大，有明显的主干，分枝部位高，一般树高达3m以上，云南等地原始森林中生长的野生大茶树可高达10m以上，如'勐库大叶种'、'凤庆大叶种'、'勐海大叶种'、'海南大叶种'等。

图1-1　茶树树体类型

2. 小乔木型茶树

植株较高大，基部主干明显，分枝部位较高，在福建、广东及云南西双版纳一带栽培较多，如'凤凰水仙'、'福鼎大白茶'、'凌云白毛茶'和'江华苦茶'等。

3. 灌木型茶树

树冠较矮小，无明显主干，从根颈处分枝，分枝较密，自然生长状态下树高1.5~3m，栽培最多，如'龙井43'、'祁门种'、'黄山种'、'铁观音'等。

（二）茶树树体组成

茶树由根、茎、叶、花、果实和种子六大器官组成。按照生产需求划分为地下部和地上部两部分：地下部为根；地上部包括茎、叶、花、果实和种子。按照形态结构和生理功能划分，根、茎、叶为营养器官，花、果实、种子为生殖器官。营养器官和生殖器官相互促进、相互制约，共同维系了茶树的生长发育。

1. 根

茶树的根在茶树生长过程中起到固定植株、贮藏营养物质、从土壤中吸收水分和养分的作用，是一个很重要的器官。

茶树的根系由主根和侧根组成。按发生部位不同，根可分为定根和不定根。主根和各级侧根称为定根，从茶树茎、叶、老根或根颈处发生的根称为不定根。主根是由胚根发育而成，呈纺锤状，生长过程中垂直向下生长，一般长 1m 左右，在质地较好的土壤中可达 2~3m 甚至更长。主根和侧根一般呈红棕色，寿命较长。

主根和侧根上的根毛色洁白，寿命较短，不断死亡更新，起吸收水分和养分的作用。

2. 茎

茶树的茎是联系茶树根与叶、花、果的轴状结构，其主干以上着生叶的成熟茎称枝条，着生叶的未成熟茎称新梢。主干和枝条构成树冠的骨架。未木质化的嫩梢柔软，表皮有茸毛，呈嫩绿色。茎表皮颜色随木质化程度逐渐加深，当表皮由青绿变为淡黄，则进入半木质化状态；变为红棕色，则完全木质化。2~3 年生的枝条呈暗灰色，表面有裂纹。

茶树有很强的繁殖能力，将枝条剪下一段插入土中，在适宜的条件下即可长成新的植株。

3. 叶

茶树的叶是制作茶叶的原料，也是茶树进行呼吸、蒸腾和光合作用的主要器官。茶树的叶由叶片和叶柄组成，在枝条上单叶互生，呈直立状、半直立状、水平状或下垂状，着生状态因品种而异。叶片的形状有椭圆形、长椭圆形、卵形、圆形、披针形等。

茶树叶片分鳞片、鱼叶和真叶 3 种类型。鳞片无叶柄，质地较硬，呈黄绿或棕褐色，表面有茸毛与蜡质。随着茶芽萌展，鳞片逐渐脱落。鱼叶是发育不完全的叶片，其色较淡，叶柄宽而扁平，叶缘一般无锯齿，或前端略有锯齿，侧脉不明显，叶形多呈倒卵形，叶尖圆钝。真叶是生产的收获对象，是制作饮料茶叶的原料。真叶主脉明显，主脉再分出细脉，连成网状，故称网状脉。侧脉呈 ≥45° 角伸展至叶缘约 2/3 的部位，向上弯曲与上方侧脉相连接。侧脉对数因品种而异，多的为 10~15 对，少的为 5~7 对，一般为 7~9 对。

茶叶的叶片大小以定型叶的叶面积来区分，凡叶面积大于 $50cm^2$ 的属特大叶种，$28~50cm^2$ 的属大叶种，$14~28cm^2$ 为中叶种，小于 $14cm^2$ 的为小叶种。叶面积计算公式为：

$$叶面积(cm^2) = 叶长(cm) \times 叶宽(cm) \times 系数(0.7)$$

4. 花

花是茶树的生殖器官之一。茶花可分为花柄、花托、花萼、花瓣、雄蕊、雌蕊等部分。茶花为两性花，多为白色，少数呈淡黄或粉红色，稍微有些芳香。茶花的花瓣通常为 5~7 瓣，呈倒卵形，基部相连，大小因品种不同而不同。现阶段部分地区对茶树花瓣及花粉资源有一定的利用。

我国大部分茶区茶花的盛花期在 9~12 月。茶花由 5~7 个花瓣组成，每朵花有 200~300 枚雄蕊和 1 枚雌蕊，雄蕊由花药和花丝组成，雌蕊由子房、花柱和柱头组成，柱头 3~6 裂。从授粉至果实成熟，大约需要 16 个月。在这期间，仍不断产生新的花芽，继续开花、授粉、产生新的果实，同时进行花和果的形成，这也是茶树的一大特征。

5. 果实和种子

茶树的果实是茶树进行繁殖的主要器官，包括果壳和种子两部分。果实形状因发育籽粒的数目不同而异，一般一粒者为圆形，两粒者近长椭圆形，三粒者近三角形，四粒者近正方形，五粒者近梅花形。果壳幼时为绿色，成熟后变为褐色。果壳起到保护种子和帮助种子传播的作用，质地较坚硬，成熟后会裂开，种子自然落于地面。

茶树种子多为褐色，也有少数为黑色、黑褐色，大小因品种不同而异，结构可分为外种皮、内种皮与种胚 3 个部分。辨别茶籽质量的标准是：外壳硬脆，皮色为棕褐色。

二、茶树对生长环境的要求

茶叶是茶树的鲜叶经过加工而制成。除加工工艺外，茶叶的品质还受茶树的品种和生长环境影响。一般来说，茶树的生长主要受土壤、气候、水分、光照等因素的影响。茶树的生长对外界环境的要求可概括为"四喜四怕"，即喜酸怕碱，喜湿怕涝，喜温怕寒，喜漫射光怕强光。

(一) 土壤因素

土壤是茶树生长发育的基础，是给茶树根系提供空气、水、肥等的场所。茶树在生长发育过程中，对土壤条件有一定的要求。

茶树是喜酸怕碱的植物，在 pH 为 4~6.5 的土壤中生长，其中以 pH 4.5~5.5 为最好。茶树适宜于酸性土壤环境的特性与其根系细胞液中含有较多的有机酸有关。另外，酸性土壤还有两个重要特性：一是含有较多的铝离子，能更好地满足茶树对铝的需要；二是酸性土壤含钙较少。钙虽然是茶树生长的必要元素，但茶树是一种嫌钙植物，对钙反应较为敏感，茶树在碱性土壤或石灰性土壤中不能生长或生长不良。当土壤中含钙量超过 0.05% 时，对茶叶品质有不良影响；含钙量超过 0.2% 时，便有害于茶树生长；含钙量超过 0.5% 时，茶树生长受严重影响。土壤中氧化钙含量与土壤 pH 有密切关系，pH 越高，氧化钙含量越高。

茶树根系发达，主根可长达 1m 以上，为保证根系向深度、广度扩展，土层厚度一般不应小于 60cm。我国茶区的高产茶园土层厚度一般在 2m 以上，其中有效耕作层在 30cm 左右。在土层浅的地方种茶，建园时必须挖沟深翻土 50cm 以上。

茶园土壤一般以砂壤土为好。砂性过强的土壤保水、保肥力弱，干旱或严寒时茶树容易受害；质地过黏的土壤通气性差，茶树根系吸收水分和养分能力降低，茶树生长困难。

高产优质茶园的土壤有以下特点：有效土层（耕作层）深厚疏松，矿物质、有机质含量丰富；心土层和底土层紧而不实；土质不黏不砂，既通气透水，又保水蓄肥，以微酸性原始砂壤土为上。

(二)气候因素

温度是茶树生命活动的重要影响因素之一,它影响着茶树的地理分布,制约着茶树生长发育。

茶树品种间耐最低临界温度的差异很大,一般灌木型中小叶种耐低温能力强,而乔木型大叶种耐低温能力弱。灌木型的龙井种、鸠坑种和祁门种等能耐$-16 \sim -12$℃的低温,乔木型的云南大叶种在-6℃左右会严重受害。

同一品种不同年龄阶段耐低温能力不同,幼苗期、幼年期和衰老期耐低温能力较弱,成年期耐低温能力较强。茶树在冬季耐寒性往往强于早春,早春茶芽处于待生长状态,芽体内水分含量较高,酶活性增强,对突然低温胁迫会产生较强烈的反应;冬季茶树的各组织器官处于休眠状态,细胞液浓度高,抗冻能力也较强,这种生物节律性的表现,使茶树能有效地度过严寒的冬季。茶树不同的器官耐寒性有差异,成叶和枝条的耐寒性较强,芽、嫩叶耐寒性较弱。成叶一般可耐-8℃左右低温,而根在-5℃就可能受害。茶花在$-4 \sim -2$℃便不开花且脱落。

不同的生境条件也会影响茶树的耐寒性。由于种植地区不同,经受着不同的气候条件的锻炼,因而耐低温的能力也有较大的差异。如同样是政和大白茶,在福建茶区只能忍耐-6℃低温,而生长在皖东茶区则可耐$-10 \sim -8$℃的低温。根据不同地区、不同类型茶树品种耐低温的表现,一般把中小叶种经济生长最低气温定为$-10 \sim -8$℃,大叶种定为$-3 \sim -2$℃。生存最低气温则更低。

高温对茶树生长发育的影响与低温一样,处于高温生境的时间长短决定其受害程度。一般而言,茶树能耐最高温度是$35 \sim 40$℃,生存临界温度是45℃。在自然条件下,日平均气温高于30℃,新梢生长就会缓慢或停止,如果气温持续几天超过35℃,新梢就会枯萎、落叶。当日平均最高气温高于30℃同时伴随低湿时,茶树生长趋于缓慢。一些带有南方类型基因的茶树品种,往往具有较强的耐高温能力。中国农业科学院茶叶研究所提出,当日平均气温30℃以上,最高气温超过35℃,日平均相对湿度60%以下,土壤相对持水量在35%以下时,茶树生长发育受到抑制,如果这种气候条件持续$8 \sim 10d$,茶树将受害。与受低温影响一样,温度突然发生较大变化,对茶树的危害性更大,因为此时茶树的生理机能来不及适应新的生境条件。

茶树生长发育最适温度是指茶树生长发育最旺盛、最活跃时的温度。湄潭茶叶研究所研究指出,新梢生长最适宜温度为$20 \sim 25$℃,此时日生长量达$1.5mm$以上,高于25℃或低于20℃时,新梢生长速度较缓慢。段建真和郭素英(1993)研究表明,日平均气温在$16 \sim 30$℃范围内,其他生态条件也适宜的情况下,日生长量较大,尤其是气温在$16 \sim 25$℃范围内,无论新梢长度或是叶面积总量,都随温度上升而增加,新梢长度日平均生长量为$0.1 \sim 0.2mm$,叶面积日平均增长量在$40 \sim 90mm^2$;其次是气温在$26 \sim 30$℃范围内,日生长量也较大;高于30℃时,生长速度最慢。

(三)水分因素

水是植物体重要的组成部分。据测定,茶树的含水量达$55\% \sim 60\%$,其中新梢的含水量达$70\% \sim 80\%$。在茶叶采摘过程中,新梢不断萌发,不断采收,需要不断地补充水分。所以，茶树的需水量比一般树木要大。茶树的生长发育要求年降水量1000mm以上，月降水量100mm以上，空气相对湿度70%以上，土壤田间持水量60%以上。需注意的是，不是水分越多越好。研究表明，年降水量2000~3000mm，茶业生产季节月平均降水量为200~300mm，大气相对湿度80%~90%，土壤田间持水量70%~80%时，最适宜茶树的生长发育。

空气湿度与茶树生长发育的关系表现为空气湿度大时，一般新梢叶片大、节间长，新梢持嫩性强，叶质柔软、内含物丰富，茶叶品质好。茶树生长期间要求空气相对湿度在80%~90%比较适宜；当茶园中空气相对湿度小于60%时，土壤的蒸发和茶树的蒸腾作用就会显著增加，在这种情况下，如果长时间无雨或者不进行灌溉，土壤干旱，将影响茶树的正常生长发育，出现减产；当空气相对湿度大于90%时，空气中的水汽含量接近饱和状态，容易导致与湿害相关的病害发生。

(四)光照因素

茶树喜光耐阴，忌强光直射。茶树有机体中90%~95%的干物质是靠光合作用合成的，而光合作用必须在阳光照射下才能进行。光照条件差时，枝条发育细弱。光照充分时叶片细胞排列紧密，表皮细胞较厚，叶片比较肥厚、坚实，叶色相对深而有光泽，品质成分含量丰富，茶汤滋味浓厚；相反，光照不足时叶片大而薄，叶色浅，质地较松软，水分含量相对增高，茶汤滋味表现淡薄。但是，值得注意的是，茶树生长发育对光照强度的要求并不是越高越好。

就茶叶品质而言，低温高湿、光照强度较弱条件下生长的鲜叶氨基酸含量较高，有利于制成香味较醇的绿茶；在高温、强日照条件下生长的鲜叶多酚类含量较高，有利于制成汤色浓而味强烈的红茶。

三、茶园管理

在我国大部分茶区，春季到秋季是茶树生长活动时期，也是茶叶采收时期。到了冬季，茶树大部分(地上部)处于相对休止状态。要保持长期的优质、高产和旺盛生长势，必须抓好采摘茶园的管理工作。只有茶园水肥充足，茶树根系发育健壮，茶树才能生长势旺盛，生长出量多质优的新梢，才能做到标准采和合理留，达到合理采摘的目的。合理采摘还必须与修剪技术相配合。从幼年期开始，就要注意茶树树冠的培养，塑造理想的树形；成龄茶树通过轻修剪和深修剪，保持采摘面生产枝健壮而平整，以利于新梢萌发和提高新梢的质量；衰老茶树通过更新修剪，配合肥培管理，恢复树势，提高新梢生长的质量。总之，通过剪采相结合和肥培管理，使新梢长得好、长得齐、长得密，为合理采摘奠定物质基础，发挥出茶叶采摘的增产提质效果。

知识点四　鲜叶采摘及管理

(一)采摘标准

不同茶类有不同的采摘要求与标准，即便是相同茶类，因市场需求的多样化，各自适销对路的产品原料不一样，采摘标准也会不同。以下介绍的是生产中较多采用的几种原料采摘标准。

1. 名优茶的细嫩采标准

细嫩采一般是指采摘单芽、一芽一叶以及一芽二叶初展的新梢，这是多数名优茶的采摘标准，如古人所说的"雀舌""莲心""拣芽""旗枪"等。采用这一标准的有特级龙井、碧螺春、君山银针、黄山毛峰、石门银峰及一些芽茶类名茶等。这种采摘标准对人力要求高，速度慢，产量低、品质佳，季节性强（主要集中在春茶前期采摘），经济效益高。

2. 大宗茶类的适中采标准

适中采是指当新梢伸长到一定程度时，采下一芽二叶、一芽三叶和细嫩对夹叶。这是我国目前内外销的大宗红茶、绿茶普遍的采摘标准，如眉茶、珠茶、工夫红茶等，它们均要求鲜叶嫩度适中。如果过于细嫩采摘，品质虽提高，但产量相对降低，采工的劳动效率也不高。但如果采得太粗老，芽叶中所含的有效化学成分显著减少，成茶的色、香、味、形均受到影响。这种采摘标准能够兼顾茶叶的产量与品质，茶叶品质较好，产量较高，经济效益较高，运用较普遍。

3. 乌龙茶类的开面采标准

我国某些传统的乌龙茶类，要求有独特的风味，加工工艺特殊，其采摘标准是待新梢长至3~5叶将要成熟至顶芽最后一叶刚摊开时，采下2~4叶新梢，俗称"开面采"。如果鲜叶采得过嫩并带有芽尖，芽尖和嫩叶在加工过程中易成碎末，制成的乌龙茶往往色泽红褐灰暗，香气不高，滋味不浓；如果采得太老，外形显得粗大，色泽干枯，滋味淡薄。一般掌握新梢顶芽最后一叶开展一半时开采，采摘的新梢比大宗红茶、绿茶采摘的新梢要成熟、粗大。根据研究，对乌龙茶香气、滋味起重要作用的醚浸出物和非酯型儿茶素含量多，单糖含量高，乌龙茶品质就高。这种采摘标准的采法，全年批次减少。近年来，因消费者较喜欢汤色绿、芽叶细嫩的品质特征，乌龙茶生产也有采用较细嫩芽叶进行加工的现象。

4. 边销茶类的成熟采标准

传统用于黑茶和砖茶生产的原料，采摘新梢的成熟度比乌龙茶还要高，其标准是待新梢一芽五叶充分成熟，新梢基部已木质化、呈红棕色时，才进行采摘。这种新梢有的经过一次生长，有的已经过两次生长；有的一年只采一次，有的一年采摘两次。采摘原料成熟度较高的原因：一是适应消费者的消费习惯；二是饮用时要经过煎煮，能够把这种原料的茶叶和茶梗中所含成分煎煮而出。随着生活习惯的变化和生活水平的提高，边销茶也在发生变化。目前，边销茶产区也采用不同成熟度兼采的方法，生产不同级别的黑茶和砖茶，以适应不同消费群体的需求。这种采摘标准，茶树投产后，前期产量较高，但对茶树生长有较大影响，会降低茶树经济寿命。

（二）采摘方法

茶叶的采摘方法分人工采摘和机械采摘两种。人工采摘是我国传统的采摘方法，也是广泛运用的采摘方法。它的最大优点是采摘精细，批次多，质量好；缺点是费工，成本高，难以做到及时采摘。目前细嫩名优茶的采摘，由于采摘标准要求高，采用人工方式采茶。采用机械采茶时，如果操作熟练，肥水管理配套，对茶树生长发育和茶叶产量、质量并无影响，而且能减少采茶劳动力，降低生产成本，提高经济效益；但所得茶叶无选择性，茶梗、老叶、嫩叶混在一起，对茶园的树冠管理要求较高。

(三) 贮存管理

1. 传统贮青方法

(1) 地面摊放贮青

小型茶厂和广大茶农多使用这种方式进行鲜叶的摊放贮存。鲜叶的摊放场地要求清洁、阴凉、透气，避免阳光直射。一般要求鲜叶摊放在竹篾垫上，不能直接在地面上摊放。鲜叶摊放厚度为 10~15cm，不宜超过 20cm。这种摊放贮存方式简便、投资少，但所需厂房面积较大。

(2) 帘架式贮青

帘架式贮青设备的主要结构可分为框架和摊叶网盘两部分，既可用木料加工，也可用不锈钢材料制成。框架用于放置摊叶网盘，一般可放 5~8 层网盘，每层高度 30~40cm。网盘边框一般用木料制成，底部为不锈钢，深度约为 15cm，鲜叶就摊在盘内。网盘可以像抽屉一样从框架上自由推进和拉出，以便于放置和取出鲜叶。由于使用这种贮青设备后易引起贮青间湿度和温度升高，因此可在贮青间内安装空调或通风、除湿设备，以保证鲜叶的质量。这种贮青设备简单、投资少、易于操作，比地面摊放节约 70% 的厂房面积，并且可避免鲜叶与地面接触，清洁卫生，符合无公害茶的加工要求。

(3) 贮青槽贮青

贮青槽的基本结构：在地面上开出一条长槽，两边留出放置孔板的缺口；槽前端装配有低压轴流风机，槽底从前至后做成约 5°的逐步升高的坡度；槽面铺钢质孔板，孔板长 2m、宽 1m，一般用 4~5 块板连成一条槽，板上通气孔径为 3~5mm，钢质孔板的孔面积率为 30%以上。生产中槽面也有使用钢丝或竹篾网片结构的，但应注意支撑，以保证对鲜叶的承重，且避免操作人员等踩踏网板。贮青槽中摊叶厚度可达 1.0~1.5m，每平方米槽面可摊叶 100~150kg，并且不需要翻叶。为保证摊青时散热，可用风机交替鼓风 20min、停机 40min；夜间或气温较低时，停机时间可适当加长；白天或气温较高时，则停机时间可缩短一些。贮青槽一般用于大宗茶的鲜叶贮放。

2. 现代贮青技术

(1) 车式贮青设备

车式贮青设备由鼓风机与贮青小车组成，一台风机可串联几辆小车。小车一般长 1.8m，宽和高各 1m。小车的下部装有一块钢质孔板，板下为风室，板上为贮青室。风室前后装有风管，风管可与风机或其他小车风管相串联，管上装有风门。工作时风机吹出的冷风通过风管、风室，穿过孔板并透过叶层，吹散水汽，降低叶温，达到贮青的目的。每车可贮青叶 200kg。付制时，脱下一辆小车，推至作业机械边，即可进行加工。这种贮青设备机动灵活，使用较方便，一般大宗茶加工使用较多。

(2) 自动化贮青机

近年来，随着我国茶产业的迅猛发展，各地涌现出一大批规模化、集团化经营的茶叶生产企业，并由此促进了各类自动化、清洁化茶叶生产线的广泛应用。由于茶叶生产线所需鲜叶数量巨大，使用传统贮青方法已无法满足生产需求，因此自动化的鲜叶贮青机应运而生。该设备为自动控制连续作业式茶鲜叶贮青设备，采摘后的鲜叶按一定数量输入贮青机，通过连续通风增湿，让冷空气穿过鲜叶层，降低叶温，同时维持鲜叶的含水量，以保证鲜叶内含物尽可能少地转化，确保茶鲜叶的品质要求，延长贮青时间，而且能在生产过程中做到鲜叶不落地，实现连续生产并达到清洁化的要求，符合食品卫生条件。此外，由于是自动化控制的连续作业方式，劳动强度显著下降，省工、省时，生产率大幅提高。

目前，根据生产规模和生产量，研发了小型、中型、大型3种规格的鲜叶贮青机，小型贮青机适用于名优红茶、绿茶自动生产线，中、大型贮青机适用于大批量的红茶、绿茶自动生产线。

知识点五　茶叶命名及分类

一、茶叶命名

茶叶作为一种商品必须有名称，且每一种茶叶都有各自的名称作为标志，用于对茶叶的认识、区别、分类和研究。由于茶叶生产历史悠久，分布较广，茶树品种繁多，且茶叶制法各异，品质及风格各异，同时产地、民族、地理、风俗习惯不同，因此茶叶的命名各不相同。

常见的茶叶命名方式主要根据茶叶形状、色香味、采摘时期和季节、制茶技术、茶树品种、茶叶产地以及销路等命名。

1. 根据茶叶形状命名

如珍眉、瓜片、紫笋、雀舌、松针、毛峰、毛尖、银峰、银针、牡丹等因外形而得名。

2. 根据茶叶色香味命名

如黄芽、（敬亭）绿雪、白牡丹、白毫银针以干茶色泽命名，温州黄汤以汤色命名，云南十里香、（安徽舒城）兰花和（安溪）香橼以香气命名，（泉州）绿豆绿、（江华）苦茶、（安溪）桃仁以滋味命名。

3. 根据采摘时期和季节命名

如探春、次春、明春、雨前、春蕊、春尖、秋香、冬片、春茶、夏茶、秋茶、早青、午青、晚青等。

4. 根据制茶技术命名

如炒青、烘青、蒸青、工夫红茶、红碎茶、白茶、窨花茶等。

5. 根据茶树品种命名

如乌龙、水仙、铁观音、毛蟹、大红袍、黄金桂等。

6. 根据茶叶产地命名

一般称为地名茶，如顾渚紫笋、西湖龙井、洞庭碧螺春、武夷岩茶、南京雨花茶、安化松针、信阳毛尖、六安瓜片、桐城小花、黄山毛峰、祁门红茶、蒙顶甘露、霍山黄芽、都匀毛尖等。

7. 根据销路命名

如内销茶、外销茶、侨销茶、边销茶等。

二、茶叶分类依据

茶叶品种繁多，品质特征很不一致。茶叶分类就是根据各种茶叶品质、制法等不同，分门别类，使混杂的茶名建立起有条理的系统，便于识别其品质和制法的差异。

茶叶作为一种商品，突出的区别是品质的差异。茶叶品质是由制法所决定的，品质差异主要是由制法差异形成的。因此，茶叶理想分类方法必须满足以下要求：制法系统性和品质系统性，同时结合主要内含物变化的系统性。

茶叶种类的发展是由制法演变的，茶叶分类应以制茶的方法为基础。一个茶类演变到另一个茶类，制法有很大的改革。在这一飞跃阶段中，制法逐渐改变，茶叶品质也不断变化，同时产生许多品质不同但又相近似的茶叶。每一茶类都有共同的制法特点，如红茶都有促进酶的活化，使叶内多酚类化合物较充分氧化的渥红（也称"发酵"）过程；绿茶都有破坏酶的活性，制止多酚类化合物氧化的杀青过程等。正是制法有共同的特点，反映在品质上也应相似。

茶叶分类还应结合茶叶品质的系统性。每种茶叶都有一定的品质特征，而每类茶叶都应有共同的品质特征。由于色泽反映了茶叶品质，色泽不同，品质差异大，制法也不相同，因此通过色泽变化的系统性可以了解品质的变化、制法的差异，进行不同的归类。色泽相同的各种茶叶归属于某一茶类，在色泽表现上具有相同特征，只是色度深浅、明亮暗枯不同。色泽不同的则应归不同茶类。另外，品质反映在外形上，外形不同、制法不同，品质也不一样，分类也要反映外形的差异。如绿茶应具有"清汤绿叶"的品质特征，红茶都具有"红汤红叶"的品质特征，青茶应有"三红七绿"的品质特征。

再加工茶的分类应以品质来确定。一般毛茶品质基本稳定，在毛茶加工过程中，品质变化不大，如花茶在窨制过程中品质稍有变化，但未超越该茶类的品质系统，应仍属该毛茶归属的茶类。

对于再制后品质变化很大、与原来的毛茶品质不同的，则应以形成的品质归类于相近的茶类。如云南沱茶、饼茶、圆茶等均以晒青绿茶进行加工，不经过渥堆过程，品质变化较小，其制法与品质较接近绿茶，应归于绿茶类；但经过渥堆过程后，品质发生了较大变化，与绿茶不同，制法与品质较接近黑茶，应归于黑茶类。

三、茶叶分类标准

日本较普遍的是按茶叶发酵程度不同分为不发酵茶、半发酵茶、全发酵茶、后发酵茶4类。

我国茶类极其丰富，简单的分类反映不出茶叶加工及茶叶品质的系统性，因此我国学者提出了多种分类方法。著名的茶学专家陈椽根据茶叶品质系统性和制法系统性提出"六大茶类分类"，已得到国内外茶业界广泛认同，并在茶叶科学研究、生产及贸易中被广泛应用。

2014年发布实施的《茶叶分类》（GB/T 30766—2014），是在陈椽先生提出的"六大茶类分类"的基础上，由全国茶叶标准化技术委员会牵头组织行业各部门制定的，把茶叶分为六大基本茶类及再加工类。

（一）《茶叶分类》（GB/T 30766—2014）

相关术语与定义：

鲜叶：从适制品种山茶属茶种茶树上采摘的芽、叶、嫩茎，作为各类茶叶加工的原料。

茶叶：以鲜叶为原料，采用特定工艺加工的、不含任何添加物的、供人们饮用或食用的产品。

萎凋：鲜叶在一定的温、湿度条件下均匀摊放，使其萎蔫、散发水分的过程。

杀青：采用一定的温度，使鲜叶中的酶失去活性，或称将酶钝化的过程。

做青：在机械力作用下，鲜叶叶缘部分受损伤，促使其内含的多酚类物质部分氧化、聚合，产生绿叶红边的过程。

闷黄：将杀青、揉捻或初烘后的鲜叶趁热堆积，使其在湿热作用下逐渐黄变的过程。

发酵：在一定的温、湿度条件下，鲜叶内含物发生以多酚类物质酶促氧化为主体的、形成叶红变的过程。

渥堆：在一定的湿度条件下，通过茶叶堆积促使其内含物质缓慢变化的过程。

绿茶：以鲜叶为原料，经过杀青、揉捻、干燥等加工工艺制成的产品。

红茶：以鲜叶为原料，经萎凋、揉捻（切）、发酵、干燥等加工工艺制成的产品。

黄茶：以鲜叶为原料，经杀青、揉捻、闷黄、干燥等加工工艺制成的产品。

白茶：以特定茶树品种的鲜叶为原料，经萎凋、干燥等生产工艺制成的产品。

乌龙茶：以特定茶树品种的鲜叶为原料，经萎凋、做青、杀青、揉捻、干燥等特定生产工艺制成的产品。

黑茶：以鲜叶为原料，经杀青、揉捻、渥堆、干燥等加工工艺制成的产品。

再加工茶：以茶叶为原料，采用特定工艺加工的供人们饮用或食用的产品。

分类原则：以加工工艺、产品特性为主，结合茶树品种、鲜叶原料、生产地域进行分类。

（二）《绿茶》（GB/T 14456）

1. 炒青绿茶

干燥工艺主要采用炒或滚的方式制成的产品。

2. 长炒青

如杭绿、屯绿、婺绿、眉茶、花茶坯等。

长炒青条索紧细，显锋苗，色泽灰绿润，香气鲜嫩高爽，滋味鲜醇，汤色清绿明亮，叶底柔嫩匀整、嫩绿明亮。

3. 扁炒青

如龙井、大方、旗枪等。

扁炒青外形条索扁平挺直光削绿润，香气鲜嫩高爽，滋味鲜醇，汤色清绿明亮，叶底香嫩匀整、嫩绿明亮。

4. 圆炒青

如珠茶。

圆炒青外形细圆重实，色泽深绿光润，香气香高持久，滋味浓厚回甘，汤色清绿明亮，叶底芽叶完整、嫩绿软亮。

5. 烘青绿茶

干燥工艺主要采用烘的方式制成的产品。

烘青绿茶分为：毛烘青（烘青茶坯）、特种烘青（黄山毛峰、太平猴魁等）、半烘炒（安吉白片、齐山翠眉、花茶坯等）。

烘青绿茶外形条索细紧、显锋苗，色泽绿润，香气鲜嫩清香，滋味鲜醇，汤色清绿明亮，叶底柔软匀整、嫩绿明亮。

6. 晒青绿茶

干燥工艺主要采用日晒的方式制成的产品，按产地不同可分为滇毛青、川毛青、湘毛青。

晒青绿茶外形条索肥嫩紧结显锋苗，色泽深绿油润白毫显露，香气清香浓长，滋味浓醇回甘，汤色黄绿明亮，叶底肥嫩多芽绿黄明亮。

7. 蒸青绿茶

杀青工艺采用蒸汽导热方式制成的产品。常见的蒸青绿茶有恩施玉露、当阳仙人掌茶、日本碾茶、日本玉露、日本煎茶。

蒸青绿茶外形条索紧细挺直重实，色泽翠绿、乌绿油润，香气清香持久，滋味浓醇鲜爽，汤色绿明亮，叶底肥嫩、绿明亮。

（三）《红茶》（GB/T 13738）

1. 红碎茶

采用揉、切等加工工艺制成的颗粒（或碎片）形产品。

红碎茶外形颗粒紧实，金毫显露，色泽乌黑油润，香气嫩香强烈持久，滋味浓强鲜爽，汤色红艳明亮，叶底嫩匀红亮。

2. 工夫红茶

采用揉捻等加工工艺制成的条形产品。

工夫红茶分为：祁门工夫、白琳工夫、坦洋工夫、台湾工夫、宁州工夫、政和工夫等。

工夫红茶外形条索细紧、多锋苗，色泽乌黑油润，香气鲜嫩甜香，滋味醇厚甘爽，汤色红明亮，叶底细嫩显芽、红匀亮。

3. 小种红茶

采用揉捻等特定工艺经熏松烟制成的条形产品。

小种红茶分为：正山小种、坦洋小种、政和小种等。

小种红茶外形壮实紧结，色泽乌黑油润，香气纯正高长，似桂圆干香或松烟香明显，滋味醇厚回甘，显高山韵，似桂圆汤味明显，汤色橙红明亮，叶底尚嫩、较软、古铜色、匀齐。

(四)《黄茶》(GB/T 21726)

1. 芽型黄茶

采用茶树的单芽或一芽一叶初展的鲜叶加工制成的产品。

代表性芽型黄茶有：霍山黄芽、君山银针、蒙顶黄芽等。

芽型黄茶外形条索呈针形或雀舌形，色泽嫩黄，香气清鲜，滋味鲜醇回甘，汤色杏黄明亮，叶底肥嫩黄亮。

2. 芽叶型黄茶

采用茶树的一芽一叶或一芽二叶初展的鲜叶加工制成的产品。

代表性芽叶型黄茶有：沩山毛尖、远安鹿苑等。

芽叶型黄茶外形条形或扁形或兰花形，色泽黄青，香气清高，滋味醇厚回甘，汤色黄明亮，叶底柔嫩黄亮。

3. 多叶型黄茶

采用茶树的一芽多叶加工制成的产品。

代表性多叶型黄茶有：黄大茶、台湾黄茶、苏联黄茶、平阳黄汤、北港毛尖等。

多叶型黄茶外形卷略松，色泽黄褐，香气纯正有锅巴香，滋味醇和，汤色深黄明亮，叶底尚软、黄尚亮，有茎梗。

(五)《白茶》(GB/T 22291)

1. 芽型白茶

采用茶树的单芽或一芽一叶初展的鲜叶加工制成的产品。

芽型白茶外形条索芽针肥壮，茸毛厚，色泽银灰白有光泽，香气清纯毫香显露，滋味清鲜醇爽毫香足，汤色浅杏黄清澈明亮，叶底肥壮软嫩明亮。

2. 芽叶型白茶

采用茶树的一芽一叶或一芽二叶初展的鲜叶加工制成的产品。

芽叶型白茶外形毫心多、肥壮、叶背多茸毛，色泽灰绿润，香气鲜嫩纯爽毫香显，滋味清甜醇爽毫香足，汤色黄清澈，叶底芽心多，叶张肥嫩明亮。

3. 多叶型白茶

采用茶树的一芽多叶的鲜叶加工制成的产品。

多叶型白茶外形叶缘略卷，有平展叶，色泽灰绿，香气浓纯，滋味尚清甜醇厚，汤色橙黄，叶底有芽心，叶张尚嫩软亮。

(六)《乌龙茶》(GB/T 30357)

1. 闽南乌龙茶

采用闽南地区特定茶树品种的鲜叶，经特定的加工工艺制成的圆结形或卷曲形产品。

闽南乌龙茶典型代表有：安溪铁观音、本山、毛蟹、黄金桂、大叶乌龙、佛手等；永春佛手、水仙等；漳平水仙，平和白芽奇兰，诏安八仙。

闽南乌龙茶外形条索卷曲紧结重实，色泽翠绿润、砂绿明显，香气馥郁清高持久，花香或花果香显，滋味清醇鲜爽回甘，音韵明显，汤色金黄带绿，清澈明亮，叶底肥厚软亮匀整。

2. 闽北乌龙茶

采用闽北地区特定茶树品种的鲜叶，经特定的加工工艺制成的条形产品。

闽北乌龙茶的典型代表——武夷岩茶有：大红袍、白鸡冠、水金龟、铁罗汉、半天妖、水仙、肉桂等。

闽北乌龙茶外形条索紧结壮实，稍扭曲，色泽带宝色油润，香气高锐浓长或幽香清远，滋味岩韵明显醇厚甘爽，汤色深橙黄色，清澈艳丽，叶底软亮匀齐，红边或带朱砂色。

3. 广东乌龙茶

采用广东潮州、梅州地区特定茶树品种的鲜叶，经特定的加工工艺制成的条形产品。

广东乌龙茶典型代表有：凤凰单枞、凤凰水仙、浪菜、蜜兰香、芝兰香、东方红、银花香、杏仁香、黄枝香等。

广东乌龙茶外形紧结壮直，色泽褐润有光，香气天然花香，清高细锐持久，滋味鲜爽回甘，有鲜明花香味，特殊韵味，汤色金黄清澈明亮，叶底淡黄红边明，软柔亮。

4. 台式(湾)乌龙茶

采用台湾特定品种或以其他地区特定品种的鲜叶，经台湾传统加工工艺制成的颗粒形产品。

台式(湾)乌龙茶典型代表有：青心乌龙、台湾包种、金萱、翠玉、冻顶乌龙、白毫乌龙。

台式(湾)乌龙茶外形条形卷曲或圆结形，色泽翠绿或深绿油润，香气浓郁有花果香或花香，滋味醇厚甘润爽口，有回韵，汤色青黄、金黄或橙黄明亮，叶底肥厚软亮匀整。

5. 其他乌龙茶

其他地区采用特定茶树品种的鲜叶，经特定的加工工艺制成产品。

(七)《黑茶》（GB/T 32719）

1. 湖南黑茶

湖南地区的鲜叶经特定加工工艺制成的产品，常见的湖南黑茶包括：湖南黑毛茶、湘尖、花砖、茯砖、黑砖等。

湖南黑茶天尖，条索紧结，较圆直，色泽黑润，香气纯和带松烟香，汤色橙黄，滋味醇厚，叶底黄褐尚嫩。

湖南黑砖砖面平整、棱角分明，花纹图案清晰，厚薄一致，色泽黑褐，香气纯正带松烟香，汤色橙黄，滋味醇和，叶底暗褐。

2. 四川黑茶

四川地区的鲜叶经特定加工工艺制成的产品。

四川黑茶典型代表有：庄茶、康砖、金尖、茯砖、方包茶等。

四川黑茶金尖，色泽棕褐，香气纯正陈香，汤色红亮，滋味醇和，叶底暗褐花杂带梗。

四川黑茶康砖色泽棕褐，香气纯正，汤色红浓，滋味醇和，叶底花暗。

3. 湖北黑茶

湖北地区的鲜叶经特定加工工艺制成的产品。

湖北黑茶主要有：老青茶、青砖茶等。

湖北青砖茶外形四方端正，平整光滑，图案清晰，泥鳅条，色泽青褐，香气纯正，汤色橙黄，滋味醇和，叶底暗褐。

4. 广西黑茶

广西地区的鲜叶经特定加工工艺制成的产品。

广西黑茶典型代表有：六堡茶。

六堡茶条索紧细，色泽黑褐，黑油润，香气陈香纯正有松烟香，滋味陈韵醇厚，有特殊的槟榔味，汤色深红明亮，叶底黑褐细嫩柔软明亮。

5. 云南黑茶

云南地区的鲜叶经特定加工工艺制成的产品。

云南黑茶典型代表有：紧茶、饼茶、方茶、普洱散茶、普洱沱茶等。

云南黑茶中普洱熟茶外形紧细，色泽红褐润显毫，香气陈香浓郁，滋味浓醇甘爽，汤色红艳明亮，叶底红褐柔嫩。

6. 其他黑茶

其他地区的鲜叶经特定加工工艺制成的产品。

（八）再加工茶

1. 花茶

以茶叶为原料，经整形，加天然香花窨制、干燥等加工工艺制成的产品。

常见的花茶有：茉莉花茶、蔷薇花茶、玫瑰花茶、桂花茶、兰花茶等。

《茉莉花茶》（GB/T 22292） 条索细紧有锋苗，色泽绿黄润，香气鲜灵持久，滋味浓醇爽，汤色黄亮，叶底嫩软匀齐，黄绿明亮。

2. 紧压茶

以茶叶为原料，经筛分、拼配、汽蒸、压制成型、干燥等加工工艺制成的产品。

《紧压茶》（GB/T 32719） 外形端正、完整，表面紧实、厚薄均匀、色泽尚乌、有毫，砖内无黑霉、青霉、白霉等霉菌。香气纯正或陈香，滋味浓厚，汤色橙黄或橙红、尚明，叶底尚嫩欠匀。

3. 袋泡茶

以茶叶为原料，经加工形成一定的规格后，用过滤材料加工制成的产品。

《袋泡茶》（GB/T 24690） 滤袋外观洁净完整，香气纯正，滋味平和或醇和，汤色绿黄或红亮，冲泡后滤袋外形完整，不溃破，不漏茶。

4. 粉茶

以茶叶为原料，经特定加工工艺制成的具有一定粉末细度的产品。

《抹茶》（GB/T 34778） 颗粒柔软细腻均匀，色泽鲜绿明亮，香气覆盖香显著，滋味鲜醇味浓，汤色浓绿。

任务二 茶叶包装、运输及贮藏

任务指导书

任务目标

1. 了解茶叶包装要求、茶叶的吸附性、茶叶陈化、茶叶贮藏等理论知识。
2. 能针对不同茶类的特性及各种特殊要求，选择包装材料及进行产品包装设计。
3. 能熟练实施产品贮藏管理。

任务实施

1. 查找相关国家标准，调查茶叶产品包装选材的要求、材料种类及包装标示的要求。
2. 利用搜索引擎及相关图书，获取茶叶的吸附原理、陈化原理及茶叶贮藏方法等相关知识。
3. 在包装市场、生产企业、产品仓库及销售门店调查各茶类产品包装材料及包装标示的情况，避免茶叶在存储过程中产生陈化现象的方法，对陈茶、次品茶、劣变茶的识别和处理情况，以及合理控制茶叶含水量及调控贮藏环境各环境因子以保证茶叶品质的方法。
4. 在生产企业、产品仓库及销售门店进行调查，选任一茶品，对产品存储空间、包装用材及包装设计进行分析。

考核评价

根据调查时的实际表现及调查深度，以及对各调查工作内容的理解程度和调查报告的内容，并结合实地对某一产品存储及包装设计的分析结果，综合评分。

知识链接

知识点一　茶叶包装要求

茶叶包装需尽可能地保护茶叶品质，美观地呈现茶叶，为消费者提供便捷，提升消费者的购买欲望。茶叶包装材料需符合食品安全相关要求，并符合《茶叶包装、运输和贮藏通则》(NYT 1999—2011)要求。

一、茶叶包装材料

包装材料是指制造货物的包装所使用的原材料。它既包括制造、贮藏和运输包装的材料，也包括销售包装的材料。

不同的商品、不同的运输条件要求不同的包装材料，且需达到以下要求。

(一) 包装材料要求

1. 不得含有对人体健康有害的成分

茶叶经沸水冲泡一定时间,其内含可溶性有效成分浸入茶汤,人们通过直接饮用茶汤的方式来获取其营养。选择茶叶包装材料时,尤其是茶叶的内包装材料,应把原材料的安全性放在首位,必须选择对人体无毒害、安全可靠的原材料来加工茶叶包装。

2. 具有一定的化学稳定性

茶叶包装材料如果没有一定的化学稳定性,在包装、贮运过程中,会直接污染茶叶。如用高分子材料中的聚氯乙烯直接作为茶叶的内包装材料,在高温热封时会产生氯化氢气体污染茶叶,而且容易造成茶叶的铅污染;又如用酚醛塑料和尿醛塑料作为茶叶包装材料时,高温热封过程会产生对人体有害的苯酚、甲醛等污染茶叶。

3. 具有良好的可塑性

茶叶包装既要保障茶叶品质,又要起到美化和宣传产品的目的,因此必须选择加工、印刷性能好的材料,才能加工出使用价值高、美化与宣传效果好的茶叶包装。

4. 具备优良的综合防护性能

茶叶是一种疏松多孔的结构体,特别容易吸湿、吸附气味。另外,细嫩绿茶在光的作用下,色泽将发生变化。因此,茶叶包装材料必须有优良的综合防护性能,如有良好的阻气性、防潮性、遮光性等,才能对茶叶品质起到保护作用。

(二) 包装材料种类

1. 纸包装材料

茶叶纸包装有纸质包装和纸盒(罐)包装两大类。

纸质材料是最为原始的包装材料。开始用于茶叶包装的纸质材料是牛皮纸。纸质材料透气性较好,早期主要用来促进存放于灰缸中的茶叶后熟。加工完成的茶叶,因为含水量较低,且有青鲜气味,可通过具有良好透气性的纸质材料包装,在一定的条件下达成后熟,使茶叶的品质得以保证。

随着贮藏技术的改进和包装业的发展,近年来,纸包装材料普遍加工成纸盒、纸罐等作为茶叶的外包装,主要是美化和宣传茶产品。但纸包装材料保鲜效果差,不能作为茶叶流通过程的小包装材料使用。近几年,市场上出现了纸盒复合包装盒(罐),克服了纸盒易受潮的问题,并开发应用了磨砂、烫金等新工艺。

2. 金属包装材料(主要是铁、铝、锡罐)

金属包装材料主要作为茶叶的外包装,是较普遍的包装材料,具有较好的化学稳定性和综合防护性能,加工性能也好,深受生产企业的欢迎。在目前的茶叶金属包装材料中,锡质材料(主要是锡罐)由于价格昂贵,主要用于陈列茶叶的包装。马口铁和铝质材料制成的包装,都有较好的遮光、防水、防潮及阻气性能,而且价格适度,印刷性能也好,大多用于高档名优茶的包装。而由铝质材料和高分子材料压制而成的铝箔复合袋,是目前大众化包装和内包装中使用最广的包装材料。

3. 高分子包装材料(主要是塑料)

高分子包装材料是20世纪60年代随着石油工业的发展而兴起的,目前已广泛应用于食品行业，在某种程度上已替代了传统的金属、纸质等包装材料。用于茶叶包装的高分子材料主要有以下几种。

（1）聚乙烯薄膜（PE）

聚乙烯薄膜是目前市场上使用最多的一种包装材料。它的优点是价格便宜，无毒，热封性好；缺点是有异味，防潮、密封性和保香性能较差。聚乙烯薄膜可分低密度聚乙烯（LDPE）、中密度聚乙烯（MDPE）、高密度聚乙烯（HDPE）3种材料。密度越高，结晶度越好，水蒸气和油脂的渗透能力越差；但透明度越差，柔软程度、伸长率越低，抗冲击性与耐低温性越差。聚乙烯薄膜的氧气透气率相对较高，对气体侵入的阻隔性也较差，因此作为茶叶包装材料应用时，一般采用聚乙烯作为内层材料，再外加1层或1层以上的高分子材料进行复合后使用，不单独作为名优茶的包装材料。

（2）聚丙烯薄膜（PP）

聚丙烯薄膜有双向（横向、纵向）拉伸型（OPP）和未拉伸型（CPP）两种。其中OPP可拉伸，机械强度、耐寒性和光泽度都较好，性能比聚乙烯薄膜稍好，但也达不到单独作为高档茶包装材料的要求。

（3）聚酯薄膜（PET）

PET是结晶度较好、较坚韧的材料，强度高，稳定性好，能承受较大的温差，但热封性能较差。因此，单独使用较少，一般作为多层复合材料的外层材料。

（4）尼龙薄膜（NY）

NY有拉伸和非拉伸型两种，具有较好的强韧性、耐穿透性和耐磨性，但阻气性和防潮性较差（属高分子材料中最差的），也不单独作为茶叶包装材料使用，一般用于多层包装材料的外层材料使用。

（5）聚偏二氯乙烯（PVDC）

PVDC材料透气、透水性能极差，从性能上可满足茶叶包装材料的要求，但价格较高，因此常与纸、铝箔或其他高分子材料制成复合材料后使用。

（6）玻璃纸

玻璃纸有普通玻璃纸（PVC）和防潮玻璃纸（PVDC）两种。玻璃纸是一种透明度较好、具有刚性的高分子材料，但热封性极差，一般在茶叶中作为纸盒包装茶（主要是袋泡茶）的外包装材料。

（7）复合薄膜

从茶叶的包装效果来说，单层薄膜很难有效保障茶叶品质。因此，一般都是选择2~3种薄膜叠加复合后形成复合薄膜作为茶叶的包装材料。

4. 玻璃和陶瓷包装材料

玻璃和陶瓷包装材料具有较好的阻气、防水、防潮等性能，但由于易碎及不便运输、携带等缺点，大多作为商店或茶馆等场所陈列茶叶样品时使用。

二、茶叶包装标识

在流通领域，产品包装都必须要有标识，否则是不能作为商品进行销售的。为了加强食品管理的规范化，防止和打击假冒、伪劣产品，保护生产者和消费者的利益，国家对食品标签的标识有严格的规定，并作为国家法规执行。我国茶叶包装标识依据《预包装食品标签通则》(GB 7718—2011)实施。一般独立包装标示在包装袋外侧，非独立包装标示在外包装(茶叶罐或茶叶盒)上。不管是哪种方式，都必须符合《预包装食品标签通则》(GB 7718—2011)的基本原则、要求以及相关内容。

知识点二　茶叶的吸附性

茶叶的吸湿、吸异性很强，在吸附空气中水分的同时，其他异味气体也随着水汽被茶叶吸附。茶叶吸湿性易造成茶叶的劣变和霉变。利用茶叶的吸附性原理，可以生产花茶、加工其他速溶调饮茶，制除臭剂、除腥剂，以及在污水治理过程中作重金属和废气吸附剂等。

茶叶的吸水和吸异作用有以下 3 种形式：物理吸附、渗透、化学吸附。在低温和常温下是以物理吸附和渗透两种形式来进行，在较高温度下以化学吸附为主。

物理吸附时，吸附剂表面被所吸附物质完全、多层地掩盖。物理吸附的活化能很小，故吸附和解吸都在较短的时间内进行。物理吸附是无选择的，是可逆的，受温度和压力的变化而变化。在加热和减压时，可以发生解吸。

化学吸附时，茶叶中含有含量较高的亲水胶体，如多糖、可溶性蛋白质、不饱和脂肪酸等，它们在茶叶吸附水分和异味气体过程中吸水膨胀，引起一些化学反应(取代反应和络合反应等)。混在水里的异味气体相互作用，形成新的化合物(如产生新的异杂物质)。

吸附是内聚力的作用。在吸附过程中，被吸附物质的数量随吸附剂表面积的增大而增加。一般地，具有极大表面积的物质，可能具有良好的吸附能力。茶叶的吸附能力取决于单位表面积的大小，而单位表面积的大小又取决于茶叶叶片的结构、孔隙性状与数量及其分布状况等。凡表面不均匀、孔隙多、孔隙率大的，其单位表面积大，吸附能力强。孔隙的性状对吸附过程也有很大的影响，孔隙粗大的单位表面积小，在孔壁上吸附量少，故粗大孔隙对被吸附物质分子只起通导的作用。细小孔隙能使被吸附物质在狭窄的孔隙中容易聚集，且孔隙越小，液体表面的凹度越大，蒸汽压降低越多，与平面蒸汽压相差越大，其吸附作用就越强。

不同茶叶因表面结构间孔隙大小不一致、孔隙分布不均匀、孔隙率不等，而具有不同的吸附作用，而这些因素都与叶质的老嫩和制茶的种类相关。一般来讲，叶质嫩的，其表面气孔和内部孔隙多而小，吸附能力就强；叶质老的，表面气孔和内部孔隙少而大，吸附力就弱。就其吸附速度来讲，嫩叶孔隙小而多，吸附速度慢；老叶孔隙大，吸附速度就快。制茶种类不同，其吸附作用也不同。烘青茶叶(包括毛峰类)吸附作用较强，炒青茶叶(包括龙井茶)吸附作用较弱，原因是炒青类茶叶在较长时间炒干过程中，茶灰末堵塞了孔隙，大大降低了吸附能力。故一般窨制花茶均取烘青茶叶为茶坯。

除此以外，茶叶含水量高低也影响茶叶的吸附能力。一般来讲，茶叶含水量高，其孔隙内被水充满，孔隙率降低，吸附能力降低。茶叶含水量在5%时，茶叶的吸附能力最强。当茶叶含水量达到18%~20%时，其吸附作用可忽略不计。因此，把茶叶作为吸附剂使用前必须先把含水量降低到4%。窨制花茶的茶坯，为保持茶坯香气，含水量一般控制在4.5%~5%，过低含水量容易产生老火气味或焦味，过高含水量则会降低其吸附能力，影响花茶质量。

茶叶在加工过程中，任何不恰当的工艺，都会产生异味而被茶叶吸附，如蛋白质酸败气味、烂叶气味、水闷气味等，最常见的为烟味、焦味、机油气味。烟味产生的原因是烘干时翻烘不当使少许茶叶掉落到火中燃烧生烟或烘干时炭头生烟被茶叶吸附所致。焦味产生的原因在于火温过高，致使茶叶外层被烧焦产生气味而被茶叶吸附。机油味多由于干燥时机油分子扩散在空气中被茶叶吸附所致。

此外，茶叶在贮运过程中，也会因包装处理不当而发生吸附现象，而导致茶叶变质。一般认为茶叶在贮运保管中的关键工作是保持茶叶的干燥，防止茶叶吸水受潮而导致茶叶劣变。茶叶在贮藏运输之前，其含水量要降低到4.5%~5%且密封充氮，或干燥冷藏。包装材料和器具均不能有异味，如新木箱的松木味、塑料袋的漆气味、滑石粉气味等。防止储运过程中茶叶被各种异味气体污染，也是提高茶叶品质的重要措施。

知识点三　茶叶陈化

一、茶叶陈化原理

茶叶的内含成分主要由茶多酚、氨基酸、生物碱、维生素、叶绿素等物质以及一些香气成分组成。这些品质成分多为还原性物质，极易受湿度、温度、光照和氧气等环境因素的影响，自身或相互进行水解反应、氧化反应、缩合（或聚合）反应等，从而形成一些较大分子的物质，使茶汤产生沉淀或水浸出物减少，并产生一些称为"陈"的气味。这是茶叶陈化变质的主要机理。贮运过程中，茶叶品质陈化变质的原因是很多的，但归纳起来主要以下几个方面内在因素。

1. 含水量变化

水分是茶叶内各种成分生化反应必需的介质，也是微生物生长繁殖的必要条件。一般成品茶的含水量为4%~6%，在这个含水量范围之内，茶叶的化学反应缓慢。但当茶叶含水量超过12%时，茶叶内部化学反应会加速进行，微生物滋生，茶叶很快就会发生变质或霉变。

2. 茶多酚氧化、聚合

茶多酚是茶叶含有的20多种酚类物质的总称，是决定茶叶汤色和滋味的最主要的成分。茶多酚本身无色，但容易发生变化，经酶促反应、氧化反应、缩合（或聚合）反应等，会产生茶黄素，茶黄素进一步氧化和缩合（或聚合）产生茶红素，茶红素进一步氧化和缩合（或聚合）产生茶褐素。制作红茶，要求得到较高比例的茶黄素和茶红素，尽量少产生茶褐素（茶褐素会使汤色变暗、滋味变劣）。而绿茶是以茶多酚的保留量高为主要特征的，因此茶叶的保管就是要防止茶多酚进一步被氧化而使茶汤变褐、滋味变劣。

3. 维生素C氧化

维生素是绿茶品质变化的重要化学指标。绿茶中的维生素以维生素C含量最多，并且嫩茶的维生素 C 含量比老茶要多，高级绿茶中的维生素 C 含量可达 0.5% 以上。绿茶在贮藏过程中，若贮藏不当，受外界环境条件的影响，维生素 C 会发生氧化反应，使绿茶的外形色泽和汤色褐变。在绿茶中，当维生素 C 含量的保留率低于贮藏前含量的 60% 时，则绿茶品质明显下降。

4. 氨基酸、蛋白质、生物碱和可溶性糖变化

茶叶中的氨基酸是重要的呈味物质，它决定了茶汤的鲜爽度。在茶叶贮藏过程中，氨基酸和可溶性糖发生反应，形成不溶性的聚合物，使茶汤汤色变浑，鲜爽度下降。另外，氨基酸在一定的温、湿度条件下，能自动氧化、降解和转化，使茶叶失去鲜爽风味，所以茶叶经一定时间的贮藏后鲜爽度会下降。

在茶叶贮藏的过程中，由于蛋白质能与多酚类化合物结合，形成不溶性的聚合物，使可溶性多酚类化合物减少，因此一定程度上影响了茶叶的滋味。

生物碱是茶叶中含氮物质的重要组成部分，主要成分有茶叶碱、可可碱和咖啡因，其中 90% 以上是咖啡因。含氮物质在茶叶存放过程中容易与茶多酚类的氧化物质结合，生成暗色聚合物，使茶叶丧失原有的滋味。

5. 色素变化

茶叶贮藏过程中色素的变化主要是绿茶中的叶绿素的变化。叶绿素及其转化产物是形成绿茶干茶色泽和茶汤色泽的重要成分之一。叶绿素本身就是一种极不稳定的物质，在光和热的作用下，易产生置换和分解反应，翠绿色的叶绿素脱镁生成褐色的脱镁叶绿素而使干茶色泽发生变化。当这种脱镁叶绿素的比例达到 70% 以上时，茶叶就会出现显著的褐变。

6. 香气成分变化

香气是茶叶品质成分中种类最多、最复杂的一类物质。茶叶在贮藏过程中，除了茶叶本身的香气成分会不断减少以外，氨基酸及其转化产物，以及氨基酸与儿茶素的相互作用也会使茶叶的香气发生变化。随着时间的推移，新茶特有的清香会消散，陈味逐渐显露。这一现象是由于茶叶原有香气成分散失和一些陈味物质的增加而引起的。研究认为，构成绿茶茶香的主要成分是正壬醛、顺-3-己烯己酸酯、吲哚和一些未知的成分，这些成分在茶叶的贮藏过程中随着时间的推移明显减少，与此同时，也产生了一些新化合物，而呈现出茶叶的陈味。除此之外，在茶叶的贮藏过程中，β-紫罗酮及 5,6-环氧-β-紫罗酮、二氢海葵内酯等胡萝卜素转化衍生而成的成分，也有不同程度的增加。

7. 脂类物质变化

茶叶中的脂类物质包括甘油酯、磷脂和一些不饱和脂肪酸，这些脂类物质都是一些不稳定的化学成分，它们在空气中会与氧发生缓慢的氧化作用，生成醛类与酮类物质，从而产生酸败气味，使茶叶显陈、酸败、汤色变深。此外，在茶叶的贮藏过程中，由于受高温、光照、氧气的影响，游离脂肪酸含量会不断增加，从而不断产生有陈味的醛、酮、醇等挥发性成分，使茶叶饮用价值和商品价值降低。因此，脂类物质的氧化是引起绿茶陈化和香气劣变的最重要的原因之一。

总之，茶叶内含成分的变化必须在适宜的湿度、温度、氧气、光照等因素及其相互作用下才能进行，因此环境条件是茶叶发生陈化、变质的外因子，只有当内、外因子共存时茶叶品质才发生变化。

二、次品茶、劣变茶、假茶、回笼茶识别

(一)次品茶识别

次品茶是指品质有缺陷，已失去该茶类应有的品质风味的茶。如陈茶，绿茶中的红梗红叶茶，红茶中的花青茶，焦茶，以及烟、酸、馊等异气味茶。

1. 陈茶识别

陈茶一般是指绿茶、红茶、黄茶、白茶或乌龙茶等茶叶由于存放时间较长(一般为一年以上)产生陈变，或存放时水分含量过高，且贮存于高温、高湿或有阳光直射的地方，在较短时间内即陈化变质的茶叶。从外形上看，陈茶条索往往由紧结变为稍松，色泽失去原有的光润度而变得枯暗或灰暗。其中以绿茶陈化后色泽变化最明显，从原来的以绿色为主变为以黄色或褐色为主，且色泽发暗、发枯。开汤后，香气低淡，失去该茶类原有的香气特征，甚至低沉带有浊气。汤色深暗，滋味陈滞和淡无鲜味，叶底芽叶不开展，色泽黄暗或深暗。

2. 红梗红叶茶识别

红梗红叶茶是绿毛茶鲜叶采摘或加工不当而产生的。干看外形带有暗红条，色泽稍花杂，开汤后香气滋味有发酵气味，汤色泛红，叶底部分茶条呈红梗(茎)红叶。

3. 花青茶识别

花青茶是红毛茶鲜叶加工不当而产生的品质弊病。干看外形色泽红中带青暗色，开汤后香气滋味有明显的青气味，汤色淡红带黄，叶底有青绿色叶张或青绿色斑块，红中夹青。

4. 焦茶识别

焦茶是茶叶干燥时温度太高或时间太长而引起的品质弊病。干看外形茶条上有较密集的爆点，色泽发枯或焦黄，开汤闻嗅有焦气，汤色深黄或黄暗，叶底不开展，牙叶上有黑色焦斑。

(二)劣变茶识别

劣变茶是指茶叶的品质弊病严重，饮用使人感到恶心或对人体健康有害，已失去饮用价值的茶叶。

1. 霉变茶识别

干看外形茶条稍松或带有灰白色霉点，严重时，茶条相互间结成霉块，色泽枯暗或泛褐，干嗅时缺乏茶香或稍有霉气，开汤后热嗅有霉气，汤色暗黄或泛红，尝滋味时有霉味，严重时令人感到恶心，叶底深暗或暗褐。

2. 其他劣变茶识别

其他劣变茶是指沾染烟、焦、酸、馊及各种异气，且程度严重，已失去饮用价值的茶。这类劣变的茶叶一般是由于加工工序不当或运输、贮藏保管不当而产生的，在辨别时应注意区分异气的类型。

烟气味 犹如湿柴燃烧时产生的烟熏气味，干嗅时即有烟气，尝滋味时有烟味，一般开汤后更明显。

异气味 常见的有包装袋的油墨气味、木箱气味以及与其他有气味的物品混放后吸收的异气味。

酸、馊气味 犹如夏天久放的稀饭所发出的气味，一般干嗅时不明显，热嗅时有酸馊气味。

（三）假茶识别

凡是从其他植物上采摘下来的鲜叶制成，而冒充茶叶进行销售的，应作为假茶处理。但有些植物如苦丁、银杏的叶子已被制成清凉保健的饮料，习惯上也称为苦丁茶、银杏茶等，应与以其他植物叶子如连翘叶或其他对人体有害的叶子充当茶叶的假茶相区别。

在茶叶审评过程中，如果发现茶叶品质异常，应仔细辨别。

1. 开汤辨别

开汤时采用双杯审评方法：每杯称样 3g，分别置于两个 150mL 审评杯中。第一杯冲泡 5min，用以审评香气滋味，看其有无茶叶所特有的茶香和茶味；第二杯冲泡 10min，使叶片完全开展后，置于白色漂盘中观察有无茶叶的植物学特征。

- 茶叶的芽及嫩叶的背面有银白色的茸毛，随着叶质的成熟老化，茸毛会逐渐消失。
- 叶片边缘锯齿显著，嫩叶的锯齿浅，老叶的锯齿深，锯齿上有腺毛，老叶腺毛脱落后留有褐色疤痕。近叶基部锯齿渐稀。
- 嫩枝梗呈圆柱形。
- 叶面分布着网状叶脉，主脉直达顶端，侧脉伸展至离叶缘 2/3 处向上弯，连接上一侧脉；主脉与侧脉又分出细脉，构成网状。

> **知识拓展**
>
> 茶树是叶用作物，茶叶是采摘茶树上的新梢经加工而成的。茶树的新梢由芽、叶和嫩梗组成。随着新梢的成熟度提高，芽逐渐张开成嫩叶；随着嫩叶的逐渐成熟，嫩梗逐渐伸长，成熟度提高，直至顶芽形成驻芽，嫩梗逐渐形成木质化老梗。

2. 茶叶特有理化成分检测

当茶叶已被切碎或由于其他原因通过感官审评难以辨别其真假时，可通过检测其内含的理化成分来鉴别。

茶多酚检测 茶叶中富含多酚类物质，占干茶总量的 20%~30%，其中儿茶素类占多酚类总量的 60%~80%，这是茶叶与其他植物叶片相区别的主要特性。

茶氨酸检测 茶氨酸是茶叶特有的氨基酸，占茶叶中氨基酸总量的 65%~70%。

咖啡因检测 茶叶中的咖啡因占茶叶干物质总量的 2%~5%。咖啡因在植物中分布不多，主要存在于茶叶、咖啡、可可中，且像茶叶这样集中在叶部的很少见。

（四）回笼茶识别

在鉴别茶时应注意区别回笼茶，即茶叶经冲泡后的茶渣再经干燥冒充商品茶。回笼茶虽然具有茶叶的植物学特征，但冲泡后汤色浅淡，香味淡薄，其内儿茶素、茶氨酸及咖啡因等理化成分含量大大低于正常茶叶的指标值。

知识点四　茶叶贮藏

一、茶叶贮藏技术要求

茶叶变质、陈化是茶叶各种内含化学成分在一定的环境条件下发生氧化、降解和转化的结果，主要是受温度、水分、氧气、光照等因素的影响。因此，要防止茶叶在贮藏和流通过程中的陈化变质，必须达到以下各项要求。

（一）茶叶干燥

水分是茶叶内各种成分生化反应必需的介质，也是微生物繁殖的必要条件和茶叶发生霉变的主要因素。通常情况下，茶叶含水量越高，陈化速度越快。含水量超过6.5%时，存放6个月就会产生陈气；含水量超过7%时，滋味会逐渐变差；含水量达8.8%时，短时间内很可能发霉；含水量超过12%时，霉菌大量滋生，霉味产生。因此，对价格高的名优茶，含水量以4%~5%为佳，应控制在6%以内，最高不超过7%。

（二）控制茶叶贮藏的环境条件

1. 低氧

空气中大约20%是氧气，氧气能与绝大多数元素化合成为氧化物。茶叶在贮藏过程中，茶多酚、维生素C、脂类、醛类、酮类等物质都会自动氧化，且氧化产物大多对茶叶品质不利。有研究表明，茶叶在含氧量为1%和10%的不同环境中贮藏，品质有明显的差异。在茶叶包装容器内充入氮气，或用其他方法吸走氧气，可使包装容器内的含氧量下降到最低。名优茶包装容器内氧气含量控制在0.1%以下（即基本无氧状态）茶叶品质才有保证。

2. 低湿

茶叶是疏松多毛细管的结构，在茶叶的表面到内部有许多不同直径的毛细管，贯通整个茶叶，同时茶叶含有大量亲水性的果胶物质，所以很容易吸湿变潮。茶叶在贮藏过程中，各种成分的变化以及霉菌的产生与环境空气相对湿度密切相关。贮藏环境的空气相对湿度越高，茶叶吸湿返潮越快。当在空气相对湿度40%的环境中贮藏时，茶叶的平均含水量仅为8%左右；当在空气相对湿度80%的环境中贮藏时，含水量一天就可达到10%以上，直到茶叶含水量上升到21%左右。因此，控制环境湿度对保持茶叶品质具有较大的作用，茶叶应贮藏在空气相对湿度30%~50%的环境中。

3. 低温

茶叶在贮藏过程中的品质变化是茶叶内含成分变化的结果，环境温度越高，反应速度越快，变化越激烈。如温度每升高10℃，绿茶色泽褐变的速度会加快3~5倍。在贮藏过程中，影响茶叶品质的有效成分含量随着环境温度的增高而减少，尤其是对茶叶香气有良好作用的成分减少较多。由此可见，温度是茶叶贮藏中影响品质的主要因素之一。低温贮藏是茶叶贮藏的有效方法。一般来说，在0~5℃范围内，茶叶可在较长时间内保持原有色泽；在10~15℃时，色泽变化较慢，保色效果也较好。名优茶的贮藏温度通常应控制在5℃以下，最好是贮藏在-10℃以下的冷库或冷柜中，能较长时间保持色泽和风味。

4. 避光

光线能够促进植物色素或脂类物质的氧化，特别是叶绿素受光照的影响更大。茶叶在贮藏过程中若受到光照的影响，色素和脂类等物质将会产生光氧化反应，产生令人不快的异臭气味。特别是在受紫外线影响时，茶叶中一些芳香物质发生反应，产生日晒味，导致茶叶香气、色泽的劣变。

综上所述，茶叶的保鲜条件是：含水量低于6%，避光、脱氧（容器内含氧量低于0.1%）、低湿（空气相对湿度低于50%）、低温（5℃以下）以及卫生干净的加工及贮藏条件。

二、茶叶贮藏方法

自古以来，人们就在生产实践中创造了许多保持茶叶品质的有效方法。如传统的除湿保鲜法，就是将茶叶放到内置木炭、石灰或硅胶的瓦坛、铁罐或铁箱等比较密封的容器内，这是最原始也是很有效保持茶叶品质的贮藏方法，目前许多厂家仍在使用。近些年来，随着科技的发展，充氮包装贮藏、除氧包装贮藏和低温冷藏等保鲜技术也得到了广泛的应用。归纳起来，茶叶的贮藏方法有以下几种。

（一）常温贮藏法

常温贮藏常用铝箔复合袋、金属罐、玻璃器具以及茶箱、茶袋等贮藏。由于茶箱、茶袋的防潮性能差，只在初制、精制茶厂大批量茶叶调拨货时使用，一般常温贮藏2~3个月茶叶品质就会有很大变化。用铝箔复合袋、金属罐和玻璃器具包装的茶叶，要求茶叶含水量控制在3%以内，这样茶叶变质程度较轻。但在这样的含水量范围内，茶叶品质得不到保证，因太干而易断碎，成本也高，因此目前很少使用。但常温贮藏的茶叶，如果能控制好适当的含水量，所用的容器气密性好，结合其他方法保存，效果也不错，只是在30℃以上高温季节则不能保证茶叶品质，尤其是无法防止色泽褐变。

（二）灰缸贮藏法

灰缸贮藏法是将生石灰、木炭或硅胶置入待存茶叶的密封容器（一般是灰缸）内，利用生石灰、木炭或硅胶具有的很好的吸湿性来吸收灰缸内有效空间和茶叶中的水分，从而降低灰缸内空气的相对湿度和茶叶的含水量，以达到延缓茶叶品质的陈化、劣变。这是最传统的贮藏方法，具有操作方便、成本低等优点。

（三）脱氧包装保鲜贮藏法

脱氧包装保鲜贮藏法是将脱氧剂（或除氧剂）放入装有茶叶的密封容器内，利用脱氧剂吸收容器内的氧气，从而延缓茶叶因氧化作用而发生的品质陈化、劣变。一般在常温下容易与氧气反应形成氧化物的物质均可作为脱氧剂的基材，但从安全卫生、吸氧性能、价格等因素考虑，目前市场上的脱氧剂以活性铁粉为基材的较多。一般封入脱氧剂24h后，容器内的氧气浓度可降低到0.1%以下。当容器内渗入微量氧气时，仍能发生反应并吸收这些氧气，所以能长时间保持茶叶处于无氧状态。但利用脱氧剂贮藏时，容器的密封要求较高，不能有丝毫的漏气，否则达不到应有效果。

该法对茶叶品质保鲜效果非常明显，并且使用方便、价格低廉，是近些年来全国各大产茶区使用最为广泛的一种保鲜技术，最适宜在绿茶尤其是名优绿茶中使用。有研究表明，名优绿茶用脱氧剂进行保鲜贮藏，香气和滋味均优于抽气充氮保鲜贮藏法，尤其是维生素C变化甚微，在80d内基本无变化，而充氮保鲜法在同样时间内则损失率为15.4%。

（四）抽气充氮保鲜贮藏法

抽气充氮保鲜贮藏法是气体置换技术中的一种，是采用氮气来置换包装袋内的空气。氮气是一种惰性气体，本身具有抑制微生物生长繁殖的功能，可达到防霉保鲜的目的。首先要抽去氧气，使包装容器内形成真空状态，然后充入氮气，最后严密封口，从而阻止在贮藏过程中茶叶化学成分与氧气发生反应，达到防止茶叶陈化、劣变的目的。有研究表明，含水量低于6%的绿茶，采用铝箔包装抽气充氮法，经6个月的贮藏后维生素C的含量可保持在原来的96%以上，所以保鲜效果是十分明显的。但是，在大包装中由于抽气充氮包装具有体积大、易破碎、运输不便等缺点，因此在实际生产中还很少使用，在小包装中特别是小罐包装应用比较多。目前小罐茶所使用的保鲜方法就是抽气充氮法。

（五）低温保鲜贮藏法

低温保鲜贮藏法是通过改变环境温度，降低茶叶内含化学成分的氧化反应速度，最终达到减缓茶叶品质陈化、劣变的一种贮藏保鲜技术。目前采用的低温保鲜贮藏方法，主要是通过制冷机组来降低贮藏容器或茶叶贮藏场所的温度来实现的，其中使用最广、成本最低的为冷库保鲜法。冷库类型主要有土建式和组合式两大类。土建式冷库一般来说结构较简单，成本较低，但是由于它具有较大的空间，空间内存在着不同的温区差异，因此在保鲜过程中，要设置通风、通气空间或采用框、架存放茶叶。而组合式冷库则结构合理，保温性能好，操作和使用方便而灵活，但成本相对较高。多年的生产实践证实，用低温保鲜贮藏法来保持茶叶的品质是有效的，冷库的库房温度在-18~2℃范围内均能达到品质保鲜的目的。对绿茶而言，当温度在5℃以下，经8~12个月的贮藏，品质能保持基本不变；在-10℃以下贮藏，可保持2~3年品质基本不变。

任务三 认识评茶员

 任务指导书

>> **任务目标**

1. 熟悉评茶员职业道德及各级评茶员职业能力要求等相关知识。
2. 能以评茶员职业能力要求为依据，根据自身当前的职业能力情况，判断自己的职业等级。

>> **任务实施**

1. 实地调查各职业技能等级认定机构的报名条件，了解评茶员的职业定义、职业守则、职业等级、申报条件等。

2. 实地调查各职业技能等级认定机构，了解其对各级别评茶员职业能力的考核标准。

3. 根据评茶员职业能力要求，结合自身当前的职业能力情况，进行自身职业能力发展目标的规划。

>> **考核评价**

根据调查时的实际表现及调查深度，以及对各调查工作内容的理解程度和调查报告的内容，并结合自我职业能力评价结果，综合评分。

 知识链接

知识点一　评茶员职业概况

1. 评茶员职业定义

评茶员是以感觉器官评定茶叶品质（色、香、味、形）高低优次的人员。

2. 评茶员职业要求

茶叶审评是一门实用性较强的技术。评茶人员应具备良好的身体条件，视觉、嗅觉、味觉、触觉等感觉器官功能良好，有一定的学习能力和语言表达能力，并具有良好的职业道德。应主动加强基础知识的学习，将理论知识与实际操作有机地结合起来。

（1）评茶人员身体条件要求

①评茶人员必须身体健康，不得是肝炎、结核等传染病患者。

②评茶人员必须具备正常的视觉、嗅觉、味觉和触觉。凡符合下列全部条件即可视为感觉器官正常。

视力：按国际标准视力表，裸眼或矫正后视力不低于1.0。

辨色：无色盲，以重铬酸钾分别配成浓度为0.10%、0.15%、0.20%、0.25%、0.30%的水溶液色阶，密码评比，能由浅至深按顺序排列者。

嗅觉：以香草、苦杏、玫瑰、茉莉、薄荷、柠檬等芳香物质，分别配成不同浓度水溶液，能正确识别，且灵敏度接近多数人平均阈值者。

味觉：以蔗糖、柠檬酸、氯化钠、奎宁、谷氨酸钠分别配成不同浓度水溶液，能正确识别，且灵敏度接近多数人平均阈值者。

③评茶人员应无不良嗜好。无嗜酒、吸烟习惯，评茶前不吃油腻及辛辣食品，不涂擦芳香气味的化妆用品。在评茶过程中，常用清水漱口，以消除口腔杂味及茶味。

④评茶人员持续评茶2h以上，需稍作休息，以恢复感官疲劳。

（2）评茶人员能力要求

①有一定的学习能力和语言表达能力。

②具有相应的专业基础知识，注重制茶和评茶实践经验积累。

知识点二 评茶员职业道德

职业道德是人们在从事职业活动时应当遵守的与其特定的职业活动相适应的行为规范的总和。职业道德能够引导人们的职业活动向社会经济和精神文明的正确方向发展，它要求人们在从事职业活动时具有强烈的社会责任感和高度的法律意识，同时在完成职业活动的各项任务时还应具有一定的奉献精神。

评茶员职业道德是指从事评茶职业的人在工作中共同遵守的行为准则和规范，评茶员在所从事的业务活动中以此约束自己，同时又对社会承担道德责任和义务。

一、评茶员职业守则

评茶员职业守则是指评茶人员应遵循的职业道德的基本准则，即评茶人员必须遵循的行为标准。

（一）遵纪守法，讲究公德

遵纪守法是指评茶人员应遵守国家的法律法规，具有高度的法律意识。社会法制建设日益健全，作为一名评茶人员更应加强法律法规的学习。评茶人员对茶叶的评判结果，不仅影响企业的经济效益，还涉及商品的售后，关乎企业声誉及品牌形象。与此同时，评茶人员应自觉加强道德修养，提高自律能力，讲公德，拒腐败，不徇私情，不谋私利，做一个德才兼备、素质优良的评茶人员。

（二）忠于职守，爱岗敬业

评茶人员应该忠实地履行自己的职业职责，有强烈的职业荣誉感和工作责任心，同时热爱自己的工作岗位，兢兢业业，为茶业事业做出应有的贡献。

（三）科学严谨，不断进取

评茶能力不是一朝一夕形成的，需要经过评茶人员有意识地反复训练而获得。评茶人员还需要掌握一定的茶叶基础理论知识，掌握各类茶叶的品质特征、加工方法、茶树品种特性、生长地域和季节差异、审评方法及要点。

茶叶感官审评既要建立在科学求实的基础上，也要基于评茶人员的经验积累。对茶叶品质判断应是真实的、客观的，忌虚假、马虎。因此，科学严谨的态度是评茶人员完成本职工作并取得重大工作成果所必须具备的基本职业素养。

评茶结果的正确与否与评茶人员的能力高低、技术掌握是否全面关系紧密。要想取得科学准确的茶叶评判结果，必须注重茶叶相关知识的吸取、评茶技巧的训练以及专业阅历的培养，刻苦钻研，精益求精，不断提高自身的业务素质和技能水平。

（四）注重调查，实事求是

评茶员在茶叶审评中应尤其注重调查研究。在品质评判过程中需勤于思考，善于发问。特别是在评定特异风味茶样时，应仔细了解其生长环境、生产过程、包装、贮存等条件，深入开展调查研究工作，避免凭主观想象而武断下结论。

评茶员应具备实事求是的工作作风。在茶叶的评定过程中，应充分尊重客观事实，切忌受外界因素的干扰而导致评定等级误差。茶叶审评结果应能客观、准确地反映茶叶品质的真实情况，将误差控制在允许的范围之内。

（五）团结共事，宽厚容人

评茶人员在从事茶叶审评这一职业时应相互学习、相互交流，特别是年轻的评茶员应虚心向年长、经验丰富的评茶员学习，向生产第一线的老茶农、技术人员、老茶师请教，不断积累经验。经验丰富的评茶员应对年轻评茶员给予耐心指导，促进其业务素质和评茶技能的整体提升，培养后生力量，使茶业事业更加兴旺发达。

二、评茶人员应该具备的个人素质

应该掌握系统的专业知识；应该具有健康的身心与体魄；评茶前忌饮酒、吸烟和食用刺激性食物；评茶前慎用药物；评茶前不使用带有气味的日用品。

知识点三　评茶员职业能力要求及工作内容

职业资格与学历文凭有区别。职业资格是对从事某一职业所必备的学识、技术和能力的基本要求，反映了劳动者从事这种职业所达到的实际能力水平，如取得职业资格初级证书，表明职业技能动手操作能力达到初级水平。学历文凭主要是反映学习的经历，是文化理论知识水平的证明，不能代表个人实际的动手操作能力水平。

一、初级评茶员

1. 样品管理

（1）样品信息采集

①技能要求　能做好样品规格、茶叶品类、数量等信息登记；能按照统一格式对样品进行编号；能根据无包装样品的外观、色泽等初步判别茶类。

②相关知识　茶叶包装标识；茶叶分类。

（2）样品归类存放及标准的选择

①技能要求　能根据样品的包装标识确定其所属的基本茶类；能按照样品所属的基本茶类选择适用的文字标准及实物标准样；能按不同的茶类选择相应的存放环境。

②相关知识　我国茶叶标准；茶叶贮存保质。

2. 茶叶感官审评准备

（1）茶叶感官审评设施、用具准备

①技能要求　能按茶叶感官审评要求清洁审评室；能按茶叶感官审评要求准备设施；能准备茶叶感官审评器具，并按顺序编号；能根据安全用电和实验室防火防爆要求检查审评室。

②相关知识　茶叶感官审评室环境的要求；干评台、湿评台、茶具的规格要求；安全用电和安全操作规程。

(2)相关标准准备

①技能要求　能根据茶样选择相应产品的文字标准(企业标准);根据产品标准准备实物标准样或实物参考样。

②相关知识　实物标准样的定义;实物标准样设置等级的依据。

3. 感官品质评定

(1)分样

①技能要求　能用四分法缩分茶样至所需数量;将缩分茶样进行编码并置于评茶盘中。

②相关知识　分样程序;分样方法。

(2)干看外形

①技能要求　摇盘时茶叶在盘中能回旋筛转,收盘后上、中、下3段茶层次分明;能评比形状的粗细、长短、松紧、身骨轻重;能评比紧压茶个体的形状规格、匀整度、松紧度及里茶、面茶;能评比面张、中段、下段三档比例是否匀称;能评比色泽的鲜陈、润枯、匀杂;能评比茶类及非茶类夹杂物的含量情况。

②相关知识　摇盘、收盘的基本手法和要点;不同茶类基本品质特征及外形审评方法。

(3)湿评内质

①技能要求　能进行匀样、称样,并按编码顺序置入茶叶审评杯中;能确定相应的杯碗器具、茶水比例、冲泡时间和水温;能按审评要求看汤色、嗅香气、尝滋味和看叶底;能区别汤色的深浅、明暗、清浊;能辨别陈、霉、焦、烟、异等不正常气味;能辨别叶底的嫩度(或成熟度)、匀度、色泽。

②相关知识　称量器具使用基本知识;称样的基本常识;不同茶类内质审评方法。

(4)品质记录

①技能要求　能按茶叶感官审评程序记录品质情况;能使用茶叶感官审评术语描述常见某一茶类的主要品质特征。

②相关知识　品质记录表的使用;茶叶感官审评术语中通用术语运用。

4. 综合判定

(1)记录汇总

①技能要求　能根据品质记录对各品质因子情况进行汇总;能识别劣变茶、次品茶、真假茶。

②相关知识　劣变茶的识别;次品茶的识别;真假茶的识别。

(2)结果计算及判定

①技能要求　能根据各项因子分数计算总分;能对照茶叶实物标准样对某一类茶叶的外形、内质进行定级。

②相关知识　对样评茶;品质计分方法;初制茶等级判定原则。

二、中级评茶员

1. 样品管理

(1)取样

①技能要求　能按茶叶取样的操作规程,从大堆样中扦取具有代表性的试样;能根

据茶样外形特征判定所用标准是否适当。

②相关知识　茶取样标准；各茶类产品检验。

（2）包装分析

①技能要求　能分析茶样包装标签是否符合食品标签标准要求；能提出茶叶包装改进的建议。

②相关知识　预包装食品标签标准；茶叶包装材料与茶叶品质保持。

2. 茶叶感官审评准备

（1）茶叶感官审评设施、用具准备

①技能要求　能根据天气变化做好审评室内光照、温度和湿度的调节，使其符合茶叶审评要求；能做好茶叶感官审评设施的维护、保养工作。

②相关知识　茶叶感官审评室内光照、温度和湿度的要求；茶叶感官审评设施的维护、保养。

（2）标准样的准备

①技能要求　能根据相关茶类准备相应的文字标准（国家、行业、地方或企业标准）；能准备相应的实物标准样或参考样。

②相关知识　不同茶类的国家、行业、地方或企业标准；不同茶类实物标准样或参考样总体品质水平的设置。

3. 感官品质评定

（1）分样

①技能要求　能根据不同茶类选择相应的分样方法；能按照操作规程准确均匀缩分茶样。

②相关知识　不同茶类的分样方法及操作规程。

（2）干看外形

①技能要求　能评定六大茶类中某一大茶类的初制茶、精制茶及再加工茶外形各因子及不同级别的品质特征；能分析该茶类外形各因子品质不足之处。

②相关知识　不同茶类的初制、精制加工工艺；不同茶类不同级别的外形各因子品质特征。

（3）湿评内质

①技能要求　能评定六大茶类中某一大茶类的初制茶、精制茶及再加工茶内质各因子；能辨别不同级别的香气类型、高低、浓淡和纯异；能辨别不同级别的滋味浓淡、强弱、鲜陈；能辨别不同级别的叶底特征。

②相关知识　不同茶类不同级别的内质各因子品质特征。

（4）品质记录

①技能要求　能使用相关茶类的感官审评术语描述该茶类不同级别的外形、内质各因子的品质特征；能对照实物标准样或成交样，按相关茶类品质评分要求对外形、内质各因子进行评分。

②相关知识　等级评语的运用；等级评分方法。

4. 综合判定

（1）记录汇总

①技能要求　能根据适用的文字标准，对照品质记录表，对各品质因子情况进行汇总分析；能根据外形、内质各因子的品质评分情况，按该茶类各因子的权数比例计算总分。

②相关知识　对样评语的运用；不同茶类品质因子权数分配。

（2）结果计算及判定

①技能要求　能对照实物标准样对六大茶类中某一大茶类的初制茶、精制茶及再加工茶进行定级；能根据总分判定相关茶类各品质因子与标准的差距。

②相关知识　不同茶类精制茶、再加工茶的种类与名称；对样评分方法。

三、高级评茶员

1. 样品管理

（1）分类、保管

①技能要求　能指导五级/初级工、四级/中级工分清茶样类别，确定所用标准是否合理；能根据茶类的不同特性保管好样品。

②相关知识　茶叶陈化变质的原理；茶叶贮存保鲜的方法。

（2）包装分析

①技能要求　能指导五级/初级工、四级/中级工对茶叶包装进行深入分析；能对茶叶包装不足之处提出指导性的改进意见。

②相关知识　茶叶品质检验项目；限制商品过度包装相关知识。

2. 茶叶感官审评准备

（1）茶叶感官审评环境、设施的准备

①技能要求　能根据气候变化、人体状态做好审评室内色调、采光、噪声、温度和湿度等各项指标的调节和控制；能指导五级/初级工、四级/中级工做好茶叶审评设施、器具的准备和保养工作。

②相关知识　茶叶感官审评室基本条件的相关标准；人体状态与感官灵敏度的相关性。

（2）标准样的准备

①技能要求　能根据相关茶类的生产加工情况和市场销售质量水平选留实物参考样；能根据相应的文字标准或实物标准样确定相应级别实物参考样。

②相关知识　不同茶类市场参考样的选取；市场调研相关知识。

3. 感官品质评定

（1）干看外形

①技能要求　能评定六大茶类中三大茶类的初制茶、精制茶和再加工茶的外形各因子及不同级别的品质特征；能找出相关茶类外形各因子中存在的品质弊病。

②相关知识　大宗茶与名优茶的形态异同；相关茶类的再加工茶加工工艺。

（2）湿评内质

①技能要求　能按照内质审评操作要领在相同的条件下进行不同个体样品的内质评定，减少误差；能评定六大茶类中三大茶类的初制茶、精制茶和再加工茶内质各因子及

不同级别的品质特征；能找出相关茶类内质各因子中存在的品质弊病。

②相关知识　茶叶内质审评中误差的控制；大宗茶与名优茶的内质异同。

（3）品质记录

①技能要求　能使用茶叶感官审评术语描述六大茶类中三大茶类的初制茶、精制茶和再加工茶的品质情况及存在的品质弊病；能按不同茶类审评方法的差异设计品质记录表。

②相关知识　茶叶感官审评术语标准；茶叶外形、内质各因子之间的相互关系。

4. 综合判定

（1）记录汇总

①技能要求　能综合评定六大茶类中三大茶类的初制茶、精制茶和再加工茶外形、内质各因子；能评定六大茶类中三大茶类的初制茶、精制茶和再加工茶与实物标准样之间的差距，并对各因子分别进行评比计分。

②相关知识　精制茶和再加工茶等级的设置原则及评定。

（2）结果计算及判定

①技能要求　能对照实物标准样对六大茶类中三大茶类的初制茶、精制茶和再加工茶进行定级，误差不超过正负1/2个级；能按七档制法对精制茶各因子评比、计分，并按总分判定其高于或低于实物标准样或成交样，误差在正负3分(含)以内。

②相关知识　精制茶和再加工茶等级判定。

四、评茶技师

1. 样品管理

（1）指导接样

①技能要求　能指导三级/高级工及以下级别人员进行扦样、分样、制样及样品的登记和保管；能解决样品管理中存在的问题。

②相关知识　样品管理工作流程及岗位制度。

（2）咨询策划

①技能要求　能对茶叶包装与质量相关的问题提供咨询；能策划符合国家有关食品安全及标签标识等要求的包装方案。

②相关知识　食品安全、包装与标签标识。

2. 感官品质评定

（1）干看外形

①技能要求　能运用不同茶类外形各因子的审评技术分析六大茶类的初制茶、精制茶和再加工茶不同级别的外形品质特征；能分析各茶类中外形品质弊病的产生原因并提出改进措施。

②相关知识　茶叶加工工艺特点与茶叶品质形成的关系。

（2）湿评内质

①技能要求　能运用不同茶类内质各因子的审评技术分辨六大茶类的初制茶、精制茶和再加工茶不同产区、品种、季节、级别等品质特征；能分析各茶类内质品质弊病的产生原因并提出改进措施；能指导三级/高级工及以下级别人员正确辨别不同品质类型

的内质差异。

②相关知识　不同茶树品种、产区的茶叶特征；不同季节的茶叶特征。

(3) 品质记录

①技能要求　能准确运用茶叶感官审评术语描述六大茶类初制茶、精制茶和再加工茶的品质情况及优缺点；能指导三级/高级工及以下级别人员准确、规范使用评茶术语；能指导三级/高级工及以下级别人员按各茶类品质评定要求设计品质记录表，并能完整表现各因子的总体品质情况。

②相关知识　品质记录表的制作与设计要求。

3. 综合判定

(1) 汇总、设计

①技能要求　能综合评定六大茶类的初制茶、精制茶和再加工茶外形、内质各因子，指出总体品质与标准样或成交样的差距；能针对茶叶加工品质缺陷，提出加工工艺改进措施；能针对茶叶贮存品质缺陷提出有效的贮存保鲜措施；能根据原料品质情况和市场消费水平制订合理的茶叶拼配方案。

②相关知识　茶叶加工工艺与加工机械的性能；茶叶拼配技术。

(2) 结果计算及判定

①技能要求　能对六大茶类的初制茶、精制茶和再加工茶定级，误差不超过正负1/3 个级；能按七档制法对不同茶类精制茶各因子评比、计分，并按总分判定其高于或低于实物标准样或成交样，误差在正负 2 分(含)以内。

②相关知识　精制茶品质综合判定的原则。

4. 培训指导

(1) 培训

①技能要求　能根据职业标准和教学大纲的要求编写三级/高级工及以下级别人员教学计划；能根据教学计划对三级/高级工及以下级别人员进行授课。

②相关知识　教学计划编写的相关知识。

(2) 指导

①技能要求　能指导三级/高级工及以下级别人员开展日常工作；能指导三级/高级工及以下级别人员的技能训练。

②相关知识　生产、实习教学方法。

5. 组织管理

(1) 实物标准样制备及定价

①技能要求　能根据生产和市场情况及历年茶叶等级的设置水平制备实物标准样；能根据茶叶市场价格、生产情况并结合茶类的生产成本合理定价。

②相关知识　实物标准样的制备；市场营销相关知识。

(2) 技术更新

①技能要求　能搜集国内外有关茶叶生产的新技术信息；能运用新技术、新方法评鉴茶叶产品质量。

②相关知识　国内外茶叶科技动态；信息的搜集整理。

五、评茶高级技师

1. 感官品质评定

（1）干看外形

①技能要求　能运用茶树品种学、制茶学、生理生态学知识分析不同茶类外形品质的形成原因；能运用茶树栽培技术、生产加工基础理论分析名优茶类特殊品质的形成原因；能分析历史文化对茶叶市场知名度的影响。

②相关知识　茶树品种与制茶工艺对品质的影响；茶树栽培、生态环境、生产技术与品质的关系；茶叶历史文化对市场知名度的影响。

（2）湿评内质

①技能要求　能运用茶叶感官审评理论知识分析不同茶类内质审评的技术要点及品质形成的机理；能运用茶叶生物化学知识分析品质特征及品质弊病的形成原因与改进措施。

②相关知识　茶叶主要内含成分对品质的影响。

2. 综合判定

（1）品质判定的审核

①技能要求　能审核二级/技师及以下评茶员对初制茶、精制茶和再加工茶的定级及品质合格率的准确性判定；能纠正二级/技师及以下评茶员对品质综合判定中的误差。

②相关知识　审核的基本程序。

（2）疑难问题的处理

①技能要求　能分析疑难茶样的品质问题并准确合理地进行判定；能解决制茶工艺中影响品质的技术难题。

②相关知识　国内外茶叶加工的新技术；不同的制茶工艺对同一品种及相同的制茶工艺对不同品种品质的影响。

3. 感官审评与检验技术的研究与创新

（1）茶叶感官审评方法的研究与设计

①技能要求　能根据实际需要选择合适的感官分析技术方法；能根据茶叶感官审评的特点建立符合国家标准要求的茶叶感官审评室。

②相关知识　建立感官分析实验室的一般原则标准；国内外茶叶感官审评室及感官审评方法。

（2）茶叶感官审评技术的研究与完善

①技能要求　能结合不同茶类的冲泡条件对茶叶品质的影响程度进行深入研究；能运用国内外茶叶审评与检验的新方法、新技术不断完善现有的各茶类审评方法和技术。

②相关知识　国内外审评与检验的新方法、新技术；茶叶科学研究的前沿。

4. 培训指导

（1）培训

①技能要求　能独立承担二级/技师及以下评茶员的教学培训工作；能编写二级/技师及以下评茶员的培训大纲、培训计划和教案。

②相关知识　教育学知识；教案的编写要求。

（2）指导

①技能要求　能指导二级/技师及以下评茶员以最佳生理状态准确评定香气、滋味各因子；能指导二级/技师及以下评茶员运用茶叶生物化学知识分析各茶类不同品质特征的形成原因。

②相关知识　食品风味化学相关知识。

5. 组织管理

（1）技术更新

①技能要求　能参与茶叶新产品、新工艺的研究；能提供新技术培训、技术交流、技能竞赛活动等技术支持。

②相关知识　茶叶新产品、新工艺研究进展；技术培训、技术交流和技能竞赛的组织实施。

（2）质量管理

①技能要求　能按照企业的标准化管理体系指导生产、销售，规范企业质量体系；能参与企业标准制定，并对有关茶叶产品、茶叶检验方法的国家、行业、地方标准的制定与修订提出意见。

②相关知识　企业标准化管理体系；产品质量法；标准的制定与修订方法。

（3）成本核算

①技能要求　能对原料和加工成本进行核算；能制订茶叶拼配方案及加工技术措施，提高综合效益。

②相关知识　茶叶成本核算；茶叶拼配及加工技术方案制订要求。

各级评茶员理论知识及技能要求权重见表1-1、表1-2所列。

表1-1　各级评茶员理论知识权重

项目		五级/初级工（%）	四级/中级工（%）	三级/高级工（%）	二级/技师（%）	一级/高级技师（%）
基本要求	职业道德	5	5	5	5	5
	基础知识	25	20	15	10	5
相关知识要求	样品管理	10	5	5	5	—
	茶叶感官审评准备	15	15	10	—	—
	感官品质评定	30	35	40	35	20
	综合评定	15	20	25	30	30
	感官审评与检验技术的研究与创新	—	—	—	—	15
	培训指导	—	—	—	10	15
	组织管理	—	—	—	5	10
合计		100	100	100	100	100

表1-2 各级评茶员技能要求权重

项目		五级/初级工(%)	四级/中级工(%)	三级/高级工(%)	二级/技师(%)	一级/高级技师(%)
技能要求	样品管理	10	10	5	5	—
	茶叶感官审评准备	20	15	15	—	—
	感官品质评定	50	40	40	40	30
	综合评定	20	35	40	35	35
	感官审评与检验技术的研究与创新	—	—	—	—	10
	培训指导	—	—	—	15	15
	组织管理	—	—	—	5	10
合计		100	100	100	100	100

知识拓展

茶叶感官审评能力自查问卷

1. 性别：
   A. 男　　　　　　　B. 女
2. 来自_____国_____省_____市_____城镇/乡村。
3. 你的健康是否存在以下状况：
   假牙：_____
   糖尿病：_____
   红绿色盲：_____
   色弱：_____
   口腔或牙龈疾病：_____
   鼻腔疾病：_____
   食物过敏：_____
   低血糖：_____
   高血压：_____
   过敏史：_____
   经常感冒：_____
   在服用药物：_____
4. 你认为你的味觉辨别能力如何？
   A. 高于平均水平　　B. 达到平均水平　　C. 低于平均水平
5. 你认为你的嗅觉辨别能力如何？
   A. 高于平均水平　　B. 达到平均水平　　C. 低于平均水平
6. 审评人员在审评期间不能用香水，在审评前1h，审评人员不能吸烟、饮酒和食用各种刺激性食物。如果你被选为审评人员,你是否愿意遵守以上规定?

  A. 是   B. 否

7. 你喜欢哪种茶类(可多选)?

  A. 绿茶   B. 红茶   C. 白茶   D. 黄茶

  E. 青茶   F. 黑茶

8. 你觉得审评用水应用什么水?

  A. 井水   B. 自来水   C. 纯净水   D. 以上均可

9. 你认为审评香气时,每次嗅多长时间?

  A. 1~2s   B. 2~3s   C. 4~5s   D. 5~6s

10. 你认为外形审评的内容不包括下面哪项?

  A. 形态   B. 色泽   C. 香气   D. 净度

11. 你认为舌尖对什么滋味感觉最敏感?

  A. 酸   B. 甜   C. 苦   D. 辣

12. 你认为舌根对什么滋味感觉最敏感?

  A. 酸   B. 甜   C. 苦   D. 辣

13. 怎样描述水果味与草莓味的不同?_____。

14. 请描述面包坊的气味:_____。

15. 哪些气味与新鲜有关?_____。

16. 请列举你喜欢的香味:_____。讨厌的气味:_____。

17. 请估计你每月吃速冻食品_____次,吃外卖_____次,在外就餐_____次,吃快餐_____次。

18. 请描述可乐的风味:_____。

19. 怎样描述风味与质地间的区别?_____。

20. 哪些产品具有甜味?_____。

评茶员申报条件

1. 具备以下条件之一者,可申报五级/初级工:

(1)累计从事本职业或相关职业工作1年(含)以上。

(2)本职业或相关职业学徒期满。

2. 具备以下条件之一者,可申报四级/中级工:

(1)取得本职业或相关职业五级/初级工职业资格证书(技能等级证书)后,累计从事本职业或相关职业工作4年(含)以上。

(2)累计从事本职业或相关职业工作6年(含)以上。

(3)取得技工学校本专业或相关专业毕业证书(含尚未取得毕业证书的在校应届毕业生);或取得经评估论证、以中级技能为培养目标的中等及以上职业学校本专业或相关专业毕业证书(含尚未取得毕业证书的在校应届毕业生)。

3. 具备以下条件之一者,可申报三级/高级工:

(1)取得本职业四级/中级工职业资格证书(技能等级证书)后,累计从事本职业或相关职业工作5年(含)以上。

(2)取得本职业四级/中级工职业资格证书(技能等级证书),并具有高级技工学校、技师学院毕业证书(含尚未取得毕业证书的在校应届毕业生);或取得本职业或相关职业四级/中级工职业资格证书(技能等级证书),并具有经评估论证、以高级技能为培养目标的高等职业学校本专业毕业证书(含尚未取得毕业证书的在校应届毕业生)。

(3)具有大专及以上本专业或相关专业毕业证书,并取得本职业或相关职业四级/中级工职业资格证书(技能等级证书)后,累计从事本职业或相关职业工作2年(含)以上。

4. 具备以下条件之一者,可申报二级/技师:

(1)取得本职业三级/高级工职业资格证书(技能等级证书)后,累计从事本职业或相关职业工作4年(含)以上。

(2)取得本职业三级/高级工职业资格证书(技能等级证书)的高级技工学校、技师学院毕业生,累计从事本职业或相关职业工作3年(含)以上;或取得本职业或相关职业预备技师证书的技师学院毕业生,累计从事本职业或相关职业工作2年(含)以上。

5. 具备以下条件者,可申报一级/高级技师:

取得本职业二级/技师职业资格证书(技能等级证书)后,累计从事本职业或相关职业工作4年(含)以上。

注释:相关职业指茶叶加工工、茶艺师;本专业指茶学、茶树栽培与茶叶加工专业;相关专业指机械制茶、茶艺与茶叶营销、茶艺与贸易等与茶相关的专业。

思考与练习

一、单项选择题

1. 为做到办事公道,职业守则要求评茶员应( )。
   A. 遵纪守法,文明经商　　　　B. 文明经商,微笑服务
   C. 坚持原则,不谋私利　　　　D. 注重调查,实事求是

2. 评茶人员持续评茶( )以上,应稍作休息,以恢复感官疲劳。
   A. 0.5h　　　B. 1h　　　C. 2h　　　D. 3h

3. 脱氧保鲜法最适宜在( )中使用。
   A. 红茶　　　B. 绿茶　　　C. 黑茶　　　D. 乌龙茶

4. 茶叶包装标签应使用规范的汉字,可同时使用( )或少数民族文字以及外文。
   A. 箭头　　　B. 拼音　　　C. 线条　　　D. 图片

5. 气温达到( )以上时,茶树生长会受到抑制。
   A. 28℃　　　B. 30℃　　　C. 35℃　　　D. 38℃

二、判断题

1. 西湖龙井的产地主要集中在浙江省杭州市。　　　　　　　　　(　　)

2. 茶树喜光耐阴,可以强光直射。　　　　　　　　　　　　　　(　　)

3. 适中采摘要求鲜叶嫩度适中,一般以采一芽一叶为主。　　　　(　　)

4. 茶叶的采摘分人工采摘和机械采摘两种。　　　　　　　　　（　　）

5. 评茶时应首先用香皂将手洗干净。　　　　　　　　　　　　（　　）

三、填空题

1. 一般成品茶的含水量为_____，在这个含水量范围之内，茶叶的化学反应缓慢。

2. 茶树的生长主要受_____、_____、_____等因素的影响。

3. 在高温、强日照条件下生长的鲜叶多酚类含量较高，有利于制成汤色浓而味强烈的_____。

4. 采用粗老标准采摘的茶叶，主要用来制作_____。

5. _____是形成绿茶干茶色泽和茶汁汤色的重要成分之一。

四、简答题

1. 简述茶树细嫩采摘标准。

2. 怎么识别陈茶？

3. 要防止茶叶在贮藏和流通过程中的陈化变质，该如何保鲜？

4. 请写出我国5种优质绿茶。

5. 茶叶在加工过程中产生焦味的原因是什么？

6. 找两款有包装标示问题的产品，开展包装分析。

项目完成情况及反思

1.

2.

3.

4.

5.

项目二 解锁茶叶审评基本条件及基础技能

知识目标

1. 了解茶叶相关标准。
2. 掌握茶叶审评方法。
3. 了解人体感官生理基础。

能力目标

1. 能合理安排审评环境及器具,顺利开展审评工作。
2. 能规范操作审评流程。
3. 能准确运用评茶术语。
4. 能进行茶叶品质分析及定级定等。

素质目标

1. 通过茶叶审评基本条件的学习,形成客观、公正、细致的工作作风,形成科学严谨的职业素养。
2. 通过各产区各类茶品品质的基本认识,了解茶叶产业的过去、现在和未来,形成较为开阔的专业视野。
3. 通过评茶术语的学习,培养不断积累、思考、辨识的学习习惯,积极提升职业能力。

数字资源

任务一 做好评茶准备

任务指导书

任务目标

1. 熟悉茶叶感官审评基本条件、茶叶标准基础。
2. 了解人体感官生理基础知识。
3. 能根据不同气候条件调整审评室内的环境条件。
4. 在实践中能根据自身现时的感官状态进行调整,以符合审评工作的要求。

任务实施

1. 查找相关国家标准及行业标准,理解标准间的关系及标准的作用等相关知识。
2. 利用搜索引擎,获取感官审评室各项环境因子及设备设施的要求等相关知识。
3. 实地调查各茶区茶企、茶叶销售门店,了解茶叶产品各项标准在实践中的应用情况,各茶区茶企感官审评室建设情况,以及各茶企在日常审评工作中如何合理控制各项因子带来的审评误差。
4. 利用搜索引擎及相关图书,获取人体感官机理相关知识。
5. 实地调查各茶区茶企,了解审评人员在实践审评操作中合理控制个体间的差异带来的审评误差并最终达到审评小组群体感官共识的措施。
6. 分组选择任一审评环境及任一市场在售产品进行感官审评活动,调查在不同审评环境下如何修正感官评价并结合产品各项品质分析,达到审评小组成员间的感官共识。

考核评价

根据调查时的实际表现及调查深度,以及对各调查工作内容的理解程度和调查报告的内容,并结合产品各项品质分析报告及审评小组成员间的感官共识情况,综合评分。

知识链接

知识点一 茶叶感官审评基本条件

一、茶叶感官审评室

茶叶感官审评室是专门用于感官评定茶叶品质的检验室,是茶叶感官审评基本条件。

(一) 基本要求

地点要求:茶叶感官审评室应建立在地势干燥、环境清静、窗口面无高层建筑及杂物阻挡、无反射光、周围无异味气体污染的地区。

室内环境要求：茶叶感官审评室内应安静、整洁、明亮、空气清新、无异味，温度和湿度适宜。

(二) 布局要求

茶叶感官审评室应包括：进行感官审评工作的审评室；用于制备和存放评审样品及标准样的样品室；办公室；有条件的可在审评室附近建立休息室、盥洗室和更衣室。

(三) 设施要求

审评室朝向宜坐南朝北，北向开窗。北面早、晚透射的光线比较均匀，一整天的光线变化不大，对审评室内自然光线影响较小。

审评室面积按评茶人数和日常工作量而定，最小使用面积不得小于 $10m^2$。

审评室墙壁和内部设施的色调应选择中性色，以避免评价样品颜色时产生误差。其中墙壁采用乳白色或接近白色，天花板选择白色或接近白色，地面选用浅灰色或深灰色。

(四) 室内空气要求

- 审评室内应保持空气清新，无异气味。室内的建筑材料和设施应易于清洁，不吸附及散发气味，器具清洁无味。审评室周围无污染气体排放。
- 审评室内不得使用有气味的清洁剂，不得存放有气味的物品。异气味挥发到空气中，会影响审评人员对茶叶香气的判断，也容易造成嗅觉疲劳，引起审评误差。
- 审评人员在进行审评工作时严禁使用香水和香型化妆品。这些物质挥发出来的香气会影响审评人员对茶叶香气的判断，从而降低审评人员嗅觉的敏感性。
- 审评室应该经常开窗透气，增加审评室内的空气流动，改善审评室的空气质量。审评室长期关闭会使室内空气质量下降，不利于审评工作的开展。

(五) 室内噪声要求

评茶期间应控制噪声不超过 50dB。持续的噪声会给审评人员的生理和心理造成压力，噪声程度越高，时间越长，则影响越大。噪声超过 80dB，可致审评人员出现情绪波动，影响审评结果的准确性。

(六) 室内采光要求

室内光线应柔和、明亮，无阳光直射，无杂色反射光。利用室外自然光时，前方应无遮挡物、玻璃墙及涂有鲜艳色彩的反射物。开窗面积大，使用无色透明玻璃，并保持洁净。有条件的可采用北向斗式采光窗，采光窗高 2m，斜度 30°，半壁涂以无反射光的黑色油漆；顶部镶以无色透明平板玻璃，向外倾斜 3°～5°。

当室内自然光线不足时，应有可调控的人造光源进行辅助照明。可在干、湿评台上方悬挂一组标准昼光灯管，使光线均匀、柔和、无投影。也可使用箱型台式人造昼光标准光源观察箱，箱顶部悬挂标准昼光灯管(2 根管或 4 根管)，箱内涂以灰黑色或浅灰色。灯管色温宜为 5000～6000K，使用人造光源时需注意避免自然光的干扰。

光照度：干评台工作面光照度约 1000lx；湿评台工作面光照度不低于 750lx。

小贴士

光线对茶叶审评的影响

①强烈的阳光直射会产生光化学反应,影响茶叶的香气和滋味,造成茶叶品质改变,影响审评结果。

②不均匀以及不同的光线会影响审评人员对茶叶色泽的辨别,在审评外形、汤色、叶底时会产生色差,影响对样品色度的判断。

③审评室里,不能使用白炽灯或类似的光源,窗户不得使用有色玻璃。此类光源和光线会导致茶叶的外形色泽、汤色、叶底色泽失真,影响审评结果。

④光线不足时,审评人员容易产生压抑感和视觉疲劳,不利于审评工作的开展。

(七)室内温度和湿度要求

室内应配备温度计、湿度计、空调、去湿及通风装置,使室内温度、湿度得以控制。评茶时,室内温度宜保持在15~27℃,室内相对湿度不高于70%。温度过高,会给人造成不适感,影响审评人员的心态,引起手心出汗,导致称样时产生污染,不利于审评操作。温度过低,审评人员的敏感度降低。此外,审评器具的热量散失过快,限制高沸点芳香物质的挥发,影响茶汤香气评价。

使用升温和降温工具时,需注意保持室内空间的温度平衡及空气流动。如当审评室使用空调和风扇时,需注意排放气流的方向,不能直接朝向干评台和湿评台,否则在单杯审评或多杯审评中会导致冲泡时不同审评杯间的温度不同,并且影响审评结果。

(八)审评设备要求

审评室应配备干评台、湿评台、各类茶审评用具等基本设施,具体规格和要求按《茶叶感官审评方法》(GB/T 23776—2018)的规定执行。审评室还应配备水池、毛巾,方便审评人员评茶前后的清洗及器具的洗涤。

1. 审评台

干性审评台高度800~900mm,宽度600~750mm,台面为黑色亚光。湿性审评台高度750~800mm,宽度450~500mm,台面为白色亚光。审评台长度视实际需要而定。

2. 评茶标准杯碗

根据审评茶样的不同分为:

①初制茶(毛茶)审评杯碗 杯呈圆柱形,高75mm,外径80mm,容量250mL。具盖,盖上有一小孔,杯盖外径92mm。与杯柄相对的杯口上缘有3个呈锯齿形的滤茶口。滤茶口中心深4mm,宽2.5mm。碗高71mm,上口外径112mm,容量440mL。

②精制茶(成品茶)审评杯碗 杯呈圆柱形,高66mm,外径67mm,容量150mL。具盖,盖上有一小孔,杯盖上面外径76mm。与杯柄相对的杯口上缘有3个呈锯齿形的滤茶口。滤茶口中心深3mm,宽2.5mm。碗高56mm,上口外径95mm,容量240mL。

3. 品质记录表

根据所要审评茶类制订品质记录表,记录表内容根据所需审评内容确定。

①评茶人员要养成记录的良好工作习惯。在审评过程中,一个茶样的感官审评在几

分钟内就完成，多杯审评时每项因子审评时间更短，特别是各项因子的感官评定细节多样，很难清晰无误地长时间记住，因此需要审评一项因子则记录一项。

②在审评时，应该对审评器具进行编号。特别是同时多人、多杯审评时，常有移动器具开展审评的情况，可能引起位置的变化，如果事先没有做好编号，将影响审评的正常进行和审评结果的准确性。

4. 烧水壶

采用食品级不锈钢材质的电热水壶即可，容量不宜过小，忌用黄铜和铁质的壶。使用黄铜和铁质的壶，在烧水时高温容易产生铜腥味和铁腥味，特别是使用铁质的壶，在高温下容易产生氧化铁进入水中，使汤色乌暗，茶味淡而苦，影响茶叶品质，造成审评误差。

5. 评茶盘

由木板或胶合板制成，正方形，外围边长 230mm，高 33mm，盘的一角开有缺口，缺口呈倒等腰梯形，上宽 50mm，下宽 30mm，白色，无气味。

6. 分样盘

由木板或胶合板制成，正方形，外围边长 320mm，高 35mm，盘的两端各开有缺口，缺口呈倒等腰梯形，白色，无气味。

7. 叶底盘

叶底盘分为黑色叶底盘和白色搪瓷盘，黑色叶底盘正方形，外径边长 100mm，高 15mm，供审评精制茶用。白色搪瓷盘为长方形，外径边长 230mm，宽 170mm，边高 30mm，供审评初制茶及乌龙茶用。

8. 扦样盘（匾）

扦样盘由木板或胶合板制成，正方形，内围边长 500mm，高 35mm，盘的一角开有缺口，涂以白色油漆，无气味。扦样匾为竹制，圆形，直径 1000mm，高 30mm，供取茶样用。

9. 分样器

采用木板或食品级不锈钢材，由 4 个或 6 个边长 120mm、高 250mm 的正方体组成长方体分样器的柜体，4 脚，高 200mm，上方敞口、具盖，每个正方体的正面下部开一个 90mm×50mm 的口，有挡板，可开关。

10. 称量工具

天平，感量 0.1g；电子天平，感量 0.01g。

在选择称量工具时，应该注意其称量时的灵敏性，感量值越高，灵敏性越低。在审评时茶样只需要几克，在称样时称量工具对茶样重量反应迟钝，容易引起称量不准确。因此，在选择称量工具时一定要保证其灵敏性和准确性，合理避免审评误差。

11. 计时器

定时钟或特制计时器，精确到秒。

12. 其他用具

其他审评用具如下：刻度尺，刻度精确到毫米；网匙，不锈钢网制半圆形小勺子，捞取碗底沉淀的碎茶用；茶匙，不锈钢匙或瓷匙，容量约 10mL；茶筅，竹制，搅拌粉茶用；吐茶筒；茶巾；计算器；工作服。

二、审评用水

审评用水的理化指标及卫生指标应符合《生活饮用水卫生标准》（GB 5749—2006）的规定。同一批茶叶样品审评用水应保持一致。

茶叶感官审评中开汤审评时，审评用水的软硬清浊及各种微量元素含量对茶叶品质影响极大。

（一）各类元素对茶汤的影响

氧化铁：当新鲜水中含有低价铁 0.1mg/L 时，能使茶汤发暗，滋味变淡。

铝：茶汤中含有 0.1mg/L 时，似无察觉；含 0.2mg/L 时，茶汤产生苦味。

钙：茶汤中含有 2mg/L 时，茶汤带涩；含有 4mg/L 时，滋味发苦。

镁：茶汤中含有 2mg/L 时，茶味变淡。

铅：茶汤中含有 0.4mg/L 时，茶味淡薄而有酸味，超过时产生涩味；在 1mg/L 以上时，味涩且有毒。

锰：茶汤中含有 0.1~0.2mg/L 时，产生轻微的苦味；含有 0.3~0.4mg/L 时，苦味加重。

铬：茶汤中含有 0.1~0.2mg/L 时，即产生涩味；超过 0.3mg/L 时，对品质影响很大，但该元素在天然水中很少发现。

镍：茶汤中含有 0.1mg/L 时，有金属味。水中一般无镍。

银：茶汤中含有 0.3mg/L 时，即产生金属味。水中一般无银。

锌：茶汤中含有 0.2mg/L 时，会产生难受的苦味，但水中一般无锌，锌元素可能来自自来水管。

盐类化合物：茶汤中含有 1~4mg/L 的硫酸盐时，茶味有些淡薄，但影响不大；含有 6mg/L 的硫酸盐时，有点涩味。在自然水源里，硫酸盐是普遍存在的，有时多达 100mg/L。茶汤中含有 16mg/L 氯化钠时，只使茶味略显淡薄，而茶汤中含有 16mg/L 亚碳酸盐时，似有提高茶味的效果，会使滋味醇厚。

（二）pH 对茶汤的影响

水的 pH 对茶汤色泽有较大影响。水质呈微酸性，汤色透明度好；水质趋于中性和微碱性，会促进茶多酚氧化，色泽趋暗，滋味变钝。一般名优茶用 pH 为 7.1 的蒸馏水冲泡，茶汤 pH 为 6~6.3，炒青绿茶茶汤 pH 为 5.6~6.1。绿茶茶汤，当 pH>7 时呈橙红色，pH>9 时呈暗红色，pH>11 时呈暗褐色。红茶茶汤，当 pH 为 4.5~4.9 时，汤色明亮，pH>5 时则汤色较暗，pH>7 时则汤色暗褐，而 pH<4.2 时则汤色浅薄。

（三）评茶用水的选择

一般的井水偏碱性的多，江湖水大多数浑浊带异味，自来水常有漂白粉的气味。经蒸汽锅炉煮沸的水，常显熟汤味，影响滋味与香气审评。新安装的自来水镀锌铁管，含铁离子较多，取水泡茶易产生深暗的汤色，应将管内滞留水放清后再取水。此外，某些金属离子还会使水带上特殊的金属味，影响审评。

评茶以使用深井水、自然界中的矿泉水及山区流动的溪水为好。为了弥补当地水质之不足，较为有效的办法是使用瓶装纯净水，能明显去除杂质，提高水质的透明度与可口性。

经煮沸的水应立即用于冲泡，若久煮或用热水瓶中的开水连续回炉煮开，易产生熟汤味，降低茶样香气和滋味。

三、审评人员

- 茶叶审评人员应获得评茶员国家职业资格证书或评茶员职业等级证书，持证上岗。
- 身体健康，裸眼视力5.0及以上，持《食品从业人员健康证明》上岗。
- 审评人员审评前要更换工作服，使用无气味的洗手液清洗双手，并注意在整个操作过程中保持洁净。
- 审评过程中不能使用化妆品，不可吸烟。
- 茶叶审评的目的是给茶样一个客观的评价，要求审评人员克服个人偏好、习惯、地域局限等因素的影响，以免造成审评结果主观和片面。
- 审评工作是一项要求全神贯注、始终保持感觉器官高度敏感的工作，因此审评人员在日常工作中要坚持审评训练。通过长时间的训练，能提高感觉器官的敏感性和抵抗疲劳的能力。
- 审评人员工作过程中要积极与其他审评人员交流，加强操作的规范性，减小感官认识误差，提升对茶叶品质的共识，形成一致的术语、准确的结果，推动茶叶感官审评体系发展。

四、检验隔挡

隔挡的作用是在多组审评时，合理隔出各审评组的空间，避免各审评组之间在审评时相互影响。

1. 隔挡数量

可根据审评室实际空间大小和评茶人数决定隔挡数量，一般为3~5个。

2. 隔挡设置

推荐使用可拆卸、屏风式隔挡。隔挡高1800mm，隔挡内工作区长度不得小于2000mm，宽度不得小于1700mm。

3. 隔挡内设施

每一隔挡内设有一个干评台和一个湿评台，配有一套评茶专用设备。

五、样品室

样品室宜紧靠审评室，但应与其隔开，以防相互干扰。室内应整洁、干燥、无异味。门窗应挂暗帘。

室内温度宜<20℃，相对湿度宜<50%。

六、办公室

办公室是审评人员处理日常事务的主要工作场所，宜靠近审评室，但不得与之混用。

知识点二　茶叶标准

标准是企业生产、加工、贸易、检验和管理部门共同遵守的准则、规范和依据。标准的作用包括：建立企业最佳秩序，稳定和提高产品质量，促进企业技术改造和技术进步，保护企业自身和消费者的利益。

一、标准的分级

中国实行国家标准、行业标准、地方标准和市场自主制定标准，即四级标准体制。

1. 国家标准

国家标准由国务院标准化行政主管部门制定。

2. 行业标准

对没有国家标准而又需要在全国某个行业范围内统一技术要求的，可以制定行业标准。若已有国家标准，行业可根据本行业的需求，制定严于国家标准的行业标准。

行业标准由国务院有关行政主管部门制定，并报国务院标准化行政主管部门备案。

3. 地方标准

对没有国家标准和行业标准而又需要在省（自治区、直辖市）范围内统一工业产品的安全、卫生要求，可制定地方标准。

地方标准由省（自治区、直辖市）标准化行政主管部门制定，并报国务院标准化行政主管部门备案，也可以在现有的国家标准或行业标准的基础上，制定严于国家标准的地方标准。

4. 市场自主制定标准

市场自主制定标准分团体标准和企业标准两种。

（1）团体标准

社会团体可在没有国家标准、行业标准和地方标准的情况下，制定团体标准。团体标准是由团体（指具有法人资格，且具备相应的专业技术能力、标准化工作能力和组织管理能力的学会、协会、商会、联合会和产业技术联盟等社会团体）确立、制定、发布。

团体标准须报当地政府标准化行政主管部门和有关行政主管部门备案。团体标准只对某一团体适用，社会自愿采用。

（2）企业标准

企业生产的产品没有国家标准、行业标准和地方标准的，应当制定企业标准，作为组织生产的依据。已有国家标准、行业标准或地方标准的，国家鼓励企业制定严于国家标准、行业标准或地方标准的企业标准，在企业内部使用。

企业标准须报当地政府标准化行政主管部门和有关行政主管部门备案。

二、标准代号及含义

1. 国家标准代号：GB 和 GB/T

GB 为"国标"两字拼音首字母大写，代表国家强制标准。"T"为"推荐"的"推"拼音首字母大写，GB/T 代表国家推荐标准。

2. 行业标准代号：**/T

** 为各行业名称有代表性的字拼音首字母大写组合，如农业为 NY。T 代表推荐标准。

3. 地方标准代号：DB **/T *** — ****

DB 为"地标"两字拼音首字母大写，** 为地方的代码（如湖北为 42），T 代表推荐标准，*** 为顺序号，**** 为年号（表示是在该年发布实施的）。

4. 市场自主制定标准

企业标准代号　Q/ ***（企业代号），***（顺序号）— ****（年号）

Q 为企业的"企"字拼音首字母大写，***（企业代号）为各企业名称每个字拼音首字母大写组合。

团体标准代号　T/ ****（团体代号），***（顺序号）— ****（年号）

T 为团体的"体"字拼音首字母大写，****（团体代号）为各团体名称拼音或英文首字母大写组合，如中国茶叶学会为 T/CTSS。

三、标准的格式

标准的格式主要按照《标准化工作导则　第一部分：标准的结构和编写》（GB/T 1.1—2009）执行。

四、茶行业的部分标准

1. 通用标准

GB/T 23776—2018　茶叶感官审评方法
GB/T 18797—2012　茶叶感官审评室基本条件
GB/T 14487—2017　茶叶感官审评术语
GB/T 8302—2013　茶取样
GB/T 30766—2014　茶叶分类
GB 5749—2006　生活饮用卫生标准
GB 7718—2011　预包装食品标签通则
GB/T 30375—2013　茶叶贮存
GB 14881—2013　食品安全国家标准　食品生产通用卫生规范
GB/T 191—2008　包装储运图示标志
GB 13121—1991　陶瓷食具容器卫生标准
GH/T 1070—2011　茶叶包装通则

2. 绿茶标准

GB/T 14456.1—2017　　绿茶　第1部分：基本要求
GB/T 14456.2—2017　　绿茶　第2部分：大叶种绿茶
GB/T 14456.3—2017　　绿茶　第3部分：中小叶种绿茶
GB/T 14456.4—2017　　绿茶　第4部分：珠茶
GB/T 14456.5—2017　　绿茶　第5部分：眉茶
GB/T 14456.6—2017　　绿茶　第6部分：蒸青茶

3. 乌龙茶标准

GB/T 30357.1—2013　　乌龙茶　第1部分：基本要求
GB/T 30357.2—2013　　乌龙茶　第2部分：铁观音
GB/T 30357.3—2013　　乌龙茶　第3部分：黄金桂
GB/T 30357.4—2013　　乌龙茶　第4部分：水仙
GB/T 30357.5—2013　　乌龙茶　第5部分：肉桂
GB/T 30357.6—2013　　乌龙茶　第6部分：单丛
GB/T 30357.7—2013　　乌龙茶　第7部分：佛手
GB/T 30357.8—2013　　乌龙茶　第8部分：大红袍

4. 红茶标准

GB/T 13738.1—2017　　红茶　第1部分：红碎茶
GB/T 13738.2—2017　　红茶　第2部分：工夫红茶
GB/T 13738.3—2017　　红茶　第3部分：小种红茶

5. 黑茶标准

GB/T 32719.1—2016　　黑茶　第1部分：基本要求
GB/T 32719.2—2016　　黑茶　第2部分：花卷茶
GB/T 32719.3—2016　　黑茶　第3部分：湘尖茶
GB/T 32719.4—2016　　黑茶　第4部分：六堡茶
GB/T 32719.5—2018　　黑茶　第5部分：茯茶

6. 白茶标准

GB/T 22291—2017　　白茶

7. 黄茶标准

GB/T 21726—2018　　黄茶

8. 紧压茶标准

GB/T 9833.1—2013　　紧压茶　第1部分：花砖茶
GB/T 9833.2—2013　　紧压茶　第2部分：黑砖茶
GB/T 9833.3—2013　　紧压茶　第3部分：茯砖茶
GB/T 9833.4—2013　　紧压茶　第4部分：康砖茶
GB/T 9833.5—2013　　紧压茶　第5部分：沱茶
GB/T 9833.6—2013　　紧压茶　第6部分：紧茶
GB/T 9833.7—2013　　紧压茶　第7部分：金尖茶

GB/T 9833.8—2013　　紧压茶　第 8 部分：米砖茶
GB/T 9833.9—2013　　紧压茶　第 9 部分：青砖茶

9. 普洱茶标准
GB/T 22111—2008　　地理标志产品　普洱茶

10. 武夷岩茶标准
GB/T 18745—2006　　地理标志产品　武夷岩茶

11. 茉莉花茶标准
GB/T 22292—2017　　茉莉花茶

12. 袋泡茶标准
GB/T 24690—2018　　袋泡茶

13. 抹茶标准
GB/T 34778—2017　　抹茶

五、茶叶（实物）标准样

茶叶标准样是指具有足够的均匀性、能代表茶叶产品的品质特征和水平，经过技术鉴定并附有感官品质和理化数据说明的茶叶实物样品。茶叶标准样使茶叶感官审评结果具有客观性和普遍性。茶叶标准样有利于保证产品质量、保障消费者的利益、按质论价、监督产品质量，有利于企业控制生产与经营成本、提高茶叶产品在市场上的信誉。

（一）茶叶标准样分类
茶叶标准样分为：毛茶收购标准样和精制茶标准样。

1. 毛茶收购标准样
个别地方由茶叶协会或质量技术监督局制定，大部分由企业自己制定。

2. 精制茶标准样
精制茶标准样由外销茶、内销茶、边销茶和各类茶的加工验收标准样组成。

（二）企业标准样制定方法
按企业生产的茶叶种类、生产日期、级别进行排列，然后与国家标准样或行业标准样进行对比，品质水平相当者归入同级。

在确定企业标准样时，同级茶叶，企业标准样的品质水平要高于行业标准或国家标准。

知识点三　人体感官生理基础

感官分析是用于唤起、测量、分析和解释通过视觉、嗅觉、味觉、触觉和听觉所引起反应的一种科学方法。利用人体的感觉器官对茶叶色、香、味、形、质地的辨识，经大脑进行综合分析和评定，称为茶叶感官评价，一般分为比较评价和独立评价。比较评价指同时提供不同的样品，由审评人员对样品的感官刺激特征加以对比，分辨样品之间的差异性或相似性的评价。独立评价亦称绝对评价，指在没有直接参比或者对照样品的情况下，由审评人员根据自己对该类产品感官风格的理解或者对该种感官属性的认识，对审评样品进行的评价。独立评价具有较大难度，对审评人员有更高的要求，只适于具有丰富产品经验和感官经验的专家级感官审评人员。可见，茶叶感官审评是一项技术性较高的工作，它是通过评茶人员的嗅觉、味觉、视觉、触觉等感觉器官来评定茶叶质量的高低。因此，需要评茶人员具有敏锐的感觉器官。

一、感觉的概念

人类认识事物或人体自身的活动离不开感觉器官。一切感觉都必须经过能量或物质刺激，然后产生相对应的生物物理或生物化学变化，再转化为神经所能接受和传递的信号，最后经大脑综合分析，产生感觉。感觉是指大脑对直接作用于感觉器官和感受器的客观事物的个别属性或个别特征的综合反应。

人的感觉器官主要有眼、鼻、耳、舌、手等，与之对应，人的感觉有5种类型，即视觉、嗅觉、听觉、味觉和触觉。此外，人类可分辨的感觉还有温度觉、痛觉、疲劳觉等多种感觉。不同感觉器官主要感受不同性质的能量或物质刺激，产生相应的感觉。如食品入口前后对人的视觉、味觉、嗅觉和触觉等器官的刺激，引起人对它的综合印象，这种印象即构成了食品的风味（表2-1）。

表 2-1　感官机理

感觉器官	刺激类型	感觉性质	直观评定
视觉	物理	色泽、形态	外观组织
嗅觉	化学	气味	香味
味觉	化学	味道	香味
触觉	物理	触感、质地、温度	外形、叶底

除此之外，感觉还可以根据是否对外界的化学或物理变化产生反应分为化学感觉和物理感觉两大类。

化学物质引起的感觉不是化学物质本身会引起感觉，而是化学物质与感觉器官发生一定的化学反应后产生感觉。例如，人体口腔内带有味感受器，而鼻腔内有嗅感受器，当它们分别与呈味物质或呈嗅物质发生化学反应时，就会产生相应的味觉和嗅觉。味觉通常用来辨别进入口中的不挥发的化学物质；嗅觉是用来辨别易挥发的物质；三叉神经的感受器分布在黏膜和皮肤上，它们对挥发和不挥发的化学物质都有反应，更重要的是能区别刺激及化学反应的种类。在香味感觉过程中，3种化学感受系统都参与其中，但嗅觉起的作用远远超过了其他两种感觉。

物理感觉包括视觉、听觉、触觉等。视觉是由位于人眼中的视感受器接受外界光波辐射的变化而产生的；位于耳中的听感受器受到声波刺激，产生听觉；遍布全身的触感神经受到外界压力变化后，产生触觉。

二、感官及感官分析的特征

（一）人体感觉器官具有的共同特征

人体感觉器官对周围环境和机体内部的化学和物理变化非常敏感。感觉是感觉器官受到刺激并产生神经冲动而形成的，而刺激是由周围环境而来的，冲动则与机体内部的物理、化学变化直接相关。只有刺激量达到一定程度才能对感觉器官产生作用。某种刺激连续施加到感觉器官上一段时间后，感觉器官会产生疲劳（适应）现象，灵敏度随之明显下降。此外，不同的感觉器官在接受信息时会相互影响。

心理作用对感觉器官识别刺激有很大的影响。如南方人喜欢吃清淡食品，若让其评价川菜，一般不会给予很高的评价。评价员的心情也会极大地影响感官评价的结果，心情好时会给予食品高的评价，而心情差时则会降低食品的评分。

感受性是指人对刺激物的感觉能力。检验感受性大小的基本指标称为感觉阈限，感觉阈限与感受性的大小成反比例关系。人的某些感觉可以通过训练或强化获得特别的发展，即感受性增强。反之，若某些感觉器官发生障碍，或随着年龄老化，其感受性降低甚至消失。评茶员经过长期的系统训练，其嗅觉和味觉感受性较强。

（二）人体感官分析的特点

感官检验具有较高的简易性、直接性、便捷性、准确性和综合性。感官检验是一种试验，在这种试验中用来测量的不是仪器，是人。通过人进行测量、分析，得出数据，这与用真正的仪器测量是有本质区别的。因此，在检验中存在一定的局限性，并且对检验的过程有一定的要求。

人体感官的局限性主要体现在：不同个体之间存在感觉差异，即不一致性；同一个体在不同情况下，其感觉也有差异。此外，人易受周遭状况、过去经历、对所测项目的熟悉程度、从众心理以及生活习惯等因素的干扰。

针对以上局限性，在感官检验中，可借助以下方法来进行规避：a. 重复试验，降低误差，尽可能使试验结果接近真实值。b. 选用多名评价者。通常为20~50人，不同方法对试验人数有不同的要求。c. 对参评人员进行筛选。并不是每个人都可以参加产品的评定，要尽可能吸收那些符合要求的人。另外，特别迟钝的人也不宜作评价人员。d. 对评价人员进行培训。进行有目的的培训，让参评员理解所要评定的每一个项目。根据需要，培训有繁有简。

三、感觉阈值

（一）感觉阈值的定义

感官的一个基本特征就是只有刺激量达到一定程度才能产生作用。感觉刺激强度的衡量用感觉阈值表述。感觉阈值指从刚能引起感觉至刚好不能引起感觉的刺激强度的一个范围，是通过许多次试验得出的。每种感觉既有绝对敏感性和绝对阈，又有差别敏感性和差别阈。

1. 绝对阈

刚刚能引起感觉的最小刺激量至刚刚导致感觉消失的最大刺激量的范围，称为绝对阈。通常人们听不到一根头发落地的声音，也察觉不到落在皮肤上的尘埃，因为它们的刺激量太小，不足以引起感觉。但若刺激强度过大，超出正常范围，该种感觉就会消失并且会导致其他不舒服的感觉。刚刚能引起感觉的最小刺激量称为绝对感觉阈值的下限,又称刺激阈(或察觉阈),低于下限的刺激称为阈下刺激。刚刚导致感觉消失的最大刺激量称为绝对感觉阈值的上限,高于上限的刺激称为阈上刺激。

阈下刺激和阈上刺激都不能引起相应的感觉。例如,人眼只对波长为380~780nm的光波刺激发生反应,而在此波长范围以外的光刺激均不发生反应,不能引起视觉,因此人的眼睛看不见红外线和紫外线。

2. 差别阈

当刺激引起感觉之后,如果刺激强度发生了微小的变化,人的主观感觉能否察觉到这种变化,就是差别敏感性的问题。

刚刚能引起差别感觉刺激的最小变化量称为差别阈。以质量感觉为例,把100g砝码放在手上,若加上1g砝码或减去1g砝码,一般是感觉不出质量变化的。根据试验,只有使其增减量达到3g时,才刚刚能够觉察出质量的变化,因此3g就是质量感觉在原质量100g情况下的差别阈。4种基本味的感觉阈和差别阈有较大差别,见表2-2所列。

表2-2 4种基本味的感觉阈和差别阈

呈味物质	感觉阈		差别阈	
	质量分数(%)	物质的量浓度(mol/L)	质量分数(%)	物质的量浓度(mol/L)
蔗糖	0.531	0.0155	0.271	0.008
氯化钠	0.081	0.014	0.034	0.0055
盐酸	0.002	0.0005	0.001 05	0.000 25
硫酸奎宁	0.0003	0.000 003 9	0.000 135	0.000 001 9

(二)韦伯定律和费希纳定律

德国生理学家韦伯(E. H. Weber)在研究质量感觉的变化时发现了一个重要的规律:100g的质量至少需要增减3g,200g的质量至少需要增减6g,300g的质量至少需要增减9g,才能察觉出质量的变化。也就是说,差别阈随原来刺激量的变化而变化并表现出一定的规律性,即韦伯定律。

德国的心理物理学家费希纳(G. H. Fechner)在韦伯研究的基础上进行了大量的试验研究。在1860年出版的《心理物理学纲要》一书中,他提出了一个经验公式:$S=K\lg R$,其中S为感觉强度,R为刺激强度,K为常数。他发现感觉的大小与刺激强度的对数成正比,刺激强度增加10倍,则感觉强度增加1倍。此现象被称为费希纳定律。

四、感觉的基本规律

不同的感觉之间会产生一定的影响,有时发生相乘效果,有时发生相抵效果。在同一类感觉中,不同刺激对同一感受器的作用,又可引起感觉的适应、掩蔽、对比等现象。在感官检验中,这种感官与刺激之间的相互作用、相互影响,应引起充分的重视。

(一)适应现象

适应现象指感受器在同一刺激的持续作用下敏感性降低的现象,也称为感觉疲劳现象。

嗅觉器官若长时间闻某种气味,就会使嗅感受器对这种气味产生疲劳,敏感性逐步下降,且随刺激时间的延长甚至达到忽略这种气味存在的程度。"入芝兰之室,久而不闻其香;入鲍鱼之肆,久而不闻其臭",这是典型的嗅觉适应。对味道也有类似现象,刚开始食用某种食物时,会感到味道特别浓重,随后味感逐步降低,如吃第二块糖总觉得不如第一块糖甜。人从光亮处走进暗室,最初什么也看不见,经过一段时间后,就逐渐适应黑暗环境,这是视觉的暗适应现象。

感觉适应的程度又称为感觉的疲劳程度,其依所施加刺激强度的不同而变化。去除产生感觉疲劳的强烈刺激之后,感觉器官的灵敏度会逐步恢复。一般情况下,感觉疲劳产生越快,去除刺激后感官灵敏度恢复越快。

(二)对比现象

对比现象是指当两种刺激同时或连续作用于同一感受器时,一种刺激造成另一种刺激增强或减弱的现象。

在舌头的一边蘸上低浓度的食盐溶液,在舌头的另一边蘸上极低浓度的砂糖溶液,即使砂糖的浓度在甜味阈值下,也会感到甜味;深浅不同的同种颜色放在一起比较时,会感觉深颜色者更深,浅颜色者更浅。这些都是常见的同时对比增强现象。又如,在吃完糖后再吃山楂会感觉山楂特别酸,吃完糖后再吃中药会觉得药更苦,这是味觉的先后对比使敏感性发生变化的结果。

总之,对比效应提高了对两个同时或连续刺激的差别反映。因此,在进行感官检验时,应尽可能避免对比效应的发生。在评鉴茶汤滋味时,在评下一个样品前需要清水漱口,避免对比效应带来的影响。

(三)相乘现象

相乘现象是两种或多种刺激的综合效应,它导致感觉水平超过预期的各种刺激各自效应的叠加,又称为协同效应。

例如,在1%食盐溶液中添加0.02%的谷氨酸钠,在另一份1%食盐溶液中添加0.02%肌苷酸,当两者分开品尝时,都只有咸味而无鲜味,但两者混合会有强烈的鲜味。又如,20g/L的味精和20g/L的肌苷酸共存时,会使鲜味明显增强,增强的强度远远超过20g/L味精存在的鲜味与20g/L肌苷酸存在的鲜味的总和。

(四)颉颃效应

两种以上的刺激产生的综合效应具有与协同效应相反的感觉效果,称为颉颃效应。如炒菜时若加盐过多,放一点糖可使咸味减轻,这便是味觉的颉颃作用。

(五)掩蔽现象

有两种以上的刺激同时作用于一个受体,强刺激抑制弱刺激,感觉器官对弱刺激的敏感性下降或消失的效应,称为感觉掩蔽现象。如在嘈杂喧哗的场所,两个人对话必须提高嗓门，否则听不清对方说什么。

（六）变调现象

变调现象是指两个刺激先后施加时，一个刺激造成另一个刺激的感觉发生本质变化的现象。例如，品尝氯化钠或奎宁等咸味或苦味物质后，即使再饮用无味的清水，也会感觉有微微的甜味。

（七）感觉之间的相互影响

（1）嗅觉刺激对味感的影响

当嗅觉刺激（如樟脑气味）起作用时，舌头的感觉能力会降低；吸烟之后，味感也会降低。在嗅觉失灵状况下，味觉也严重下降。

（2）光线的影响

光线能够使嗅觉、味觉和触觉增强，但能使听觉减弱。一般人们都愿意在光线明亮的地方进食。

（3）声音的影响

在噪声环境中味觉和视觉会减弱，强烈的噪声能使人心神不宁，有时甚至会产生呕吐的感觉，而悦耳的声音会增强感觉能力，提高人的食欲。

（4）温度和颜色的影响

每一种食品都有最合适的食用温度，温度过高可能引起灼热感，破坏对味觉本身的感觉。另外，如前所述，温度改变会引起感觉的变化。食品的不同颜色会使人产生不同的感觉，绿色和蓝色使人感到凉爽，红色使人感到温暖。

除此以外，还有许多其他现象，不同刺激的影响性质各不相同。因此，在感官审评工作中，既要控制一定条件来恒定一些因素的影响，又要考虑各种因素之间的互相关联和作用。

 熟练掌握茶叶审评基本流程

 任务指导书

》》任务目标

1. 熟悉茶叶感官审评流程相关知识。
2. 能独立、熟练、准确完成茶叶感官审评操作流程，进行六大基本茶类的审评操作。
3. 能指出他人在操作过程中的操作失误。
4. 掌握各茶类的评分方法、计算方式并能根据不同审评目的设计审评记录表。

>> **任务实施**

1. 利用搜索引擎及相关图书,获取茶叶感官审评操作流程的相关知识,理解各操作环节间的关系及重要性。

2. 实地调查各茶区茶企,了解审评人员在实践审评操作中如何合理控制由于操作失误带来的审评误差。

3. 实地调查各茶区茶企、茶叶销售门店、院校及培训机构,了解各茶类的评分方法、计算方式及不同机构对不同茶类根据审评目的进行审评记录表设计的情况。

4. 选择市场任意几类茶叶产品进行感官审评活动。

>> **考核评价**

根据调查时的实际表现及调查深度,以及对各调查工作内容的理解程度和审评报告内容,并结合茶叶感官审评操作过程中操作失误情况、对各茶类的评分方法、计算方式掌握情况及审评记录表设计情况,综合评分。

知识链接

一、茶叶审评基本操作流程

茶叶感官审评基本流程应严格依据《茶叶感官审评方法》(GB/T 23776—2018)开展,总结如下:取样—把盘(评外形)—扦样—称样—冲泡(开汤)—沥茶汤—评汤色—嗅香气—尝滋味—评叶底。

茶叶感官审评流程细解:

取样—把盘(摇盘)—观看上、中、下段茶的情况—评外形各项因子—书写外形评语—重新摇盘—调整称样工具—扦样—称样—温具—倒入茶样—调整好计时器—冲泡—计时—沥茶汤—用茶匙在汤碗中打圈—观看汤色—写汤色评语—嗅香气—写香气评语—尝滋味—写滋味评语—评叶底—写叶底评语及其他需要判断的内容—清理、清洁审评时所用的器具,审评结束。

(一)取样

用统一的方法和步骤,抽取能充分代表整批茶叶品质的样品。

1. 取样方法

(1)大包装大批量取样

1~5件取1件,6~50件取2件,51~500件每增加50件增取1件,501~1000件每增加100件增取1件,1000件以上每增加500件增取1件。

取样方式可随机取样,总件数除以所需的件数得出数字(如 x),取样时可以从开头至第 x 件内取任何一件为第一件,接着往下数 x 件再取一件,直到取完所需的件数。

(2)匀堆取样

将该批茶取出,拌匀成堆,然后从堆中的各部位分别取得茶样,扦样点不得少于8个点。

(3)就件取样

从每件茶的上、中、下、左、右各部位扦取一把小样,置于茶样盘中,并查看样品间品质是否一致，若有明显差异，将该件茶倒出，拌匀，采用匀堆法重新取样。

（4）四分法取样

将各部位取出的茶样拌匀，平铺于取样盘中，对角划线，将茶样划成相等的4份，取对角的2份，重复进行直到取到所需的茶样（茶样量在100~200g），置于评茶盘中。

2. 取样注意事项

- 取样的原则是科学客观，取样准确才能真正体现该批次茶叶产品的品质特征及品质等级，才能真实反映该批次茶叶产品的经济价值。

- 在对样生产中，如果不能科学客观地取样，将导致客户签订的标准样和实际产品样之间产生误差，影响茶叶产品生产和交付，使企业的声誉和经济受到损失。

- 每批茶，不管是件还是堆，各部位的茶品质特征都有一定的差异，上段茶轻飘，中段茶重实，下段茶碎末多，取样时各段茶的比例不合理，将影响整批茶的品质审定。

- 茶叶取样的量要达到标准要求，若取样量不足，不能客观反映该批茶的品质，影响审评流程开展及审评结果。

- 取样过程中应登记的事项：取样地点、取样时间、取样者姓名、取样方法、样品所属的单位盖章及证明人签字、品名、规格、等级、产地、批次、取样件数据、样品数量及说明、包装质量（是否符合国家标准）、取样时的气象条件。

- 样品标签的制作内容：样品名称、等级、生产日期、批次、取样基数、产地、样品数量、取样地点、取样时间、取样者姓名、生产厂家及所需说明的重要事项。

（二）把盘（评外形）

俗称摇样盘，是审评干茶外形的首要操作步骤。将取好的代表性茶样放入评茶盘中，双手持样盘的边沿，运用手势做前后左右的回旋转动，使样盘里的茶叶均匀地按轻重、大小、长短、粗细等不同而有次序地分布，然后把均匀分布在样盘里的毛茶通过反转、顺转、收拢集中成为馒头形。这样摇样盘的"筛"与"收"的动作，使毛茶分出上、中、下3个层次。

1. 摇盘手法及要求

将茶样倒入评茶盘中，双手握住评茶盘的两对角边沿，右手虎口封住茶盘的倒茶小缺口，用回旋筛转的方法，使盘中茶叶顺着盘沿回旋转动。摇盘时既要使茶叶回旋转动，按茶叶的轻重、大小、长短、粗细的不同，均匀而有次序地分布在样盘中，又要注意动作轻重适中，避免盘中茶叶因摇盘动作重而产生断碎及洒出而影响整盘茶叶的代表性。

2. 收盘手法及要求

收盘时运用手腕的力量前后左右颠簸，使盘中茶叶收拢集中成为馒头形。收盘时注意盘的颠簸幅度应适中，把细小的碎茶和片末收在馒头形堆的底部。不能将盘中茶叶颠得太高，将碎茶和片末收到堆面，影响整盘茶的评比。收盘后茶叶在盘中分出3层，比较粗长松飘的茶叶浮在馒头形堆的表面，称为面张茶（上段茶）；细紧重实的茶叶集中于堆的中层，称为中段茶；细小的碎片末茶沉积于堆的底层，称为下段茶（下身茶）。

3. 把盘后品质评价

把盘阶段可结合目测、鼻嗅、手触等方法，通过翻动、调换位置，审评干茶香气、形状、嫩度、色泽、整碎、净度、含水量等。

目测其上、中、下段茶的情况和比例是否合理，干茶形状是条形还是针形等，色泽油润或枯暗情况，颜色是翠绿、嫩绿或是黄绿等，外形的完整性，净度以及是否有非茶类的夹杂物。

鼻嗅干茶的香气是否纯正，有无异杂味，香型。

手触茶叶，感受其重实度和大概的含水量。

(三) 扦样

扦样就是扦取能充分代表该批茶品质、审评时所需重量的茶样。

1. 扦样方法

扦样时，要将茶盘中的茶样用回旋法收到茶盘中，呈馒头状，上、中、下段茶合理分布。

扦样时用 3 个手指(即大拇指、食指、中指)由上到下抓起。

2. 扦样注意事项

手部用力需适中，用力过大容易折断茶叶条索，影响茶叶品质。

一定要把上、中、下段茶全部扦到，保证 3 段茶的原有比例。上段茶粗长轻飘，滋味淡薄；中段茶细紧重实，滋味醇厚；下段茶碎末较多，滋味浓厚，浸出率高。如果扦样不准确，影响茶样原有的 3 段茶比例，将会影响审评结果。

尽量一次性扦够该茶样审评时所需的量，质量可多不可少，否则需重新把盘匀样。

需注意茶样不能放在手掌中心，因为手心温度高，容易出汗，会影响茶样的品质和审评结果。

(四) 称样

称样就是称取能充分代表该批茶品质、审评该茶样时所需要重量的茶样。

1. 称样方法

将扦起的茶样缓慢放入称样盘中，同时眼观天平或电子天平的读数变化，接近目标质量时应轻投茶样，达到目标的质量立刻停止。茶样称取需一次性完成。

2. 称样注意事项

- 将扦起的茶样缓慢放入称样盘中，同时观察称样盘中茶叶情况，掌握好称样盘中 3 段茶比例情况，尽量做到 3 段茶比例符合该审评茶样的原有比例。

- 称样时要求一次扦放到位，不能添加或减少。因为在添加或减少的时候，往往会在上段茶上添加或减少，影响上段茶的比例，使所称茶样和实际茶样的 3 段茶比例不一致，造成审评误差。

(五) 冲泡(开汤)

审评冲泡是指将称取好的茶样放入对应的审评杯中并注入沸水冲泡。

1. 冲泡(开汤)方法

将称取好的茶样放入事先温洗好的审评杯中，再将烧开的沸水(100℃)注入审评杯中,一次性注满,加盖,计时。

进行多杯不同茶类审评时,推荐设置需浸泡时间最长的茶类所需要的时间,进行倒计时。例如:圆结、颗粒形的乌龙茶浸泡时间是6min,红茶浸泡时间是5min,绿茶浸泡时间是4min。3种茶类同时冲泡时,倒计时6min,先冲泡绿茶,后冲泡红茶,再冲泡圆结、颗粒形的乌龙茶。观看计时器,倒数2min时沥出绿茶,评汤色,闻所有茶的香气,尝滋味,评叶底;倒数1min时沥出红茶,评汤色,闻所有茶的香气,尝滋味,评叶底;时间到即沥出圆结、颗粒形的乌龙茶,评汤色,闻所有茶的香气,尝滋味,评叶底。

2. 冲泡(开汤)注意事项

水浸出物含量是反映茶叶品质优劣的重要指标之一。不同温度的水冲泡茶叶,其水浸出物含量不同。依据中国农业科学院茶叶研究所王月根等的研究,冲泡特级龙井茶样品5min,100℃的沸水泡出的水浸出物相对含量为100%,80℃时水浸出物相对含量为80%,60℃时水浸出物相对含量仅有45%。因此,冲泡用水以达到沸滚为度,用沸水冲泡茶叶才能使茶的香味充分地挥发出来,水浸出物也能充分溶解。水沸过久,会降低水中的氧气,影响茶汤新鲜滋味,造成审评误差。

 小贴士

茶叶内含物质的浸出率和浸出速度都与水温有关。水温达标和水温偏低时相比,茶样的内含物浸出量不同,审评结果差异较大。

茶叶香气物质在经过沸水冲泡后充分挥发,一部分进入茶汤,一部分伴随蒸气散发,还有一部分存留叶底。低温冲泡时,部分高沸点香气物质不能充分释放,某些不正常的茶味和香气也可能不显现。

茶汤滋味主要组成成分有呈苦味的咖啡因、呈苦涩味的茶多酚、呈鲜爽味的氨基酸和呈甜味的糖类等几大类。咖啡因的溶解速度在40~100℃时随水温的上升而迅速上升,当水温达到80℃以上时只需2min就可基本溶出;茶多酚在80℃以下的水中不容易溶出,需用95℃的热水泡6min才能溶出90%以上;氨基酸最易溶于水,在40℃的水中冲泡时间充足即能大量溶出,在60℃的水中冲泡6min以上能基本溶出;水溶性糖的溶出量随温度时间变化较小。因此,冲泡水温低时,茶汤中溶出的滋味成分主要为氨基酸、水溶性糖类,表现出的茶味鲜爽回甘,无苦涩味。冲泡水温高、时间长,咖啡因、茶多酚大量溶出,表现出的茶味浓苦或带苦涩味。

不同的浸泡时间,茶叶的内含成分浸出比例不同。表2-3数据为采用3g龙井茶,用150mL水分别冲泡3min、5min、10min得到茶汤,测出的水浸出物、游离氨基酸、多酚类化合物相对浸出量。浸泡时间3min,茶叶各成分浸出量相对较小,滋味淡薄,茶汤综合协调性比较差,不能客观反映该茶样的真实品质。浸泡时间5min,茶叶各成分浸出量相对适宜,滋味醇厚,茶汤综合协调性好,能客观反映该茶样的真实品质。浸泡时间10min,茶叶各成分浸出量相对较大,滋味浓厚、苦涩,茶汤综合协调性差,影响滋味审评,不能客观反映该茶样的真实品质。

表 2-3 不同冲泡时间对茶叶主要成分泡出的影响

浸泡时间	3min	5min	10min
水浸出物相对浸出量	74%	85.39%	100%
游离氨基酸相对浸出量	77.6%	88.32%	100%
多酚类化合物相对浸出量	70.07%	83.46%	100%

资料来源：施兆鹏和黄建安(2010)。

冲泡前一定要先温洗审评器具，温具既提升了器具的温度，又具有清洁器具的作用。温具操作可以避免出现冲泡时因器具温度低，致使审评水温偏低，影响茶样内质的情况，同时也清除了残留在器具上的气味，避免审评结果产生误差。

冲泡过程中可以利用温洗器具来衡量一下烧水壶的大概容量。如用 150mL 有柱形杯审评，明确一壶水能注满多少杯，这样在冲泡过程中才能清楚一次审评几个茶样，避免在冲泡过程中因为茶样过多，开水不够用而使最后一杯茶样未能注满水的情况。

注水时，水量需达到要求，即注满。注水过少，茶汤内含物质浓度高，滋味苦涩；注水过多，茶汤内含物浓度低，滋味淡薄，不能客观地展现该茶的真实品质，产生审评误差。

在注水时一定要控制注水速度，原则上是慢、快、慢的注水手法。注水时水一次性注满，将杯中的泡沫用杯盖从杯齿处推出。在多杯审评时一定要注意每杯的注水速度和时间，尽量保证每一杯的注水速度、时间是一致的。如果注水速度、时间不一致，容易造成浸泡时间的误差，不同浸泡时间下茶汤浸出物比例及含量不同，不能客观地展现该茶的真实品质，产生审评误差。

加盖时需注意杯盖的透气孔方向，透气孔需朝向杯把。否则，沥茶汤时容易出现堵塞及真空现象，茶汤沥不出或沥出速度缓慢，造成浸泡时间加长，影响茶汤内含物质溶出含量，从而影响审评结果。

(六)沥茶汤

沥茶汤就是待冲泡好的茶样达到该茶样审评所需要的浸泡时间时，将茶汤倒入审评碗中。

1. 沥茶汤方法

熟练者可用单手操作，用食指扣住杯把，中指配合食指夹住杯把，拇指按住杯盖的凸高点，将审评杯卧搁在审评碗上。

初学者可用双手操作，一手握住杯把，另一手手指按住杯盖的凸高点，将审评杯卧搁在审评碗上。

2. 沥茶汤注意事项

● 沥茶汤时必须按照先注水先沥的原则，即按注水的顺序依次沥出。否则，将造成茶样间的浸泡时间不同，或部分茶样浸泡时间不足，从而影响茶汤质量，产生审评误差。

● 注意控制沥茶汤的速度和时间，尽量保证能与注水的速度和注水的时间一致。要求从第一杯开始杯子卧搁在审评碗上后直接沥第二杯，再根据卧搁审评杯的顺序依次拿起，沥干茶汤，放置好。严禁双手持杯待茶汤沥完才沥第二杯，这样容易造成沥茶汤的时间长于注水时间，从而各杯茶样的浸泡时间不同，使内含物质浸出量不同，影响茶样的真实品质，造成审评误差。

● 沥茶汤时应该注意杯盖透气孔的方向，如果不在杯把方向，应该轻轻转动杯盖，使透气孔朝杯把方向，过程中不能提起杯盖，否则会造成香气及茶汤温度流失，从而影响审评结果。

（七）评汤色

茶叶开汤后，茶叶内含成分溶解在沸水中所呈现的色彩，称为汤色，又称水色。评汤色就是利用人体的感受器官——眼睛观看并审评茶汤的颜色种类与色度、明暗度和清浊度等。

1. 评汤色方法

按顺时针的方向用茶匙对审评碗中的茶汤轻轻搅动，使审评碗中的茶汤按顺时针的方向流动，待转动的茶汤停止时，观看汤色情况。

2. 评汤色注意事项

● 评茶汤时一定要用茶匙对审评碗中的茶汤按顺时针的方向轻轻搅动，使审评碗中的茶汤按顺时针的方向流动，把茶汤中的碎末等杂物集中在审评碗中间，避免茶汤中碎末散落在审评碗各部位而影响汤色的审评。

● 评茶汤时审评碗中的茶汤如果有较大的茶末或碎片，应用小滤网捞起，再按顺时针的方向轻轻搅动使审评碗中的茶汤按顺时针的方向流动。

● 在审评过程中一定要先评汤色，再嗅香气，特别是审评品质比较接近的茶样时更应该注意。因茶汤中的多酚类物质在与空气中的氧气接触时很容易产生氧化反应，使茶汤的颜色变黄、加深。

● 在室温较低的环境下审评，随着茶汤温度的下降，茶汤中的多酚类氧化产物茶红素、茶黄素和茶汤中的咖啡因产生缔合，形成棕色乳浊状凝体（冷后变浑现象），影响茶汤透亮度和颜色的评定。如果遇到这种现象，需温热茶汤再审评。

● 审评茶汤时，应注意光线、评茶用具等因素的影响，可调换审评碗的位置以减少环境光线对汤色的影响，保证审评的客观性。

（八）嗅香气

嗅香气就是辨别茶样的香气类型、浓度、纯度、持久性。

1. 嗅香气方法

一手持审评杯，另一手持杯盖，靠近鼻孔，半开杯盖（角度在45°~60°），嗅审评杯中香气，每次持续2~3s，后随即合上杯盖。可反复1~2次。根据审评内容判断香气特征及质量。可热嗅（杯温约75℃）、温嗅（杯温约45℃）、冷嗅（杯温接近室温）结合进行。

一手持审评杯，另一手持杯盖，半开杯盖（角度在45°~60°），靠近杯沿用鼻轻嗅或深嗅，在温嗅和冷嗅时也有将整个鼻部深入杯内接近叶底以增加嗅感。

2. 嗅香气注意事项

● 嗅香气时杯盖打开角度不能过大，否则容易造成香气和异杂味流失，审评杯内温度降低，特别是在多人多杯审评中，不利于下一位审评人员对香气的审评。

- 嗅香气的时间既不能太短，也不能太长。时间太短，嗅觉刺激不够，不容易辨别香型及异杂味；时间太长，容易引起嗅觉神经疲劳，嗅觉反应灵敏度降低，不利于香气的审评。
- 在杯数较多时，嗅香气时间拖长，冷热程度不一，则难以评比。每次嗅评时都要将杯内叶底抖动翻转。在评定香气前，杯盖不得打开。
- 嗅香气时，以温嗅结果为主要审评依据，热嗅、温嗅、冷嗅结合，综合审评。热嗅时异杂味比较容易体现，且热嗅时温度过高，嗅觉神经受到烫的刺激后灵敏度受到一定的影响。温嗅时温度适宜，嗅觉神经灵敏，能客观地辨别该茶样的香型、纯度及浓度。冷嗅时温度较低，香气低沉，不能客观反映香气情况，但有利于审评该茶样香气的持久度。

（九）尝滋味

尝滋味就是审评茶汤的浓淡、厚薄、醇涩、纯异和鲜钝等。尝滋味适宜的茶汤温度为 45~50℃。

1. 尝滋味方法

用茶匙取适量（5mL）茶汤于口内，通过吸吮使茶汤在口腔内循环打转，让茶汤充分接触到舌头各部位，吐出茶汤或咽下。

舌头的姿势要正确，把茶汤吸入嘴内，舌尖顶住上层齿根，嘴唇微微张开，舌稍上抬，使茶汤在舌上微微流动，吸气两次之后，辨滋味，舌的姿势不变，从鼻孔呼气，感觉水中香气，吐出或咽下茶汤。

2. 尝滋味注意事项

在尝滋味时，吸茶汤要自然地吸入，不能太用力、太急，以使茶汤能充分接触到舌头各部位。舌头各部位的味蕾对不同味道的敏感性不同。舌尖对甜味最敏感；舌的两侧前部最易感觉咸味；两侧后部对酸味最敏感；舌心对鲜味、涩味最敏感；舌根部位则对苦味最敏感。未接触到茶汤的部位，其对应的呈味物质的味道不能呈现，影响滋味的审评。此外，如果太用力吸，就会加大茶汤的流速，部分茶汤就会从牙齿的间隙进入口腔，使齿间的食物残渣或气味被吸入口腔与茶汤混合，增加异味，影响审评的准确性。

茶汤在口腔的时间不能太长，以辨别各项呈味物质所需的时间为宜，味觉受刺激时间太长容易麻木，反应迟钝，影响滋味的判断。

在尝滋味时，茶汤温度应该掌握在 45~50℃。温度太高，味觉灵敏度降低，味觉受强烈刺激而麻木，影响审评。温度太低，茶汤中的溶解物质随着茶汤温度的下降而协调度下降，不能客观体现该审评茶样的真实品质。

在多杯审评中，当尝完第一杯茶汤后，茶匙及品茗杯都必须在装有清水的汤碗中漂洗干净，避免上一种茶汤滋味和香气残留带入下一种茶汤中，影响下一种茶汤的真实品质，造成审评误差。

进行长时间审评和多茶类审评时，应以温开水漱口，把舌苔上高浓度的黏滞物洗去，再进行审评，这样才能合理避免残留在口腔中的茶味影响下道茶的审评，提升舌头味觉的敏感度。

尝滋味时，每一口茶汤以 5mL 为最适宜。过多感觉满口是茶汤，在口中难于回旋辨味；过少时也不利于辨别，影响审评的准确性。

（十）评叶底

评叶底就是依靠人体的视觉和触觉来审评该茶样的嫩度、色泽、净度、明暗度、匀整度（包括嫩度匀整度和色泽匀整度）。

1. 评叶底方法

精制茶采用黑色叶底盘，毛茶与乌龙茶等采用白色搪瓷叶底盘，操作时应将杯中的茶叶全部倒入叶底盘中，其中白色搪瓷叶底盘中要加入适量清水，让叶底漂浮起来。根据审评内容，用目测、手感等方法审评叶底。

2. 评叶底注意事项

操作时应将杯中的茶叶全部倒入叶底盘中，杯中残留的碎末也要清理到叶底盘中，这样才能客观地反映该茶真实的叶底情况。

审评时，用手指轻触叶底，感受叶片的弹性及柔软度。摊开叶片时不能太用力，避免损伤叶片，影响叶片的完整性。必须摊匀叶底，让叶底情况充分展现，观察其净度及匀整度，合理避免审评误差。

二、不同茶类审评方法

（一）审评内容

1. 初制茶审评因子

按照茶叶的外形（包括形状、嫩度、色泽、整碎和净度）、汤色、香气、滋味和叶底5项因子进行审评。

2. 精制茶审评因子

按照茶叶外形的形状、色泽、整碎和净度，以及内质的汤色、香气、滋味和叶底8项因子进行审评。

（二）各审评因子的审评要素

1. 外形

干茶审评其形状、嫩度、色泽、整碎和净度。

紧压茶审评其形状规格、松紧度、匀整度、表面光洁度和色泽。分里茶、面茶的紧压茶，审评是否起层脱面、包心是否外露等。茯砖加评"金花"是否茂盛、是否均匀及颗粒大小。

2. 汤色

审评茶汤颜色种类与色度、明暗度和清浊度等。

3. 香气

审评香气类型、浓度、纯度、持久性。

4. 滋味

审评茶汤浓淡、厚薄、醇涩、纯异和鲜钝等。

5. 叶底

审评叶底嫩度、色泽、明暗度和匀整度（包括嫩度匀整度和色泽匀整度）。

(三)不同茶类的审评方法及流程

1. 通用柱形杯审评法

取代表性茶样 3g 或 5g，以茶、水比例 1∶50 置于相应的审评杯中，注满沸水，加盖，计时，按茶类选择浸泡时间(表 2-4)，依次沥出茶汤，留叶底于杯中，按汤色、香气、滋味、叶底的顺序逐项审评。

表 2-4　各茶类通用柱形杯审评法的冲泡时间

茶类	冲泡时间(min)	茶类	冲泡时间(min)
绿茶	4	乌龙茶(圆结型、拳曲型、颗粒型)	6
红茶	5	白茶	5
乌龙茶(条型、卷曲型)	5	黄茶	5

2. 乌龙茶(盖碗审评法)

见项目七任务二。

3. 黑茶(散茶)(柱形杯审评法)

见项目八任务二。

4. 紧压茶(柱形杯审评法)

见项目九任务一。

5. 花茶(柱形杯审评法)

见项目九任务四。

6. 袋泡茶(柱形杯审评法)

见项目九任务三。

7. 粉茶(柱形杯审评法)

见项目九任务二。

(四)茶叶感官审评评分方式

茶叶感官审评常用的两种评分方式是百分制和七档制。

1. 百分制评分

百分制评分法一般应用在未确定等级的茶样上，以外形、香气、汤色、滋味、叶底 5 项因子进行评分，每项因子总分 100 分。

外形、汤色、香气、滋味、叶底 5 项因子，不同茶类每项因子占的比重不同，所占的比重称权数或权重(表 2-5)。

表 2-5　各茶类审评因子评分系数

茶类	外形	汤色	香气	滋味	叶底
绿茶	25	10	25	30	10
工夫红茶(小种红茶)	25	10	25	30	10
(红)碎茶	20	10	30	30	10

(续)

茶类	外形	汤色	香气	滋味	叶底
乌龙茶	20	5	30	35	10
黑茶（散茶）	20	15	25	30	10
紧压茶	20	10	30	35	5
白茶	25	10	25	30	10
黄茶	25	10	25	30	10
花茶	20	5	35	30	10
袋泡茶	10	20	30	30	10
粉茶	10	20	35	35	0

评分计算方法：每项因子的得分×每项因子的权重，得出分数，再将该茶类审评各项因子所得分数合计，得出该茶样的分数（表2-6）。

等级判定：100分以上（含100分）为特级；90～99分为一级；80～89分为二级；70～79分为三级；60～69分为四级。

如果遇分数相同者，则按"滋味—外形—香气—汤色—叶底"的次序比较，单一因子得分高者居前。

表2-6 茶叶审评品质记录（百分制评分）

姓名：_____ 审评时间：_____ 审评地点：_____

编号	品名	项目	外形	汤色	香气	滋味	叶底	总分	等级
		评语							
		评分							
		权重							
		评语							
		评分							
		权重							
		评语							
		评分							
		权重							
品质分析									
工艺缺陷分析									
改善措施									

2. 七档制评分

七档制评分法一般应用在对样审评上，依据标准样开展审评。标准样等级及各项因子的分数是已知的，对比样未知。

七档制评分法也应用在对样生产上，对样生产以标准样为依据进行生产。对样生产中常见的标准样有：客户确定样、每年生产的产品系列样、贸易标准样、国家产品标准样、加工标准样等。

七档制评分中任何一项因子或各项因子相加总数低于3分(含3分)，判定为不合格，+1分判定为稍高于标准样，+2分判定为较高于标准样，0分判定为合格(符合标准样)，-1分判定为稍低于标准样，-2分判定为较低于标准样(表2-7、表2-8)。

面对不同茶类或不同加工工艺的两个茶样，进行对样审评，运用七档制评分法，可直接判定为不符合标准样，不需要评分。

表2-7　七档制评分法评分及说明

七档制	评分	说明
高	+3	差异大，明显好于标准样
较高	+2	差异较大，好于标准样
稍高	+1	仔细辨别才能区分，稍好于标准样
相当	0	标准样或成交样的水平
稍低	-1	仔细辨别才能区分，稍差于标准样
较低	-2	差异较大，差于标准样
低	-3	差异大，明显差于标准样

表2-8　茶叶审评品质记录(七档制评分)

姓名：＿＿＿＿　　　审评时间：＿＿＿＿　　　审评地点：＿＿＿＿

编号	品名	项目	外形	汤色	香气	滋味	叶底	总分	等级
		评语							
		评分							
		权重							
		评分							
		评语							
		评语							
		评分							
		权重							
		评分							
		评语							
对样审评结果分析									

任务三 规范运用评茶术语

任务指导书

任务目标

1. 熟悉茶叶感官审评术语及其运用应注意的事项。
2. 能根据实物茶样的真实情况进行术语运用，且术语描述与实际等级用词相差不超半个级。

任务实施

1. 查找相关国家标准、行业标准，获取各茶类评茶术语表述的含义、品质关系及不同等级术语的运用等相关知识。
2. 实地到各茶区茶企、茶叶销售门店、院校及培训机构调查，了解茶叶审评通用术语、专用术语、名词及虚词以及各茶类不同等级术语在实践中的应用情况。
3. 在六大基本茶类和再加工类中各选择有代表性的一类，进行审评操作，并进行品质审定和品质分析。

考核评价

根据调查时的实际表现及调查深度，以及对调查工作内容的理解程度和调查报告的内容，并结合所选定的茶类的品质审定、品质分析中的术语运用情况，综合评分。

知识链接

评茶术语是指通过言简意明的准确的词语，来表达茶叶品质特点和优缺点的专用性用语。茶叶感官审评术语在茶叶审评工作中的运用充分体现了评茶员的职业能力。评茶员需认真学习茶叶感官审评术语，理解术语的含义，将术语与茶样的品质特点相对应，充分开展茶叶感官审评训练，不断积累审评经验，从而形成评茶术语规范运用能力，提升评茶结果的可靠性。

知识点一 茶叶感官审评术语分类整理

一、通用术语

（一）形状

为了便于记忆及深入理解，外形从嫩度、重量、整碎净度、直条形、卷圆形、扁形6个方面进行介绍。

1. 嫩度

显毫　有茸毛的茶条比例高。

多毫　有茸毛的茶条比例较高，程度比显毫低。

披毫　茶条布满茸毛。

锋苗　芽叶细嫩，紧结有锐度。

肥壮、硕壮　芽叶肥嫩，身骨重。

肥直　芽头肥壮挺直。

壮实　尚肥大，身骨较重实。

粗实　茶叶嫩度较差，形粗大，尚结实。

粗壮　条粗大而壮实。

粗松　嫩度差，形粗大而松散。

松条、松泡　茶条卷紧度较差。

2. 重量

身骨　茶条轻重，也指单位体积的重量。

重实　身骨重，茶在手中有沉重感。

轻飘　身骨轻，茶在手中重量感很轻。

3. 整碎净度

匀整、匀齐、匀称　上、中、下3段茶的粗细、长短、大小较一致，比例适当，无脱档现象。

匀净　匀齐而洁净，不含梗、朴及其他夹杂物。

脱档　上、下段茶多，中段茶少；或上段茶少，下段茶多，3段茶比例不当。

粗大　比正常规格大的茶。

细小　比正常规格小的茶。

短钝、短秃　茶条折断，无锋苗。

短碎　面张条短，下段茶多，欠匀整。

松碎　条松而短碎。

下脚重　下段中最小的筛号茶过多。

爆点　干茶上的凸起泡点。

破口　折、切断口痕迹显露。

老嫩不匀　成熟叶与嫩叶混杂，条形与嫩度、叶色不一致。

4. 直条形

挺直　茶条不弯。

弯曲、钩曲　茶条不直，呈钩状或弓状。

平伏　茶叶在盘中相互紧贴，无架空现象。

细紧　茶叶细嫩，条索细长紧卷而完整，锋好。

紧秀　茶叶细嫩，紧细秀长，显锋苗。

挺秀　茶叶细嫩，造型好，挺直秀气尖削。

紧结　茶条卷紧而重实。紧压茶压制密度高。

紧直　茶条卷紧而直。
紧实　茶条卷紧，身骨较重实。紧压茶压制密度适度。
圆直、浑直　茶条圆浑而挺直。
浑圆　茶条圆而紧结一致。

5. 卷圆形
卷曲　茶条紧卷呈螺旋状或环状。
盘花　先将茶叶加工揉捻成条形，再炒制成圆形或椭圆形的颗粒。
细圆　颗粒细小圆紧，嫩度好，身骨重实。
圆结　颗粒圆而紧结重实。
圆整　颗粒圆而整齐。
圆实　颗粒圆而稍大，身骨较重实。
粗圆　茶叶嫩度较差，颗粒稍粗大尚成圆。
粗扁　茶叶嫩度差，颗粒粗松带扁。
团块　颗粒大如蚕豆或荔枝核，多数为嫩芽叶黏结而成，为条形茶或圆形茶中加工有缺陷的干茶外形。
扁块　结成扁圆形或不规则圆形带扁的团块。

6. 扁形
扁平　扁形茶外形扁直平坦。
扁直　扁平挺直。
松扁　茶条不紧而呈平扁状。
扁条　条形扁，欠浑圆。

(二) 色泽

色泽从光泽、颜色种类两个方面进行介绍。

1. 光泽
油润　鲜活，光泽好。
光洁　茶条表面平洁，尚油润发亮。
枯燥　干枯无光泽。
枯暗　枯燥，反光差。
枯红　色红而枯燥。
乌润　乌黑而油润。

2. 颜色种类
调匀　叶色均匀一致。
花杂　叶色不一，形状不一或多梗、朴等茶类夹杂物。
翠绿　绿中显青翠。
嫩黄　金黄中泛出嫩白色，为白化叶类茶、黄茶等干茶、汤色和叶底特有色泽。
黄绿　以绿为主，绿中带黄。
绿黄　以黄为主，黄中泛绿。
灰绿　叶面色泽绿而稍带灰白色。

墨绿、乌绿、苍绿　色泽浓绿泛乌有光泽。
暗绿　色泽绿而发暗，无光泽，品质次于乌绿。
绿褐　褐中带绿。
青褐　褐中带青。
黄褐　褐中带黄。
灰褐　色褐带灰。
棕褐　褐中带棕。常见于康砖、金尖茶的干茶和叶底色泽。
褐黑　乌中带褐有光泽。

（三）汤色

汤色从明暗度、颜色种类两个方面进行介绍。

1. 明暗度

清澈　清净、透明、光亮。
混浊　茶汤中有大量悬浮物，透明度差。
沉淀物　茶汤中沉于碗底的物质。
明亮　清净，反光强。
暗　反光弱。
鲜亮　新鲜明亮。
鲜艳　鲜明艳丽，清澈明亮。
黄亮　黄而明亮，有深浅之分。
黄暗　色黄，反光弱。
红暗　色红，反光弱。
青暗　色青，反光弱。

2. 颜色种类

深　茶汤颜色深。
浅　茶汤色泽淡。
浅黄　黄色较浅。
杏黄　汤色黄，稍带浅绿。
深黄　黄色较深。
橙黄　黄中微泛红，似橘黄色，有深浅之分。
橙红　红中泛橙色。
深红　红较深。

（四）香气

香气从综合香型，鲜爽香型，嫩度香型，食物、植物及生态香型，陈香型，以及工艺及工艺缺陷香型6个方面进行介绍。

1. 综合香型

高香　茶香优而强烈。
高强　香气高，浓度大，持久。

馥郁　香气幽雅丰富，芬芳持久。
浓郁　香气丰富，芬芳持久。
清香　清新纯净。
清高　清香高而持久。
清纯　清香纯正。
清长　清而纯正并香气持久。
纯正　茶香纯净正常。
平正　茶香平淡，无异杂气。

2. 鲜爽香型

鲜爽　香气新鲜愉悦。
鲜嫩　鲜爽带嫩香。
清鲜　清香鲜爽。

3. 嫩度香型

嫩香　嫩茶所特有的愉悦细腻的香气。
粗气　粗老叶的气息。
粗短气　香短，带粗老气息。

4. 食物、植物及生态香型

甜香　香气有甜感。
板栗香　似熟栗子香。
花香　似鲜花的香气，新鲜悦鼻，多为优质乌龙茶、红茶之品种香，或乌龙茶做青适度的香气。
花蜜香　花香中带有蜜糖香味。
果香　浓郁的果实熟透香气。
木香　茶叶粗老或冬茶后期梗叶木质化，香气中带纤维气味和甜感。
地域香　特殊地域、土质栽培的茶树，其鲜叶加工后会产生特有的香气，如岩香、高山香等。

5. 陈香型

陈香　茶质好，保存得当，陈化后具有的愉悦的香气，无杂气、霉气。
陈气　茶叶存放中失去新茶香味，呈现不愉快的类似油脂氧化变质的气味。
失风　失去正常的香气特征但程度轻于陈气，多由于干燥后茶叶摊凉时间太长，暴露于空气中，或保管时未密封，茶叶吸潮引起。

6. 工艺及工艺缺陷香型

松烟香　带有松脂烟香。
香飘、虚香　香浮而不持久。
欠纯　香气夹有其他的异杂气。
足火香　干燥充分，火功饱满。
焦糖香　干燥充足，火功高，带有糖香。
高火　似锅巴香。茶叶干燥过程中温度高或时间长而产生，稍高于正常火功。

老火　茶叶干燥过程中温度过高或时间过长而产生的似烤黄锅巴香，程度重于高火。

焦气　有较重的焦烟气，程度重于老火。

闷气　沉闷不爽。

低　低微，无粗气。

日晒气　茶叶受太阳光照带有日光味。

青气　带有青草或青叶气息。

钝浊　滞钝不爽。

青浊气　气味不清爽，多为雨水青、杀青未杀透或做青不当而产生的青气和浊气。

酸、馊气　茶叶含水量高、加工不当、变质所出现的不正常气味。馊气程度重于酸气。

劣异气　茶叶加工或贮存不当产生的劣变气味或外来物质污染所产生的气味，如烟、焦、酸、馊、霉或其他异杂气。

(五)滋味

滋味从浓淡程度、顺滞程度、甘鲜程度，以及工艺、品种及贮存4个方面进行介绍。

1. 浓淡程度

浓　内含物丰富，收敛性强。

厚　内含物丰富，有黏稠感。

浓厚　入口浓，收敛性强，回味有黏稠感。

醇厚　入口爽适，回味有黏稠感。

浓醇　入口浓，有收敛性，回味爽适。

醇正　浓度适当，正常无异味。

醇和　醇而和淡。

平和　茶味和淡，无粗味。

淡薄　茶汤内含物少，无杂味。

淡水味　茶汤浓度感不足，淡薄如水。

2. 顺滞程度

醇　浓淡适中，口感柔和。

滑　茶汤入口和吞咽后顺滑，无粗糙感。

浊　口感不顺，茶汤中似有胶状悬浮物或有杂质。

涩　茶汤入口后，有厚舌阻滞的感觉。

粗味　粗糙滞钝，带木质味。

青涩　涩而带有生青味。

苦　茶汤入口有苦味，回味仍苦。

3. 甘鲜程度

回甘　茶汤饮后，舌根和喉部有甜感，并有滋润的感觉。

甘醇　醇而回甘。

甘滑　滑中带甘。

甘鲜　鲜洁有回甘。

甜醇　入口即有甜感，爽适柔和。
甜爽、鲜醇　鲜洁醇爽。
醇爽　醇而鲜爽。
清醇　茶汤入口爽适，清爽柔和。

4. 工艺、品种及贮存
青味　青草气味。
青浊味　茶汤不清爽，带青味和浊味，多为雨水青，或晒青、做青不足，或杀青不匀不透而产生。
熟闷味　茶汤入口不爽，带有蒸熟或闷熟味。
闷黄味　茶汤有闷黄软熟的气味，多为杀青叶闷堆未及时摊开，揉捻时间偏长或包揉叶温过高、定型时间偏长而引起。
高火味　茶叶干燥过程中温度高或时间长而产生的，微带烤黄的锅巴味。
老火味　茶叶干燥过程中温度过高或时间过长而产生的似烤焦黄锅巴味，程度重于高火味。
焦味　茶汤带有较重的焦煳味，程度重于老火味。
辛味　普洱茶原料多为夏暑雨水茶，因渥堆不足或无后熟陈化而产生辛辣味。
杂味　滋味混杂不清爽。
高山韵　高山茶所特有的香气清高细腻、滋味丰厚饱满的综合体现。
丛韵　单株茶树所体现的特有香气和滋味，多为凤凰单丛茶、武夷名丛或普洱大树茶之香味特征。
陈醇　茶质好，保存得当，陈化后具有的愉悦柔和的滋味，无杂味、霉味。
陈味　茶叶存放过程中失去新茶香味，呈现不愉快的类似油脂氧化变质的味道。
霉味　茶叶存放过程中水分过高导致真菌生长所散发出的气味。
劣异味　茶叶加工或贮存不当产生的劣变味或外来物质污染所产生的味感，如烟、焦、酸、馊、霉或其他异杂味。

（六）叶底

叶底从嫩度、匀度，以及物理性状、光泽、颜色种类4个方面进行介绍。

1. 嫩度、匀度
细嫩　芽头多或叶细小嫩软。
肥嫩　芽头肥壮，叶质柔软厚实。
柔嫩　嫩而柔软。
杂　老嫩、大小、厚薄、整碎或色泽等不一致。
嫩匀　芽叶匀齐一致，嫩而柔软。
粗老　叶质粗硬，叶脉显露。
硬杂　叶质粗老、坚硬、多梗、色泽驳杂。
匀　老嫩、大小、厚薄、整碎或色泽等均匀一致。

2. 物理性状
柔软　手按如绵，按后伏贴盘底。

硬　坚硬、有弹性。
肥厚　芽或叶肥壮，叶肉厚。
开展、舒展　叶张展开，叶质柔软。
摊张　老叶摊开。
皱缩　叶质老，叶面卷缩起皱纹。
瘦薄　芽头瘦小，叶张单薄少肉。
破碎　断碎、破碎叶片多。

3. 光泽
肥亮　叶肉肥厚，叶色透明发亮。
软亮　嫩度适当或稍嫩，叶质柔软，按后伏贴盘底，叶色明亮。
暗杂　叶色暗沉、老嫩不一。

4. 颜色种类
青张　夹杂青色叶片。
乌条　叶底乌暗而不开展。
焦斑　叶张边缘、叶面或叶背有局部黑色或黄色灼伤斑痕。

二、绿茶专用术语

（一）形状

形状从嫩度、形状特征、工艺特征及扁形3个方面进行介绍。

1. 嫩度
纤细　条索细紧如铜丝。为芽叶特别细小的碧螺春等茶的形状特征。
扁削　扁平而尖锋显露，边缘如刀削过一样齐整，没有丝毫皱折，多为高档扁形茶外形特征。
尖削　芽尖如剑锋。
黄头　叶质较老，颗粒粗松，色泽露黄。
茸毫密布、茸毫披覆　芽叶茸毫密密地覆盖着茶条，为高档碧螺春等多茸毫绿茶的外形特征。
茸毫遍布　芽叶茸毫遮掩茶条，但覆盖程度低于密布。

2. 形状特征
卷曲如螺　条索卷紧后呈螺旋状，为碧螺春等高档卷曲形绿茶的造型。
雀舌　细嫩芽头略扁，形似小鸟舌头。
兰花形　一芽二叶自然舒展，形似兰花。
凤羽形　芽叶有夹角似燕尾形状。
折叠　形状不平呈叠状。
细直　细紧圆直，形似松针。

3. 工艺特征及扁形
圆头　条形茶中结成圆块的茶，为条形茶中加工有缺陷的干茶外形。
脱毫　茸毫脱离芽叶，为碧螺春等多茸毫绿茶加工中有缺陷的干茶外形。

紧条　扁形茶长宽比不当，宽度明显小于正常值。
狭长条　扁形茶扁条过窄、过长。
宽皱　扁形茶扁条折皱而宽松。
宽条　扁形茶长宽比不当，宽度明显大于正常值。
浑条　扁形茶的茶条不扁而呈浑圆状。
扁瘪　叶质瘦薄，扁而干瘪。

（二）色泽

色泽从光泽、颜色两个方面进行介绍。

1. 光泽

光滑　茶条表面平洁油滑，光润发亮。
绿润　色绿，富有光泽。
枯黄　色黄而枯燥。
灰暗　色深暗带灰色。

2. 颜色

嫩绿　浅绿嫩黄，富有光泽。为高档绿茶干茶、汤色和叶底色泽特征。
鲜绿豆色　深翠绿似新鲜绿豆色，为恩施玉露等细嫩型蒸青绿茶色泽特征。
深绿　绿色较深。
银绿　白色茸毛遮掩下的茶条，银色中透出嫩绿的色泽，为茸毛显露的高档绿茶色泽特征。
糙米色　色泽嫩绿微黄，光泽度好，为高档狮峰龙井茶的色泽特征。
起霜　茶条表面带灰白色，有光泽。
露黄　面张含有少量黄朴、片及黄条。
灰黄　色黄带灰。

（三）汤色

绿艳　汤色鲜艳，似翠绿而微黄，清澈鲜亮。
碧绿　绿中带翠，清澈鲜艳。
浅绿　绿色较淡，清澈明亮。
杏绿　浅绿微黄，清澈明亮。

（四）香气

茉莉花茶的香气

鲜灵　花香新鲜充足，一嗅即有愉快之感，为高档茉莉花茶的香气。
鲜浓　香气物质含量丰富，花香浓，但新鲜悦鼻程度不如鲜灵。
鲜纯　茶香、花香纯正新鲜，花香浓度稍差。
幽香　花香细腻、幽雅，柔和持久。
纯　茶香、花香正常，无其他异杂气。
香薄、香弱、香浮　花香短促，薄弱，浮于表面，一嗅即逝。
透素　花香薄弱，茶香突出。

透兰　茉莉花香中透露白兰花香。

(五)滋味

粗淡　茶味淡而粗糙,花香薄弱,为低级别茉莉花茶的滋味。

(六)叶底

靛青、靛蓝　夹杂蓝绿色芽叶,为紫芽种或部分夏秋茶的叶底特征。
红梗红叶　茎叶泛红,为绿茶品质弊病。

三、黄茶专用术语

(一)形状

梗叶连枝　叶大梗长而相连。
鱼子泡　干茶上有鱼籽大的凸起泡点。

(二)色泽

金镶玉　茶芽嫩黄、满披金色茸毛,为君山银针干茶色泽特征。
金黄光亮　芽叶色泽金黄,油润光亮。
褐黄　黄中带褐,光泽稍差。
黄青　青中带黄。

(三)香气

锅巴香　似锅巴的香,为黄大茶的香气特征。

四、黑茶专用术语

(一)形状

泥鳅条　茶条皱褶稍松略扁,形似晒干泥鳅。
皱折叶　叶片皱折不成条。
宿梗　老化的隔年茶梗。
红梗　表皮棕红色的木质化茶梗。
青梗　表皮青绿色,比红梗嫩的茶梗。

(二)色泽

猪肝色　红而带暗,似猪肝色,为普洱熟茶渥堆适度的干茶及叶底色泽。
褐红　红中带褐,为普洱熟茶渥堆正常的干茶及叶底色泽,发酵程度略高于猪肝色。
红褐　褐中带红,为普洱熟茶、陈年六堡茶正常的干茶及叶底色泽。
褐黑　黑中带褐,为陈年六堡茶的正常干茶及叶底色泽,比黑褐色深。
铁黑　色黑似铁。
半筒黄　色泽杂,叶尖黑色,柄端黄黑色。
青黄　黄中泛青,为原料后发酵不足所致。

(三)汤色

棕红 红中泛棕，似咖啡色。

棕黄 黄中泛棕。

栗红 红中带深棕色，为陈年普洱生茶正常的汤色及叶底色泽。

栗褐 褐中带深棕色，似成熟栗壳色，为普洱熟茶正常的汤色及叶底色泽。

紫红 红中泛紫，为陈年六堡茶或普洱茶的汤色特征。

(四)香气

粗青气 粗老叶的气息与青叶气息，为粗老晒青毛茶杀青不足所致。

毛火气 晒青毛茶中带有类似烘炒青绿茶的烘炒香。

堆味 黑茶渥堆发酵产生的气味。

(五)滋味

陈韵 优质陈年黑茶特有的甘滑醇厚滋味的综合体现。

陈厚 经充分渥堆、陈化后，香气纯正，滋味甘而显果味，多为南路边茶的香味特征。

仓味 普洱茶或六堡茶等后熟陈化工序没有结束或储存不当而产生的杂味。

五、乌龙茶专用术语

(一)形状

形状从物理性状、松紧程度两个方面进行介绍。

1. 物理性状

壮结 茶条肥壮结实。

壮直 茶条肥壮挺直。

细结 颗粒细小紧结或条索卷紧细小结实。

尖梭 茶条长而细瘦，叶柄窄小，头尾细尖如菱形。

2. 松紧程度

蜻蜓头 茶条叶端卷曲，紧结沉重，状如蜻蜓头。

扭曲 茶条扭曲，叶端折皱重叠，为闽北乌龙茶特有的外形特征。

棕叶蒂 干茶叶柄宽、肥厚，如包粽子的箬叶的叶柄，包揉后茶叶平伏。铁观音、水仙、大叶乌龙等品种有此特征。

白心尾 驻芽有白色茸毛包裹。

叶背转 叶片水平着生的鲜叶，经揉捻后，叶面顺主脉向叶背卷曲。

(二)色泽

色泽从光泽、颜色两个方面进行介绍。

1. 光泽

褐润 色褐而富光泽，为发酵充足、品质较好的乌龙茶色泽。

明胶色 干茶色泽油润有光泽。

2. 颜色

砂绿　似蛙皮绿，即绿中似带砂粒点。

青绿　色绿而带青，多为雨水青、露水青或做青工艺走水不匀引起"滞青"而形成。

乌褐　色褐而泛乌，常为重做青乌龙茶或陈年乌龙茶的外形色泽。

鳝鱼皮色　干茶色泽砂绿蜜黄，富有光泽，似鳝鱼皮色，为水仙等品种特有色泽。

象牙色　黄中呈赤白，为黄金桂、赤叶奇兰、白叶奇兰等特有的品种色。

三节色　茶条叶柄呈青绿色或红褐色，中部呈乌绿或黄绿色，带鲜红点，叶端呈朱砂红色或红黄相间。

香蕉色　叶色呈翠黄绿色，如刚成熟香蕉皮的颜色。

芙蓉色　在乌润色泽上泛白色光泽，犹如覆盖一层白粉。

红点　做青时叶中部细胞破损的地方。叶子的红边经卷曲后，都会呈现红点，以鲜红点品质为好，褐红点品质稍次。

(三) 汤色

蜜绿　浅绿略带黄，似蜂蜜色，多为轻做青乌龙茶的汤色。

蜜黄　浅黄似蜂蜜色。

绿金黄　金黄泛绿，为做青不足的表现。

金黄　以黄为主，微带橙黄，有浅金黄、深金黄之分。

清黄　黄而清澈，比金黄色的汤色略淡。

茶油色　茶汤金黄明亮有浓度。

青浊　茶汤中带绿色的胶状悬浮物，为做青不足、揉捻重压而造成。

(四) 香气

香气从食品及品种香、工艺香两个方面进行介绍。

1. 食品及品种香

粟香　经中等火温长时间烘焙产生的如粟米的香气。

奶香　香气清高细长，似奶香，多为成熟稍嫩的鲜叶加工而形成。

辛香　香气清高有刺激性，微青辛气味，俗称线香，为梅占等品种特征香。

2. 工艺香

酵香　似食品发酵时散发的香气，多由做青程度稍过度或包揉过程未及时解块散热而产生。

黄闷气　闷浊气，为包揉时叶温过高或定型时过长时间闷积而产生的不良气味，也有因烘焙过程火温偏低或摊焙茶叶太厚而引起。

闷火　乌龙茶烘焙后，未适当摊晾而形成的一种令人不快的火气。

硬火、热火　烘焙火温偏高、时间偏短、摊晾时间不足即装箱而产生的火气。

(五) 滋味

岩韵　武夷岩茶特有的地域风味。

音韵　铁观音所特有的品种香和滋味的综合体现。

粗浓　味粗而浓。

酵味　做青过度而产生的不良气味,汤色常泛红,叶底夹杂有暗红张。

(六)叶底

红镶边　做青适度,叶边缘呈鲜红或朱红色,叶中央黄亮或绿亮。
绸缎面　叶肥厚有绸缎花纹,手摸柔滑有韧性。
滑面　叶肥厚,叶面平滑无波状。
白龙筋　叶背叶脉泛白,浮起明显,叶张软。
红筋　叶柄、叶脉受损伤,发酵泛红。
槽红　发酵不正常或过度,叶底褐红,红筋红叶多。
暗红张　叶张发红而无光泽,多为晒青不当造成灼伤或发酵过度而产生。
死红张　叶张发红,夹杂伤红叶片,为采摘、运送茶青时人为损伤,闷积茶青或晒青、做青不当产生。

六、白茶专用术语

(一)形状

毫心肥壮　芽肥嫩壮大,茸毛多。
茸毛洁白　茸毛多、洁白而富有光泽。
芽叶连枝　芽叶相连成朵。
叶缘垂卷　叶面隆起,叶缘向背微微翘起。
平展　叶缘不垂卷而与叶面平。
破张　叶张破碎不完整。
蜡片　表面形成蜡质的老片。

(二)色泽

毫尖银白　芽尖茸毛银白有光泽。
白底绿面　叶背茸毛银白色,叶面灰绿色或翠绿色。
绿叶红筋　叶面绿色,叶脉呈红黄色。
铁板色　深红面暗似铁锈色,无光泽。
铁青　似铁色带青。
青枯　叶色青绿,无光泽。

(三)汤色

浅杏黄　黄带浅绿色,常为高档新鲜的白毫银针汤色。
微红　色微泛红,为鲜叶萎凋过度,产生较多红张而引起。

(四)香气

毫香　茸毫含量多的芽叶加工成白茶后特有的香气。
失鲜　极不鲜爽,有时接近变质。多由白茶水分含量高,贮存过程回潮产生的品质弊病。

(五)滋味

清甜　入口感觉清新爽快,有甜味。

毫味　茸毫含量多的芽叶加工成白茶后特有的滋味。

(六)叶底

红张　萎凋过度，叶张红变。
暗张　色暗稍黑，多为雨天制茶形成死青。
铁灰绿　色深灰带绿色。

七、红茶专用术语

(一)形状

金毫　嫩芽带金黄色茸毫。
紧卷　碎茶颗粒卷得很紧。
折皱片　颗粒卷得不紧，边缘折皱，为红碎茶中片片茶的形状。
毛衣　呈细丝状的茎梗皮、叶脉等，红碎茶中含量较多。
茎皮　嫩茎和梗揉碎的皮。
毛糙　形状大小、粗细不匀，有毛衣、筋皮。

(二)色泽

灰枯　色灰而枯燥。

(三)汤色

红艳　茶汤红浓，金圈厚而金黄，鲜艳明亮。
红亮　红而透明光亮。
红明　红而透明，亮度次于"红亮"。
浅红　红而淡，浓度不足。
冷后浑　茶汤冷却后出现浅褐色或橙色乳状的浑浊现象，为优质红茶象征之一。
姜黄　红碎茶茶汤加牛奶后，呈姜黄色。
粉红　红碎茶茶汤加牛奶后，呈明亮玫瑰红色。
灰白　红碎茶茶汤加牛奶后，呈灰暗混浊的乳白色。
浑浊　茶汤中悬浮较多破碎叶组织微粒及胶体物质，常因萎凋不足，揉捻、发酵过度而形成。

(四)香气

鲜甜　鲜爽带甜感。
高锐　香气高而集中，持久。
甜纯　香气纯而不高，但有甜感。
麦芽香　干燥得当，带有麦芽糖香。
桂圆干香　似干桂圆的香。
祁门香　鲜嫩甜香，似蜜糖香，为祁门红茶的香气特征。
浓顺　松烟香浓而和顺，不呛喉鼻，为武夷山小种红茶香味特征。

(五)滋味

浓强　茶味浓厚，刺激性强。

浓甜　味浓而带甜，富有刺激性。
浓涩　富有刺激性，但带涩味，鲜爽度较差。
桂圆汤味　茶汤似桂圆汤味，为武夷山小种红茶滋味特征。

(六) 叶底

红匀　红色深浅一致。
紫铜色　色泽明亮，黄铜色中带紫。
红暗　叶底红而深，反光差。
花青　红茶发酵不足，带有青条、青张的叶底色泽。
乌暗　似成熟的栗子壳色，不明亮。
古铜色　色泽红较深，稍带青褐色，为武夷山小种红茶的叶底色泽特征。

八、紧压茶专用术语

(一) 形状

形状从外观形状、工艺优点、工艺缺陷3个方面进行介绍。

1. 外观形状

扁平四方体　茶条经正方形模具压制后呈扁平状，4个棱角整齐、呈方形，常为漳平水仙茶饼等紧压乌龙茶特色造型。
端正　紧压茶形态完整，表面平整，砖形茶棱角分明，饼形茶边缘圆滑。
斧头形　砖身一端厚，另一端薄，形似斧头。
纹理清晰　紧压茶表面花纹、商标、文字等标记清晰。
铁饼　茶饼紧硬，表面茶叶条索模糊。

2. 工艺优点

紧度适合　压制松紧适度。
平滑　紧压茶表面平整，无起层落面或茶梗凸出现象。
金花　冠突散囊菌的金黄色孢子。
泥鳅边　饼茶边缘圆滑，状如泥鳅背。
刀口边　饼茶边缘薄锐，状如钝刀口。

3. 工艺缺陷

起层　紧压茶表层翘起而未脱落。
落面　紧压茶表层有部分茶脱落。
脱面　紧压茶的盖面脱落。
缺口　砖茶、饼茶等边缘有残缺现象。
包心外露　里茶外露于表面。
龟裂　紧压茶有裂缝现象。
烧心　紧压茶中心部分发暗、发黑或发红。烧心砖多发生霉变。
断甑　金尖中间断落，不成整块。
泡松　紧压茶因压制不紧结而呈现出松且易散形状。

歪扭　沱茶碗口处不端正。歪即碗口部分厚薄不匀，压茶机压轴中心未在沱茶正中心，碗口不正；扭即沱茶碗口不平，一边高，另一边低。

通洞　因压力过大，沱茶洒面正中心出现孔洞。

掉把　特指蘑菇状紧茶因加工或包装等技术不当，使紧茶的柄掉落。

(二)色泽

黑褐　褐中带黑，为六堡茶、黑砖、花砖和特制茯砖的干茶和叶底色泽，也是普洱熟茶因渥堆温度过高导致碳化呈现出的干茶和叶底色泽。

饼面银白　以满披白毫的嫩芽压成圆饼，表面呈银白色。

饼面黄褐带　细毫尖以贡眉为原料压制成饼后的色泽。

饼面深褐带黄片　以寿眉等为原料压制成饼后的色泽。

(三)香气

菌花香（金花香）　茯砖等发花正常茂盛所具有的特殊香气。

槟榔香　六堡茶贮存陈化后产生的一种似槟榔的香气。

知识点二　茶叶感官审评常用名词

芽头　未发育成茎叶的嫩尖，质地柔软。

茎　尚未木质化的嫩梢。

梗　着生芽叶的已显木质化的茎，一般指当年青梗。

筋　脱去叶肉的叶柄、叶脉部分。

碎　呈颗粒状细而短的断碎芽叶。

夹片　呈折叠状的扁片。

单张　单瓣叶子，有老嫩之分。

片　破碎的细小轻薄片。

末　细小呈砂粒状或粉末状。

朴　叶质稍粗老，呈折叠状的扁片块。

红梗　梗呈红色。

红筋　叶脉呈红色。

红叶　叶片呈红色。

渥红　鲜叶在堆放过程中，因叶温升高而红变。

丝瓜瓤　渥堆过度，叶质腐烂，只留下网络状叶脉，形似丝瓜瓤。

麻梗　隔年老梗，粗老梗，麻白色。

剥皮梗　在揉捻过程中，脱了皮的梗。

绿苔　指新梢的绿色嫩梗。

上段　经摇样盘后，上层较大的茶叶，也称面装或面张。

中段　经摇样盘后，集中在中层的较细紧、重实的茶叶，也称中档或腰档。

下段 经摇样盘后，沉积于底层的细小的碎、片、末茶，也称下身或下盘。

中和性 香气不突出的茶叶适于拼和。

知识点三　茶叶感官审评常用虚词

虚词的使用原则：在评茶术语运用过程中，一定要注意虚词的使用。虚词一般在级差上或者在某种程度区别时使用。在等级判定时，如何让术语运用更加合理、接近和符合所判定的级别，合理使用虚词显得非常重要。虚词的一般使用原则是：褒贬通用的词有"较""稍""微"；与贬义术语连用的词有"略"；与褒义术语连用的词有"尚""欠""显"。

相当　两者相比，品质水平一致或基本相符。

接近　两者相比，品质水平差距甚小或某项因子略差。

稍高　两者相比，品质水平稍好或某项因子稍高。

稍低　两者相比，品质水平稍差或某项因子稍低。

较高　两者相比，品质较好或某项因子较高。

较低　两者相比，品质水平较差或某项因子较差。

高　两者相比，品质水平明显地好或某项因子明显地好。

低　两者相比，品质水平差距大，明显地差或某项因子明显地差。

强　两者相比，其品质总水平要好些。

弱　两者相比，其品质总水平要差些。

微　在某种程度上很轻微时用。

稍或略　某种程度不深时用。

较　两者相比，有一定差距。

欠　在规格上或某种程度上不够要求，且差距较大时用。

尚　某种程度有些不足，但基本还接近时用。

有　表示某些方面存在。

显　表示某些方面突出。

知识点四　运用评茶术语应注意的事项

在茶叶审评过程中，要在不观看茶样只观看品质记录表就明确、清晰把握该茶样的品质特征、所属茶类、品类、优缺点及等级，术语的运用非常重要。

1. 规范用语

通用术语只能使用现有执行的各茶类的国家标准、行业标准、地方标准及《茶叶感官审评术语》（GB/T 14487—2017）内的术语，这些标准是全国茶叶审评人员使用术语的共同依据，是统一的技术指标，超出范围的术语不具备通用性，也不利于其他审评人员对审评结果的理解和判断。

2. 合理用语

专用术语以各茶类专用术语为基础，结合通用术语进行使用。专用术语是体现该审评茶样所属品类的重要依据，如果全部使用通用术语，很难清晰体现该审评茶样所属的具体品类，所以在术语的运用上重点使用专用术语。

3. 正确用语

不同等级的茶其评茶术语运用不同，术语的运用要符合等级判定。等级为一级或二级的茶样使用特级茶的术语，特级的茶样使用一级或二级茶的术语，都不符合审评的要求。此外，在审评过程中，每项因子的级别都会有差距，如在实际的审评过程中很多茶样外形等级是一级，香气和滋味等级是特级，这个时候正确用语很关键。术语运用的准则以现有执行的地方标准→行业标准→国家标准→《茶叶感官审评术语》（GB/T 14487—2017）的使用顺序为依据，进行综合运用。

 思考与练习

一、名词解释（请依据审评术语国家标准解释以下名词）

烧心、铁饼、斧头形、毛衣、白底绿面、白心尾、叶背转、尖梭、白龙筋、黄头、兰花形、凤羽形、三节色、金镶玉、半筒黄、枯燥、粟香、高锐、辛味、陈味、浊、涩

二、名词辨析（请依据审评术语国标解释以下名词，指出其所指特征的异同）

1. 金花香与菌花香
2. 泥鳅边与泥鳅条
3. 起层、落面与脱面
4. 浑浊与混沌
5. 红张与暗张
6. 芽叶连枝与梗叶连枝
7. 失风与失鲜
8. 绸缎面与滑面
9. 起霜、灰与芙蓉色
10. 清黄与黄青
11. 靛青与靛蓝
12. 茸毫密布、茸毫遍布与茸毫披覆
13. 浓、厚与醇
14. 老火与高火
15. 紧秀与挺秀

三、单项选择题

1. 审评室朝向宜坐南朝北，（　　）开窗。
   A. 东向　　　　　B. 西向　　　　　C. 南向　　　　　D. 北向
2. 茶叶审评的评茶盘的规格是（　　）。
   A. 240mm×240mm×30mm　　　　　B. 320mm×320mm×35mm

C. 230mm×230mm×33mm　　　　D. 100mm×100mm×15mm
3. 茶叶审评在尝滋味时，茶汤温度应该掌握在(　　)左右。
A. 40℃　　　B. 45℃　　　C. 50℃　　　D. 55℃
4. 碧螺春的外形是(　　)。
A. 圆条形　　　B. 圆珠形　　　C. 扁片形　　　D. 螺旋形
5. 形状特征为毫心肥壮，汤色浅杏黄的是(　　)。
A. 白茶　　　B. 红茶　　　C. 黄茶　　　D. 绿茶
6. 不同的感觉之间有相互作用，当有两种以上的刺激同时作用于一个受体，强刺激使感觉器官对弱刺激的敏感性下降或消失的效应，称为(　　)。
A. 协同效应　　　B. 颉颃效应　　　C. 掩蔽现象　　　D. 对比现象

四、判断题

1. 审评室应该经常开窗透气，增加审评室内的空气流动，改善审评室的空气质量。(　　)
2. 审评室里，可以使用白炽灯，不会影响审评人员对茶叶汤色的辨别。(　　)
3. 嗅香气时应将杯盖全部打开闻。(　　)
4. 肥嫩指芽头肥壮，叶质柔软厚实。(　　)
5. 汤色审评主要从色度、明暗度、清浊度三个方面评价。(　　)

五、填空题

1. 成品茶审评杯碗呈圆柱形，容量为_____ mL。
2. 多杯不同茶类审评时，建议颗粒型乌龙茶浸泡时间是_____ min，红茶_____ min，绿茶_____ min。
3. 在尝滋味时，每一口茶汤以_____ mL最为适宜。
4. 审评茶叶时，最易感觉甜味的是舌头的_____部位。
5. 茶汤色泽与泡茶用水的_____密切相关。
6. 饼面黄褐带细毫尖是以_____为原料压制成饼之后的色泽，饼面深褐带黄片是以_____为原料压制成饼之后的色泽。
7. 扁平四方形常为_____茶特色造型。
8. 古铜色是指色泽_____，为_____茶叶底色泽。
9. 浓顺是指_____，为_____茶香味特征。
10. 鳝鱼皮色是指_____，为_____茶特有色泽。
11. 红碎茶茶汤加牛奶后，会呈现_____、_____、_____等色泽。
12. 按有茸毛的茶条的比例从高到低可描述为_____、_____、_____。
13. 初制茶(毛茶)审评杯碗：审评杯容量为_____，审评碗容量为_____。精制茶审评杯碗：审评杯容量为_____，审评碗容量为_____。乌龙茶审评杯碗：审评盖碗容量为_____，审评碗容量为_____。
14. 初制茶5项审评因子是_____、_____、_____、_____、_____；精制茶8项审评因子是_____、_____、_____、_____、_____、

_____、_____。

15. 茶叶香气审评需嗅几次,分别称为_____、_____、_____;杯温分别大约为_____、_____、_____。审评滋味,茶汤温度约为_____。

16. 绿茶审评用_____,称茶_____g,冲泡_____min;红茶审评用_____,称茶_____g,冲泡_____min;白茶审评用_____,称茶_____g,冲泡_____min;黄茶审评用_____,称茶_____g,冲泡_____min;黑茶审评用_____,称茶_____g,冲泡_____次,分别_____min;紧压茶审评用_____,称茶_____g,冲泡_____次,分别_____min;花茶审评用_____,称茶_____g,冲泡_____次,分别_____min;乌龙茶审评可用_____,称茶_____g,冲泡_____次,分别_____min;也可用_____,称茶_____g,_____型乌龙茶冲泡_____min,_____型乌龙茶冲泡_____min。

17. 已知茶样为恩施玉露,目前审评结果为:外形83分,香气77分,滋味78分,汤色73分,叶底84分。则该茶总分为_____分,属于_____级茶。

六、简答题

1. 茶叶审评设备主要有哪些?
2. 扦样的目的是什么?注意事项有哪些?
3. 简述杀青的含义。
4. 请写出至少6种闽南乌龙茶的典型代表。
5. 简述茶叶感官审评流程。
6. 绿茶中扁形茶的形状术语有哪些?分别是指什么形状特征?
7. 茶汤出现闷黄味,请分析其工艺缺陷。
8. 审评叶底时,黑色叶底盘与白色搪瓷盘分别如何运用?应注意什么?

七、绘表与论述题

1. 请绘表,说明绿茶、工夫红茶(小种红茶)、乌龙茶、黑茶(散茶)、紧压茶、白茶、黄茶、花茶类审评因子的评分系数(权重)。
2. 请详细描述茶叶审评的基本流程。

项目完成情况及反思

1. _____
2. _____
3. _____
4. _____
5. _____

项目三 绿茶审评

知识目标

1. 理解绿茶发展历史及现状。
2. 掌握绿茶分类及品质构成。

能力目标

1. 能分析绿茶加工工艺与品质特征的关系。
2. 能根据绿茶审评方法及流程进行绿茶审评。
3. 能准确运用绿茶感官审评术语。

素质目标

1. 通过绿茶评审规范操作的训练,养成客观、严谨的茶叶审评工作作风。
2. 通过分析绿茶加工工艺,形成不断学习探索的钻研精神。

数字资源

任务一 认识绿茶

任务指导书

》任务目标

1. 了解绿茶茶类形成与发展、绿茶加工工艺及品质形成等知识。
2. 能进行各类绿茶各项品质特征描述。

》任务实施

1. 利用搜索引擎及相关图书,获取绿茶茶类在不同时期、不同地域的加工、利用、品饮方法及文化价值等相关知识。

2. 实地到各茶区,调查各茶企绿茶茶类生产习惯、加工工艺、使用的设备设施等生产情况,获知绿茶在实际的生产加工中各项品质因子形成的机理及各工艺环节与各项品质的关系。

3. 利用搜索引擎及相关图书,调查绿茶国内外相关资料、行业及地方新旧标准,理解不同标准间的关系及差异、新旧标准间的差异、新标准修订的目的和意义。

4. 实地到各茶区,调查各茶企在绿茶实践审评中各项品质因子的术语运用情况,及其与各项标准间的差异情况,并形成调查报告。

》考核评价

根据调查时的实际表现及调查深度,结合对相关知识的理解程度及调查报告的内容,综合评分。

知识链接

知识点一 绿茶茶类形成与发展

茶类的产生、发展和演变,经历了咀嚼鲜叶、生煮羹饮、晒干收藏、炒青散茶,乃至白茶、黄茶、黑茶、红茶、乌龙茶等多种茶类的过程。绿茶是我国最早创制的茶类,真正意义上的绿茶加工是从公元8世纪发明蒸青绿茶制法开始;唐代开始出现蒸青团茶的制法;到了宋代,蒸青团茶又发展为蒸青散茶;元代时,蒸青散茶制法更为精细;明代逐步形成绿茶炒青制法的精细工艺,沿袭至今。

一、从蒸青团茶到龙凤团茶

三国时期张揖的《广雅》中就有这样的记载:"荆巴间,采茶作饼,叶老者饼成,以米膏出之。若煮茗饮,先炙令赤色,捣末,置瓷器中,以汤浇覆之,用葱、姜、桔(橘)子芼之。其饮醒酒，令人不眠。"可见茶最早进入饮食的方式是加入葱、姜、橘皮等物煮而作茗饮或羹饮，形同煮菜饮汤，用来解渴或佐餐，饮食兼具，不是单纯的饮品。由于用鲜叶直接加工的饼茶仍有较重的青草味，后经反复实践，发明了蒸青制茶法，即将茶的鲜叶蒸后碎制，饼茶穿孔，贯串烘干，去其青气，但苦涩味仍浓。通过洗涤鲜叶，蒸青压榨，去汁制饼，使茶叶苦涩味大大降低。

唐代至宋代期间，贡茶逐渐兴起，朝廷为此专门成立了贡茶院（即制茶厂），组织官员研究制茶技术，从而促使茶叶生产不断改革。唐代蒸青作饼已经逐渐完善，正如茶圣陆羽在《茶经·三之造》中记载："晴，采之。蒸之，捣之，拍之，焙之，穿之，封之，茶之干矣。"即在晴天将茶采摘下来，然后按照完整的蒸青茶饼制作工序进行蒸茶、解块、捣茶、装模、拍压、出模、列茶晾干、穿孔、烘焙、成穿、封茶。经过这样的加工，茶叶去掉了生腥的草味，变得鲜美甘醇。唐代饼茶中间有孔可串穿，饼茶有大有小，大饼茶为一斤至五十两*。宋代制茶技术发展很快，出现了研膏茶、蜡面茶，并逐渐在团饼茶表面有了龙凤之类的纹饰，称为龙凤团茶。宋代《宣和北苑贡茶录》记述："宋太平兴国初，特置龙凤模，遣使即北苑造团茶，以别庶饮，龙凤茶盖始于此。"据宋代赵汝砺《北苑别录》记述，龙凤团茶的加工有六道工序：蒸茶、榨茶、研茶、造茶、过黄、烘茶，即采回鲜叶后，先浸泡于水中，挑选匀整芽叶进行蒸青，蒸后用冷水清洗，然后小榨去水，大榨去茶汁，去汁后置于瓦盆内兑水研细，再入龙凤模压饼、烘干。在龙凤团茶的制作工序中，冷水快冲虽可保持绿色，提高了茶叶质量，但是水浸和榨汁的做法，造成许多茶叶内含成分的损失，极大地影响了茶叶的香气和滋味，且整个加工过程耗时、费工，这些均促成了蒸青散茶制法的产生。

二、从团饼茶到散叶茶

唐代制茶虽以团饼茶为主，但也有其他的茶。陆羽在《茶经·六之饮》中记载："饮有粗茶、散茶、末茶、饼茶者。"说明当时除了饼茶外，还有粗茶、散茶、末茶等非团饼茶，只是饼茶作为贡茶（即宜兴阳羡茶和长兴顾渚茶）最负盛名。将蒸青团茶改为蒸青散茶，这种改变主要出现在宋代，据《宋史·食货志》载"茶有两类，曰片茶，曰散茶"，"片茶"即饼茶。由宋代至元代，饼茶、龙凤团茶和散茶同时并存，到了明代，由于明太祖朱元璋于1391年下诏"罢造龙团，惟（唯）采茶芽以进，其品有四，曰探春、先春、次春、紫笋"，废龙凤团茶兴散茶，使得蒸青散茶大为盛行。元代王祯在《农书·百谷谱》中对制蒸青散茶工序有详细记载："采讫，以甑微蒸，生熟得所。蒸已，用筐箔薄摊，乘湿揉之，入焙，匀布火，烘令干，勿使焦。"即在蒸青团茶的加工中，为了改善茶叶苦味重、香味不正的缺点，采取蒸后不揉不压直接烘干的做法，将蒸青团茶改为蒸青散茶，保持了茶的香味。同时，还出现了对散茶质量的评审方法和品质要求。

散茶的制作消除了团饼茶加工的一个致命弱点，即在团饼茶制作过程中，鲜叶蒸青后要用冷水冲洗冷却，再经历两次压榨，如此必然会榨去茶汁，夺去茶之真味，降低茶叶品质。

---

* 古时十六两为一斤，唐代至清代一斤相当于596.82g。

三、从蒸青到炒青

相比于饼茶和团茶，在蒸青散茶中茶叶的香味得到了更好的保留。然而，使用蒸青方法，茶叶依然存在香味不够浓郁的缺点。于是出现了利用干热挥发茶叶优良香气的炒青技术。炒青绿茶自唐代已始而有之。唐代刘禹锡在《西山兰若试茶歌》中言道"斯须炒成满室香"，又有"自摘至煎俄顷余"之句，说明嫩叶经过炒制而满室生香，并且炒制时间不长，这是至今发现的关于炒青绿茶的最早文字记载。

经唐、宋、元、明代的进一步发展，炒青茶逐渐增多。"炒青"茶名的出现，宋代陆游就曾记述："日铸（浙江绍兴日铸茶）则越茶矣，不团不饼，而曰炒青。"到了明代，炒青制法日趋完善。闻龙的《茶笺》中记述："炒时，须一人从旁扇之，以祛热气，否则色黄，香味俱减，予所亲试。扇者色翠，不扇色黄。炒起出铛时，置大瓷盘中，仍须急扇，令热气稍退。以手重揉之，再散入铛，文火炒干入焙。盖揉则其津上浮，点时香味易出。"其制法大体为高温杀青、揉捻、复炒、烘焙至干，这种工艺已与现代炒青绿茶制法非常相似。

由此可见，从改蒸青团茶为蒸青散茶，保持茶叶原有的香味；再改蒸青散茶为炒青散茶，用锅炒至干热，挥发茶叶的馥郁香味；最后逐渐发展成为现代常见的绿茶制法。这样一个中国古代制茶工艺发展中的最大变革，历经了唐、宋、元、明四代才得以完成。

知识点二　绿茶加工工艺及品质形成

一、绿茶加工流程

鲜叶—摊放—杀青—揉捻—干燥。

1. 摊放

摊放的作用是使叶片组织的细胞脱水，引起蛋白质理化特征的改变，发生酶促作用，使含有青草气的成分转化为芳香物质；糖苷物质水解，香气单体异构化产生新的香气；在水解酶的作用下可溶性糖、氨基酸含量增加，部分多酚类物质氧化，有苦涩味的可溶性多酚类含量下降；加速叶绿素的破坏，形成叶绿酸酯；叶片失水，叶质柔软，有利于下一个工艺流程的进行。

2. 杀青

高温杀青主要是钝化酶的活性，阻止多酚类的氧化，使低沸点带青草气的成分挥发，高沸点花香成分形成。在热的作用下，氨基酸、水化果胶含量增加，呈苦涩味的多酚类总量下降，叶绿素脱镁，部分黄酮类氧化，是形成茶叶品质的关键。

3. 揉捻

揉捻主要是物理作用。在力的作用下，叶片的细胞破碎，细胞液与空气中的氧气接触，促进多酚类物质氧化，并加速水分的蒸发。细胞液浓缩，部分叶绿素脱镁生成脱镁叶绿素。茶汁黏附表面，茶叶内质、耐泡度，以及干茶色泽是否油润、条索是否紧结与这道工艺有很大的关系。

4. 干燥

在热的作用下低沸点的青草气挥发，香气单体聚合脱水异构化产生茶香，氨基酸、糖脱水氧化异构，在热化裂解作用下部分含有苦涩味的酯型儿茶素裂解为简单儿茶素和没食子酸，蛋白质裂解为氨基酸，淀粉裂解为可溶性糖，大部分叶绿素降解，多酚类氧化色素与蛋白质结合留于叶底，形成水溶性的绿黄色的黄酮类等物质。

干燥通常采用晒干、炒干、烘干等方式，不同干燥工艺的绿茶其品质有较大区别。

二、绿茶品质形成

(一)绿茶形状形成

1. 直条形绿茶

在杀青的热作用下，酶的活性被钝化；叶片受热，水分蒸发，叶组织软化。在揉捻的机械力作用下，叶片在反复搓揉、滚动、挤压中皱褶，汁液渗出附于叶表，叶片沿主脉扭结成松条形，进而滚转扭卷成紧条形，经干燥形态得以固定。

形状的形成受温度、机械作用力和时间的控制等多种因素影响。绿茶加工各工序时间过长易造成绿茶色泽变黄。综合考虑绿茶形状和色泽要求，杀青需适度且均匀，避免热作用过度；揉捻按"轻—重—轻"的加压方式，避免叶片叠合成扁条或裂为碎片；干燥环节采用短时高温。

影响外形的主要因素是茶树品种、鲜叶质量，叶片大小、厚薄、形状、叶质、嫩度等物理性能相近，则外形匀度较为一致。干茶条索紧结，表明茶树品种纯度高、嫩度好；干茶条索粗松，表明嫩度差；干茶条索松紧不匀，表明品种混杂，老嫩不匀。

2. 卷圆形绿茶

卷圆形绿茶在揉捻成条的基础上，经小锅炒成弯卷条，再转入对锅，使茶坯在弧形炒板的推力和锅面的挤压力作用下，逐渐卷曲形成分散颗粒(圆坯)，而后转入大锅炒干而形成圆结外形、色绿起霜的干茶品质。叶形近圆、叶片软厚的鲜叶适宜制成卷圆形茶。

(二)绿茶外形色泽形成

绿茶以绿为基本色，其呈色成分主要是叶绿素及其降解色素物质。经高温杀青，大量酶失活，防止多酚类物质氧化红变，把绿色的叶绿素固定下来。茶叶色泽偏绿褐、黄褐色是由于在绿茶加工过程中，杀青、炒二青、炒三青的热作用，揉捻摩擦产生的热作用，以及干燥的热作用所致，一部分叶绿素 a(蓝绿色)、叶绿素 b(黄绿色)转化为脱镁叶绿素 a(绿褐色)、脱镁叶绿素 b(黄褐色)。干茶绿色色泽的深浅不同是由于各种色素含量及比例存在差异。一般在同样的工艺条件下，色泽为嫩绿或翠绿的绿茶，嫩度好；色泽为绿、黄绿、绿黄等的绿茶，嫩度偏低。研究表明，绿茶干茶色泽与叶绿素的转化存在一定联系，茶叶色泽明显褐变时叶绿素的转化率约为 70%。适宜绿茶的茶树品种，要求叶色绿、深绿。绿茶外形色泽要求绿润，与茶叶等级有直接关系。干茶色泽偏黄褐可能是由于鲜叶呈紫色或黄绿。

(三)绿茶内质形成

绿茶为不发酵茶，有炒青、烘青、晒青、蒸青及半烘炒等多种绿茶。鲜叶中内含物质经过高温杀青，钝化酶促作用，基本固定下来。绿茶保持了鲜叶"绿"的特征是因为多酚类物质未发生酶促氧化。绿茶色、香、味的形成是热化学作用下的内含成分发生转化的构色、构香、构味的过程。

1. 汤色

绿茶汤色黄绿明亮，品质优异的绿茶汤色嫩绿，一般绿茶或大叶种绿茶汤色偏黄。茶汤的呈色成分主要是黄酮类物质及其氧化产物、儿茶素类物质的氧化产物及其他水溶性色素。黄酮类物质色黄，易溶于水，在绿茶中已发现有21种，含量占茶叶干重的1%~2%，是茶汤呈黄绿色的主要色素。在湿热作用下黄酮类物质氧化转为橙黄或棕黄色。在绿茶茶汤中，还发现含有微量的叶绿素悬浮颗粒，部分色绿且反光，不溶于水，不能形成呈色的主体。绿茶茶汤呈不同程度的黄或橙黄色是由于加工时，热作用过度，黄酮类物质氧化，儿茶素类物质部分氧化，生成橙黄、棕红的水溶性色素进入茶汤后形成的。绿茶初制中，儿茶素与茶氨酸、葡萄糖等物质在热的作用下形成黄色物质，也参与汤色的组成。

2. 叶底色泽

绿茶的叶底色泽以嫩绿、黄绿为好，青绿、暗绿、黄暗为次，最忌红梗红叶。绿茶叶底色泽是多种色素物质的综合表现，其中呈色主体是脂溶性的叶绿素及其变化产物，类胡萝卜素等也参与色泽构成。茶叶叶底黄绿，是由于绿茶初制中未转化的叶绿素构成主色，叶绿素水解和脱镁，减少了30%~50%；绿褐色的脱镁叶绿素a和黄褐色的脱镁叶绿素b，也是叶底色泽的构成成分。类胡萝卜素色黄，在茶叶中已发现有18种左右，在绿茶初制中减少约36%。类胡萝卜素和叶绿素共存在叶绿体中，因不溶于水，是叶底色泽的构成成分。儿茶素、黄酮类的氧化物在绿茶初制中与蛋白质结合的沉积物，也参与叶底色泽的构成。正常工艺条件下该沉积物的量很少，若工艺不当，形成明显增加，将对叶底色泽、汤色造成不良影响。

3. 香气

绿茶香气一般为清香鲜爽或具板栗香、嫩芽香等。不同绿茶由于加工技术和鲜叶原料不同，形成各自的香气特点。绿茶的芳香成分已知的有数百种，成品茶芳香物质含量虽比鲜叶少，但种类数量远比鲜叶多。茶叶中的芳香物质主要有：醇类、含氮化合物、酮类、碳氢化合物、酯类、醛类等。绿茶香气主要由以下两个过程综合形成：一是一般具有青草气味，是由鲜叶中的低沸点(200℃以下)芳香成分在制茶中受热挥发散失或转化而成；一般都具有花香或果香，是由高沸点(200℃以上)的芳香物质显露的。二是绿茶香气形成是由于形成了部分新的芳香物质，其中包括一些前体物质如氨基酸、糖、果胶、胡萝卜素、萜烯醇等的热化学反应产物。

绿茶初制的杀青、干燥都是高温作业，保留下来的香气成分，主要是高沸点成分，如沉香醇、香叶醇、苯甲醇、苯乙醇、橙花叔醇等。鲜叶中原有的低沸点芳香成分在绿茶中已大大减少。绿茶加工过程产生很多新的香气成分，这些成分是鲜叶中没有的。其中鲜爽型茶香是由于鲜叶含有大量青草气成分(如青叶醇、反式-2-己烯醛等)，其在制茶中除挥发或转化外，部分仍存在绿茶中，与其他芳香成分如二甲基硫等相协调，形成新的茶香。

4. 滋味

绿茶的呈味成分，由鲜叶原有物质适度转化而来。构成绿茶滋味的物质有苦涩、收敛性的多酚类，鲜味的氨基酸，甜味的可溶性糖，苦味的咖啡因，甘厚的水溶性果胶，以及微量酸味物质如维生素 C 等。

绿茶滋味的形成，不是由某种成分含量或某一工序决定，而是随着工艺过程的进展，主要呈味成分的含量及其比例不断变化，直至恰到好处的结果。研究表明，绿茶初制过程中，氨基酸、可溶性糖、水溶性果胶含量不断增加，而多酚类中的儿茶素、黄酮类因氧化而含量减少，咖啡因含量也有所下降，导致多酚类与氨基酸的含量比值逐步减小。不同味感的各种成分彼此协调，形成绿茶的滋味。绿茶滋味要求浓醇鲜爽，鲜醇是绿茶滋味的主要特征，特别是醇度。一般来说，"醇"是由于氨基酸与茶多酚含量及比例协调，氨基酸中的谷氨酸、茶氨酸等则是"鲜"的主体。鲜叶的嫩度较好，在正常的工艺下，就能形成良好的滋味品质。

知识点三　绿茶品质特征描述

各茶类中，绿茶的品名、花色丰富，对色、香、味、形也最为讲究，反映品质的独特性状是：外形色绿，汤色绿，叶底绿，香清高，味浓醇。因制法不同，特点有所不同，主要从外形、内质两个方面进行描述。

一、外形品质描述

外形品质的描述应包括形状、嫩度、色泽、匀整度和净度。

条形茶如长炒青（毛茶一级）的外形描述为：条索紧细显锋苗，色泽绿润，匀整，稍有嫩梗。珍眉特珍（特级）描述为：条索细嫩显锋苗，色泽光润起霜，匀整洁净。其中，"紧细"表示细长完整有锋苗，"细嫩"表示细紧显毫，"锋苗"指芽叶嫩、紧卷有尖锋，3 个评语均包含形状和嫩度好的双重含义。形状方面，毛茶要求条形圆、紧、直，所以"圆浑""圆直"多用来描述毛茶，而"紧直""紧结""紧实"既可描述精茶，也用来描述毛茶。嫩度与形状有关联性，一般从形状描述中可判断嫩度高低，如显毫、细嫩、细紧、紧秀、显锋苗等。色泽的描述用"深绿""绿""黄绿""光润""起霜"等评语。"起霜"指表面带银灰色，有光泽，只用于描述精制茶，不可用于毛茶。"润""光润"则可兼用。

烘青绿茶的外形描述与炒青相似，条索长直完整是主要特点。例如，普通烘青（一级）的描述为：条索细紧显锋苗，色泽绿润，匀整，稍有嫩梗；素坯烘青（一级）的描述为：条索细紧匀直显锋苗，色泽绿润，匀整洁净。

条形绿茶形状优次评语大致顺序是：细嫩→细紧→紧秀→紧结→紧实→粗实。"紧秀"表示紧细秀长显锋苗，含义与"细紧"相似。在中、大叶品种中，用"肥硕""肥壮"表示条形紧结硕壮显锋苗，如滇（晒）青绿茶外形描述为：条索肥壮多毫，色泽深绿。"肥壮"在大叶绿茶描述中也较为常用。

圆炒青绿茶的形状描述有一套专用术语。外形描述如圆炒青（毛茶一级）：颗粒细圆重实，深绿光润。珠茶（一级）：颗粒圆紧重实，绿润起霜。其中"细圆"表示颗粒细小圆紧，嫩度好，身骨重实；"圆紧"表示颗粒圆而紧结；前组描述中，"细圆"后加"重实"，起加重语气的作用，但按术语的含义，不加也可。有关色泽描述与条形茶相同。形状优次，"细圆"优于"圆紧、圆结"，又优于"圆实"，"圆实"表示颗粒稍大，身骨较重实。色泽优次评语大致顺序是：绿润（起霜）→绿尚润→绿→黄绿→绿黄。

二、内在品质描述

1. 香气描述

包括香气高低和持久性。高级茶香型鲜嫩或清高，如长炒青（一级）香气鲜嫩高爽，特珍（特级）鲜嫩清高。"鲜嫩"表示嫩香新鲜悦鼻，是嫩茶特有的香气；"清高"指清香高爽持久。"清高"含有"浓"和"清爽"之意，以"浓"为主用"香高"或"高香"；以"清"为主用"清香"。如烘青（一级）具有鲜嫩清香；素坯烘青一级为嫩香，二级为清香。晒青茶中，优质的滇青属清香型。"栗香"是高香中的一种香型表征，似熟栗香，多见于炒青绿茶。香气等级评语，由"高""尚高"降到"纯正"。"纯正"表示纯净正常，香气不高不低。茶香较低、无异气的为"平正"。

2. 汤色描述

应指明色调和清亮度。绿茶汤色（呈色成分为黄酮类）基本色调为黄绿。描述汤色优次，应一并表达色泽深浅和亮度，如描述眉茶汤色由好到差的等级顺序为：嫩绿明亮→绿明亮→黄绿明亮→黄绿尚明亮→绿黄→黄稍暗。其中"嫩绿"表示浅绿微黄，为嫩茶特有的汤色；"绿"表示纯绿微黄；描述色调鲜艳的用"绿艳"。此外，用"清绿"描述色调和清澈度好，如炒青、烘青毛茶。较为低次的汤色为"绿黄"或"黄"。要注意区分"明亮"和"清澈"两术语的运用，"明亮"指色泽亮度，与"暗"相对；"清澈"指清净透明，与"浑浊"相对。

3. 滋味描述

主要对味型、浓淡、鲜爽度进行评价。绿茶滋味有鲜、爽、浓、醇等。"鲜"理解为新鲜含香，"爽"指回味不苦不涩，"浓"表示浓厚及收敛性，"醇"指味厚而口感爽适，组合构成"鲜浓""鲜醇""浓厚""浓醇""醇厚""鲜爽"等评语。鲜浓是高级炒青的滋味特征，如眉茶滋味的等级描述顺序为：鲜爽浓醇→鲜浓爽口→浓厚→浓醇→醇正→醇和→平和→稍粗淡。而高级烘青滋味特征为鲜醇，如烘青等级描述顺序为：鲜醇→浓醇→醇正→醇和→平和。浓厚的收敛性大于浓醇，且大于醇厚，其优次决定于浓度大小。如大叶种茶，浓度过大突出涩味，反以带醇为好。"醇和"指味醇欠浓，属中等质量；"平和"次之。此外，"回甘"是判断后味的评语，在有回甘的情况下，与味感评语连用（如浓醇回甘），无回甘则不描述。

4. 叶底描述

包括叶质嫩匀度、色泽匀亮度。嫩匀度用"细嫩""柔软""肥厚""嫩匀""匀整"等评语表达；色泽及匀亮度用"嫩绿""黄绿""绿黄""匀""明亮"等评语表达。如眉茶特珍（一级）叶底描述为：嫩匀、嫩绿明亮。珍眉（一级）描述为：尚嫩匀，黄绿明亮。珍眉（四级）描述为：稍粗、绿黄。叶底等级与外形、香味、汤色有关联性，描述时应互相参证。

三、绿茶不同茶类各等级感官品质要求

1. 不同形状绿茶各等级感官品质要求

参照宁波市地方标准《名优绿茶 第五部分：商品茶》（DB3302/T 001.5—2006），不同形状绿茶各等级感官品质要求见表3-1至表3-6所列。

表3-1 扁形茶感官品质要求

项目		精品	特级	一级	普级
外形	条索	扁平光滑、挺直尖削	扁平光滑、挺直尖削	扁平较光滑	扁平稍狭、略带阔条
	整碎	匀齐	匀齐	尚匀齐	尚匀称
	净度	匀净	匀净	洁净	尚洁净
	色泽	嫩绿匀润	翠绿匀润	绿尚翠	尚绿润
内质	香气	鲜嫩清高持久	鲜嫩清高	清香	纯
	汤色	嫩绿明亮	嫩绿明亮	绿尚明	尚黄绿
	滋味	甘醇鲜爽	甘醇鲜爽	鲜爽	尚醇
	叶底	细嫩多芽嫩绿明亮	细嫩成朵嫩绿明亮	成朵匀齐绿明亮	尚成朵有青张

表3-2 针形茶感官品质要求

项目		早芽精品	晚芽精品	特级	一级	普级
外形	条索	紧挺似笋浑圆	挺直似针细紧	紧直挺秀似针	紧直略扁	直略扁
	整碎	匀整	匀整	匀净	匀齐	略碎
	净度	匀净	匀净	匀净	尚匀净	欠匀净
	色泽	嫩绿有毫	翠绿有毫	嫩绿尚翠	绿润	绿尚润
内质	香气	嫩香高持久	嫩香高持久	高香尚嫩持久	高	纯正
	汤色	嫩绿明亮	嫩绿明亮	嫩绿明亮	绿明亮	绿明亮
	滋味	鲜醇爽口回甘	鲜醇爽口回甘	鲜醇爽口	醇	醇正
	叶底	全芽如雀舌	全芽	多芽嫩绿	芽叶完整明亮	绿明亮

表3-3 多毫条形茶感官品质要求

项目		精品	特级	一级	普级
外形	条索	肥嫩全芽披毫	肥嫩紧直披毫	条直有毫	稍匀曲
	整碎	匀整	匀整	尚匀齐	欠匀齐
	净度	匀净	匀净	尚匀净	欠匀净
	色泽	嫩绿润	嫩绿润	绿润	绿尚润

（续）

项目		精品	特级	一级	普级
内质	香气	清香鲜爽	清香鲜爽	清香	鲜纯
	汤色	嫩绿明亮	嫩绿明亮	绿明亮	绿明亮
	滋味	鲜醇爽口	鲜醇爽口	鲜醇	醇
	叶底	全芽肥嫩明亮	肥嫩成朵嫩绿明亮	绿匀明亮	匀明亮

表 3-4　少毫条形茶感官品质要求

项目		精品	特级	一级	普级
外形	条索	细嫩、紧直	紧直	紧结	条直、稍松
	整碎	匀整	匀整	尚匀齐	尚匀齐
	净度	匀净	匀净	尚匀净	尚匀净
	色泽	嫩绿	嫩绿	绿润	绿润
内质	香气	嫩香鲜爽	清香鲜爽	清香	清香
	汤色	嫩绿明亮	嫩绿明亮	尚嫩绿明亮	绿明亮
	滋味	嫩鲜醇回甘	鲜醇回甘	鲜醇爽口	鲜醇
	叶底	全芽嫩绿明亮	细嫩成朵嫩绿明亮	芽叶完整嫩绿明亮	尚嫩匀明亮

表 3-5　蟠曲茶感官品质要求

项目		精品	特级	一级	普级
外形	条索	肥壮蟠曲披毫	紧结蟠曲多毫	条紧蟠曲	稍紧蟠曲
	整碎	匀整	匀整	尚匀整	尚匀整
	净度	匀净	匀净	尚匀净	尚匀净
	色泽	绿润	绿翠	尚绿翠	尚绿翠
内质	香气	高香持久	香高尚持久	香尚高	香尚高
	汤色	绿明	绿明	明亮	明亮
	滋味	鲜醇爽口	鲜醇	浓醇	浓醇
	叶底	肥嫩成朵嫩绿明亮	芽叶完整嫩绿明亮	绿、明亮	绿、明亮

表 3-6　卷曲茶感官品质要求

项目		精品	特级	一级	普级
外形	条索	紧秀卷曲披毫	紧秀卷曲多毫	条紧卷曲	卷曲稍松
	整碎	匀整	匀整	尚匀整	尚匀整
	净度	匀净	匀净	尚匀净	尚匀净
	色泽	绿润	绿翠	尚绿翠	尚绿翠

(续)

项目		精品	特级	一级	普级
内质	香气	花香持久	香高较持久	香较高	香较高
	汤色	绿明	绿明	明亮	明亮
	滋味	鲜醇爽口回甘	鲜醇爽口	浓醇	浓醇
	叶底	细嫩成朵嫩绿明亮	芽叶完整嫩绿明亮	绿、明亮	绿、明亮

2. 不同工艺大叶种绿茶各等级感官品质要求

参照国家标准《绿茶 第二部分：大叶种绿茶》(GB/T 14456.2—2018)，不同工艺大叶种绿茶各等级感官品质要求见表3-7至表3-10所列。

表3-7 蒸青绿茶感官品质要求

级别	外形				内质			
	条索	整碎	净度	色泽	香气	滋味	汤色	叶底
特级(针形)	紧细重实	匀整	净	乌绿油润，白毫显露朴	清高持久	浓醇鲜爽	绿明亮	肥嫩绿明亮
特级(条形)	紧结重实	匀整	净	灰绿润	清高持久	浓醇爽	绿明亮	肥嫩绿亮
一级	紧结尚重实	匀整	有嫩茎	灰绿润	清香	浓醇	黄绿亮	嫩匀黄绿亮
二级	尚紧结	尚匀	有茎梗	灰绿尚润	纯正	浓尚醇	黄绿	尚嫩黄绿
三级	粗实	欠匀整	有梗朴	灰绿稍花	平正	浓欠醇	绿黄	叶张尚厚实，黄绿稍暗

表3-8 炒青绿茶感官品质要求

级别	外形				内质			
	条索	整碎	净度	色泽	香气	滋味	汤色	叶底
特级	肥嫩紧结重实显锋苗	匀整平伏	净	灰绿光润	清高持久	浓厚鲜爽	黄绿明亮	肥嫩匀、黄绿明亮
一级	紧结有锋苗	匀整	稍有嫩梗	灰绿润	清高	浓醇	黄绿亮	肥软黄绿亮
二级	尚紧结	尚匀整	有嫩梗卷片	黄绿	纯正	浓尚醇	黄绿尚亮	厚实尚匀、黄绿尚亮
三级	粗实	欠匀整	有梗朴	灰绿稍杂	平正	浓稍粗涩	绿黄	欠匀绿黄

表3-9 烘青绿茶感官品质要求

级别	外形				内质			
	条索	整碎	净度	色泽	香气	滋味	汤色	叶底
特级	肥嫩紧实有锋苗	匀整	净	青绿润，白毫显露	嫩香浓郁	浓厚鲜爽	黄绿明亮	肥嫩匀、黄绿明亮

(续)

级别	外形				内质			
	条索	整碎	净度	色泽	香气	滋味	汤色	叶底
一级	肥壮紧实	匀整	有嫩茎	青绿尚润，有白毫	嫩浓	浓厚	黄绿尚亮	肥厚黄绿尚亮
二级	尚肥壮	尚匀整	有茎梗	青绿	纯正	浓醇	黄绿	尚嫩匀黄绿
三级	粗实	欠匀整	有梗片	绿黄稍花	平正	尚浓稍粗	绿黄	欠匀绿黄

表 3-10　晒青绿茶感官品质要求

级别	外形				内质			
	条索	整碎	净度	色泽	香气	滋味	汤色	叶底
特级	肥嫩紧结显锋苗	匀整	净	深绿润，白毫显露	清香浓长	浓醇回甘	黄绿明亮	肥嫩多芽、绿黄明亮
一级	肥嫩紧实有锋苗	匀整	稍有嫩茎	深绿润，有白毫	清香	浓醇	黄绿亮	柔嫩有芽、绿黄亮
二级	肥大紧实	匀整	有嫩茎	深绿尚润	清纯	醇和	黄绿尚亮	尚柔嫩、绿黄尚亮
三级	壮实	尚匀整	稍有梗片	深绿带褐	纯正	平和	绿黄	尚软绿黄
四级	粗实	尚匀整	有梗朴片	绿黄带褐	稍粗	稍粗淡	绿黄稍暗	稍粗黄稍褐
五级	粗松	欠匀整	梗朴片较多	带褐枯	粗	粗淡	黄暗	粗老黄褐

3. 不同形状中小叶种绿茶各等级感官品质要求

参照国家标准《绿茶 第三部分：中小叶种绿茶》（GB/T 14456.3—2016），不同形状中小叶种绿茶各等级感官品质要求见表 3-11 至表 3-14 所列。

表 3-11　长炒青绿茶感官品质要求

级别	外形				内质			
	条索	整碎	色泽	净度	香气	滋味	汤色	叶底
特级	紧细显锋苗	匀整	绿润	稍有嫩茎	鲜嫩高爽	鲜醇	清绿明亮	柔嫩匀整、嫩绿明亮
一级	紧结有锋苗	匀整	绿尚润	有嫩茎	清高	浓醇	绿明亮	绿嫩明亮
二级	紧实	尚匀整	绿	稍有梗片	清香	醇和	黄绿明亮	尚嫩、黄绿明亮
三级	尚紧实	尚匀整	黄绿	有片梗	纯正	平和	黄绿尚明亮	稍有摊张、黄绿尚明亮
四级	粗实	欠匀整	绿黄	有梗朴片	稍有粗气	稍粗淡	黄绿	有摊张、绿黄
五级	粗松	欠匀整	绿黄带枯	有黄朴梗片	有粗气	粗淡	绿黄稍暗	粗老、绿黄稍暗

表 3-12 圆炒青绿茶感官品质要求

级别	外形				内质			
	颗粒	整碎	色泽	净度	香气	滋味	汤色	叶底
特级	细圆重实	匀整	深绿光润	净	香高持久	浓厚	清绿明亮	芽叶较完整、绿明亮
一级	圆结	匀整	绿润	稍有嫩茎	高	浓醇	黄绿明亮	芽叶尚完整、黄绿明亮
二级	圆紧	匀称	尚绿润	稍有黄头	纯正	醇和	黄绿尚明亮	尚嫩尚匀、黄绿尚明亮
三级	圆实	匀称	黄绿	有黄头	平正	平和	黄绿	有单张、黄绿尚明亮
四级	粗圆	尚匀	绿黄	有黄头扁块	稍低	稍粗淡	绿黄	单张较多、绿黄
五级	粗扁	尚匀	绿黄稍枯	有朴块	有粗气	粗淡	黄稍暗	粗老、绿黄稍暗

表 3-13 扁炒青绿茶感官品质要求

级别	外形				内质			
	条索	整碎	色泽	净度	香气	滋味	汤色	叶底
特级	扁平挺直光削	匀整	绿润	洁净	鲜嫩高爽	鲜醇	清绿明亮	柔嫩匀整、嫩绿明亮
一级	扁平挺直	匀整	黄绿润	洁净	清高	浓醇	绿明亮	嫩匀、绿明亮
二级	扁平尚直	尚匀整	绿尚润	净	清香	醇和	黄绿明亮	尚嫩、黄绿明亮
三级	尚扁直	尚匀整	黄绿	稍有朴片	纯正	醇正	黄绿尚明	稍有摊张、黄绿尚明
四级	尚扁稍阔大	匀	绿黄	有朴片	稍有粗气	平和	黄绿	有摊张、绿黄
五级	尚扁稍粗松	欠匀整	绿黄稍枯	有黄朴片	有粗气	稍粗淡	绿黄稍暗	稍粗老、绿黄稍暗

表 3-14 烘青绿茶感官品质要求

级别	外形				内质			
	条索	匀整	色泽	净度	香气	滋味	汤色	叶底
特级	细紧显锋苗	匀整	绿润	稍有嫩茎	鲜嫩清香	鲜醇	清绿明亮	柔软匀整、嫩绿明亮
一级	细紧有锋苗	匀整	尚绿润	有嫩茎	清香	浓醇	黄绿明亮	尚嫩匀、黄绿明亮

（续）

级别	外形				内质			
	条索	匀整	色泽	净度	香气	滋味	汤色	叶底
二级	紧实	尚匀整	黄绿	有茎梗	纯正	醇和	黄绿尚明亮	尚嫩、黄绿尚明亮
三级	粗实	尚匀整	黄绿	稍有朴片	稍低	平和	黄绿	有单张、黄绿
四级	稍粗松	欠匀整	绿黄	有梗朴片	稍粗	稍粗淡	绿黄	单张稍多、绿黄稍暗
五级	粗松	欠匀整	黄稍枯	多梗朴片	粗	粗淡	黄稍暗	较粗老、黄稍暗

4. 大宗绿茶各等级感官品质要求

珠茶：以圆炒青绿茶为原料，经筛分、风选、整形、拣剔、拼配等精制工序制成的，符合一定规格的成品茶。

参照国家标准《绿茶 第四部分：珠茶》（GB/T 14456.4—2016），不同等级珠茶感官品质要求见表 3-15 所列。

表 3-15 各等级珠茶感官品质要求

级别	外形				内质			
	颗粒	整碎	色泽	净度	香气	滋味	汤色	叶底
特级（3505）	圆结重实	匀整	乌绿润起霜	洁净	浓纯	浓厚	黄绿明亮	嫩匀、嫩绿明亮
一级（9372）	尚圆结重实	尚匀整	乌绿尚润	尚洁净	浓纯	醇厚	黄绿尚明亮	嫩尚匀、黄绿明
二级（9373）	圆整	匀称	尚乌绿润	稍有黄头	纯正	醇和	黄绿尚明	尚嫩匀、黄绿明
三级（9374）	尚圆整	尚匀称	乌绿带黄	露黄头有嫩茎	尚纯正	尚醇和	黄绿	黄绿尚匀
四级（9375）	粗圆	欠匀	黄乌尚匀	稍有黄扁块、有茎梗	平和	略带粗味	黄尚明	黄尚匀

5. 不同类型眉茶各等级感官品质要求

眉茶：以长炒青绿茶为原料，经筛分、切扎、风选、拣剔、车色、拼配等精制工序制成的，符合一定规格的成品茶。根据加工和出口需求，眉茶分为珍眉、雨茶、秀眉和贡熙。

参照国家标准《绿茶 第四部分：眉茶》（GB/T 14456.5—2016），不同类型眉茶各等级感官品质要求见表 3-16 至表 3-19 所列。

表 3-16 珍眉各等级的感官品质要求

级别	外形				内质			
	条索	整碎	色泽	净度	香气	滋味	汤色	叶底
特珍特级（41022）	细紧显锋苗	匀整	绿润起霜	洁净	高香持久	鲜浓醇厚	绿明亮	含芽、嫩绿明亮
特珍一级（9371）	细紧有锋苗	匀整	绿润起霜	净	高香	鲜浓醇	绿明亮	嫩匀、嫩绿明亮
特珍二级（9370）	紧结	尚匀整	绿润	尚净	较高	浓厚	黄绿明亮	嫩匀、绿明亮
珍眉一级（9369）	紧实	尚匀整	绿尚润	尚净	尚高	浓醇	黄绿尚明亮	尚嫩匀、黄绿明亮
珍眉二级（9368）	尚紧实	尚匀	黄绿尚润	稍有嫩茎	纯正	醇和	黄绿	尚匀软、黄绿
珍眉三级（9367）	粗实	尚匀	绿黄	带细梗	平正	平和	绿黄	尚软、绿黄
珍眉四级（9366）	稍粗松	欠匀	黄	带梗朴	稍粗	稍粗淡	黄稍暗	稍粗、绿黄

表 3-17 雨茶各等级的感官品质要求

级别	外形				内质			
	条索	整碎	色泽	净度	香气	滋味	汤色	叶底
雨茶一级（8147）	细短紧结带蝌蚪形	匀称	绿润	稍有茎梗	高纯	浓厚	黄绿明亮	嫩匀、黄绿明亮
雨茶二级（8167）	短盾稍松	尚匀	绿黄	筋条茎梗显露	平正	平和	绿黄稍暗	叶质尚软、尚匀绿黄

表 3-18 秀眉各等级的感官品质要求

级别	外形				内质			
	条索	整碎	色泽	净度	香气	滋味	汤色	叶底
秀眉特级（8117）	嫩茎细条	匀称	黄绿	带细梗	尚高	浓尚醇	黄绿尚明亮	尚嫩匀、黄绿明亮
秀眉一级（9400）	筋条带片	尚匀	绿黄	有细梗	纯正	浓带涩	黄绿	尚软尚匀、绿黄
秀眉二级（9376）	片形带条	尚匀	黄	稍带轻片	稍粗	略粗涩	黄	稍粗、绿黄
秀眉三级（9380）	片形	尚匀	黄稍枯	有轻片	粗	粗带涩	黄稍暗	较粗、黄暗

表 3-19 贡熙各等级的感官品质要求

级别	外形				内质			
	条索	整碎	色泽	净度	香气	滋味	汤色	叶底
特贡一级（9277）	圆结重实	匀整	绿润	净	高	浓爽	绿亮	嫩匀、明亮
特贡二级（9377）	圆结	尚匀整	绿尚润	稍有黄头	尚高	醇厚	黄绿明亮	尚嫩匀、黄绿明亮

(续)

级别	外形				内质			
	条索	整碎	色泽	净度	香气	滋味	汤色	叶底
贡熙一级(9389)	圆实	匀称	黄绿	有黄头	纯正	醇和	黄绿	尚嫩尚匀、黄绿尚明亮
贡熙二级(9417)	尚圆实	尚匀称	绿黄	黄头显露	平正	平和	黄	叶质尚软、绿黄
贡熙三级(9500)	尚圆略扁	尚匀	黄稍枯	有朴片	有粗气	粗带涩	稍黄暗	稍粗老、黄稍暗

6. 部分名优绿茶各等级感官品质要求

参照国家标准《地理标志产品 龙井茶》(GB/T 18650—2008)，各级龙井茶的感官品质要求见表3-20所列。

参照国家标准《地理标志产品 洞庭(山)碧螺茶》(GB/T 18957—2008)，各级洞庭(山)碧螺春茶感官品质要求见表3-21所列。

参照国家标准《地理标志产品 雨花茶》(GB/T 20605—2006)，各级南京雨花茶的感官品质要求见表3-22所列。

参考湖北省地方标准《地理标志产品 恩施玉露》(DB42/T 351—2010)，各级恩施玉露的感官品质要求见表3-23所列。

参照国家标准《地理标志产品 安吉白茶》(GB/T 20354—2006)，各级安吉白茶的感官品质要求见表3-24所列。

表3-20 各级龙井茶的感官品质要求

项目	外形	香气	滋味	汤色	叶底		其他要求
特级	扁平光润、挺直尖削，嫩绿鲜润，匀整重实，匀净	清香持久	鲜醇甘爽	嫩绿明亮、清澈	芽叶细嫩成朵，匀齐，嫩绿明亮	无霉变，无劣变，无污染，无异味	产品洁净，不得着色，不得夹杂非茶类物质，不含任何添加剂
一级	扁平光滑、尚润、挺直，嫩绿尚鲜润，匀整有锋，洁净	清香尚持久	鲜醇爽口	嫩绿明亮	细嫩成朵，嫩绿明亮		
二级	扁平挺直、尚光滑，绿润，匀整，尚洁净	清香	尚鲜	嫩明亮	尚细嫩成朵，绿明亮		
三级	扁平、尚光滑、尚挺直，尚绿润尚匀整，尚洁净	尚清香	尚醇	尚绿明亮	尚成朵，有嫩单片，浅绿尚明亮		
四级	扁平、稍有宽扁条，绿稍深，尚匀，稍有青黄片	纯正	尚醇	黄绿明亮	尚嫩匀稍有青张，尚绿明		
五级	尚扁平、有宽扁条，深绿较暗，尚整，有青壳碎片	平和	尚醇正	黄绿	尚嫩欠匀，稍有青张，绿稍深		

表 3-21　各级洞庭(山)碧螺春茶感官品质要求

级别	外形				内质			
	条索	色泽	整碎	净度	香气	滋味	汤色	叶底
特级一等	纤细、卷曲呈螺、满身披毫	银绿隐翠鲜润	匀整	洁净	嫩香清鲜	清鲜甘醇	嫩绿鲜亮	幼嫩多芽、嫩绿鲜活
特级二等	较纤细、卷曲呈螺、满身披毫	银绿隐翠较鲜润	匀整	洁净	嫩香清鲜	清鲜甘醇	嫩绿鲜亮	幼嫩多芽、嫩绿鲜活
一级	尚纤细、卷曲呈螺、白毫披覆	银绿隐翠	匀整	匀净	嫩爽清香	鲜醇	绿明亮	嫩、绿明亮
二级	紧细、卷曲呈螺、白毫显露	绿润	匀尚整	匀尚净	清香	鲜醇	绿尚明亮	嫩、略含单张、绿明亮
三级	尚紧细、尚卷曲呈螺、尚显白毫	尚绿润	尚匀整	尚净、有单张	纯正	醇厚	绿尚明亮	尚嫩、含单张、绿尚亮

表 3-22　各级南京雨花茶的感官品质要求

级别	外形				内质			
	条索	色泽	匀整度	净度	香气	汤色	滋味	叶底
特级一等	形似松针、富细圆直、锋苗挺秀、白毫略展	绿润	匀整	洁净	清香高长	嫩绿明亮	鲜醇爽口	嫩绿明亮
特级二等	形似松针、紧细圆直、白毫略显	绿润	匀整	洁净	清香	嫩绿明亮	鲜醇	嫩绿明亮
一级	形似松针、紧直，略含扁条	绿尚润	尚匀整	洁净	尚清香	绿明亮	醇尚鲜	绿明亮
二级	形似松针、尚紧直、含扁条	绿	尚匀整	洁净	尚清香	绿尚亮	尚鲜醇	绿尚亮

表 3-23　各级恩施玉露的感官品质要求

级别	项目				
	外形	汤色	香气	滋味	叶底
特级	形似松针、色泽翠绿	清澈、明亮	清香持久	鲜爽、回甘	嫩匀、明亮
一级	紧细挺直、色泽绿润	嫩绿、明亮	清香尚持久	鲜醇、回甜	绿、明亮
二级	挺直、墨绿	绿、明亮	清香	醇和	绿、尚亮

表 3-24　各级安吉白茶的感官品质要求

级别	外形		汤色	香气	滋味	叶底
	龙形	凤形				
精品	扁平，光滑，挺直，尖削，嫩绿显玉色，匀整，无梗，朴、黄片	条直显芽，芽壮实匀整，嫩绿，鲜活泛金边，无梗、朴、黄片	嫩绿明亮	嫩香持久	鲜醇甘爽	叶白脉翠，一芽一叶，芽长于叶，成朵、匀整

（续）

级别	外形		汤色	香气	滋味	叶底
	龙形	凤形				
特级	扁平，光滑，挺直，嫩绿带玉色，匀整，无梗、朴、黄片	条直有芽，匀整，色嫩绿泛玉色，无梗、朴、黄片	嫩绿明亮	嫩香持久	鲜醇	叶白脉翠，一芽一叶，成朵，匀整
一级	扁平，尚光滑，尚挺直，嫩绿油润，尚匀整，略有梗、朴、黄片	条直有芽，较匀整，色嫩绿润，略有梗、朴、片	尚嫩绿明亮	清香	醇厚	叶白脉绿，一芽二叶，成朵，匀整
二级	尚扁平，尚光滑，嫩绿尚油润，尚匀，略有梗、朴、黄片	条直尚匀整，色绿润，略有梗、朴、片	绿明亮	尚清香	尚醇厚	叶尚白脉翠，一芽二、三叶，成朵、匀整

任务二 开展绿茶审评

任务指导书

>> **任务目标**

1. 掌握绿茶审评方法等知识。
2. 能根据绿茶实物样的真实情况进行审评操作，且术语描述与实际等级用词相差不超半个级。

>> **任务实施**

1. 利用搜索引擎及相关图书，获取绿茶茶类的审评方法、各项因子的审评重点等相关知识。
2. 实地到各茶区茶企，调查绿茶产品品质优缺点、品质改进措施等情况。
3. 实地到各茶区茶企、销售门店收集不同等级绿茶产品，进行品质审评，并给出审评报告。

>> **考核评价**

根据调查时的实际表现、调查深度及审评操作的熟练程度，结合对相关知识的理解程度和调查报告的内容，以及不同等级绿茶产品品质审评情况及审评报告，综合评分。

知识点　绿茶审评方法

绿茶审评采用通用柱形杯审评法：取代表性茶样3g或5g，按茶水比例1∶50置于相应的审评杯中；注满沸水，加盖，计时；浸泡4min后，依次沥出茶汤，留叶底于杯中；按汤色、香气、滋味、叶底的顺序逐项审评。

在绿茶审评过程中应以《茶叶感官审评方法》(GB/T 23776—2018)、《绿茶》(GB/T 14456.1—2008)结合《茶叶感官审评术语》(GB/T 14487—2017)进行客观评定。

一、初制绿茶审评

（一）初制绿茶外形审评

绿茶初制茶因加工方法不同而有晒青、炒青、烘青、蒸青之分。晒青主要作为普洱茶及紧压茶的原料。炒青以其形状不同，又分为长炒青、圆炒青和特种炒青。烘青又分为普通烘青和特种烘青。我国生产的绿茶以炒青和烘青为主，烘青主要作为窨制花茶的茶坯。

绿茶初制茶的审评分为干看外形和湿评内质。外形评嫩度、条索、整碎、净度4项因子，其中以嫩度(含色泽)、条索为主，整碎、净度为辅。审评时先看面张茶的条索松紧、匀度、净度和色泽；然后将面张茶拨开，看中段茶；再将中段茶拨开，看下身茶的整碎程度，碎、片、末、灰的含量以及夹杂物等；最后总体查看面张茶、中段茶、下身茶，估量三者比例，对照标准评定外形级别。一般面张茶轻、粗、松、杂，中段茶较紧细重实，下身茶体小断碎。在拼配时，上、中、下3段茶的比例以适当为正常，如果两头大、中间小则为"脱档"，这样的初制茶精制率低。绿茶初制茶的嫩度主要看芽叶的多少与显毫程度，芽叶含量多，显毫，是嫩度好的表现。条索主要看条索紧结的程度，它是衡量茶叶做工好坏的一个重要方面。条索好的茶说明揉捻比较充分，细胞破碎率较高，色泽比较光润。

云南大叶种绿茶的外形评定应考虑大叶种的品种特点，主要是芽头肥壮、显毫、节间长、多酚类含量高等。由于节间长，初制茶含梗量相对高一些，多酚类含量高对绿茶外形色泽的影响主要是色泽发黑。因此，近年来在名优绿茶的制作上常采用缩短揉捻时间，降低细胞破碎率，减少部分茶汁外溢，以提高绿茶外形色泽的"绿色"程度。这样带来的不利因素是条索较松。在对云南大叶种初制茶进行外形审评时，色泽与条索要综合考虑，不能顾此失彼。

做工好的绿毛茶外形色泽绿润，白毫显露，芽叶完整，条索尚紧细，色泽调匀一致，有部分嫩茎。做工差的，色泽发黑枯暗欠亮，条索粗细不匀，老嫩混杂，下脚重。

（二）初制绿茶内质评定

初制绿茶内质评定分为汤色、香气、滋味、叶底4项因子，主要评定叶底嫩度与色泽，汤色、香气、滋味要求正常。优质绿茶初制茶汤色清澈；有嫩香、花香、清香或熟板栗香；滋味鲜、浓；叶底细嫩，多芽开展，叶肉肥厚柔软，色泽均匀。

叶底嫩度主要从芽叶含量、叶肉厚度、叶质柔软程度、叶张开展程度来看。以多芽、叶肉厚、柔软、叶张开展的为好，芽少、叶肉薄、叶质硬、叶张不开展的为差。

叶底色泽主要看色泽的匀度、叶背面茸毛的多少、颜色的深浅、有无红变等。以叶背面白色茸毛多、色泽调匀、色泽黄绿明亮、无红变的为好，色泽暗杂、有红梗红叶的为差。

汤色较淡、欠明亮，香气淡薄、低沉、粗老，滋味淡、苦、粗、涩，叶底老嫩不匀、色泽不调和、有红梗红叶的，为低级毛茶。汤色浑浊不清，杯底有沉淀，有烟、焦、霉、馊、酸等异味的，为次品或劣变茶。二者在加工中应另外归堆处理。

二、成品绿茶审评

（一）成品绿茶外形评定

绿茶成品茶的外形评定分条索、色泽、整碎、净度4项因子。

1. 条索

叶片经揉捻卷曲成条状称为条索。不同的茶类具有不同的外形规格，这是区别茶叶商品种类和等级的依据。如长炒青、烘青、工夫红茶、普洱散茶等属长条形茶，要求条索紧直，有锋苗；龙井、旗枪是扁形茶，要求条索平扁、光滑、尖削、挺直、匀齐；珠茶要求颗粒圆结。

长条形茶条索主要评比松紧、弯直、壮瘦、轻重。松紧程度以条索紧、体积小、身骨重的好，条索松、体积大、身骨轻的差。弯直程度以条索圆浑、紧直的好，弯曲的差。壮瘦程度，一般叶形大、叶肉厚、芽肥壮而长的鲜叶制成的茶，条索紧结壮实，身骨重，品质好，如云南大叶种茶；反之，叶形小、叶肉薄、芽细瘦的鲜叶制成的茶，身骨较轻。同等级原料茶品，身骨重的为好，身骨轻的为差。嫩度高的茶，叶肉厚实，条索紧结而沉重；嫩度差、叶张薄，条索粗松而轻飘。

扁形茶条索评比扁平、糙滑。条索表面光滑，质地重实的为好；表面粗糙，质地轻飘的为次。龙井茶条索扁平，平整挺直，尖削似剑形，茶条中间微厚，边沿略薄。特级龙井茶一芽一、二叶，长度在3cm以下；中级龙井茶一芽二叶，长度约为3.5cm，芽尖与第一叶长度相等的品质好，芽短于第一叶的较差。旗枪茶条索扁直，高级旗枪茶与龙井茶外形不易区别。大方茶条索扁直稍厚，有较多棱角。

圆形茶比较颗粒的松紧、匀整、轻重。松紧：芽叶卷结成颗粒，粒小紧实而完整的称"圆紧""圆结"，为好；反之，颗粒粗大称"松"，为差。匀整：指匀齐度，拼配适当。轻重：颗粒紧实、叶质肥厚、身骨重的称为"重实"，叶质粗老、叶肉薄的称为"轻飘"，以重实为好。

2. 色泽

茶类不同，茶叶的色泽不同。绿茶以翠绿、灰绿、墨绿光润的为好，绿中带黄，黄绿不匀较次，枯黄花杂者差。干茶的色泽评比颜色的深浅，光泽度可从润枯、鲜暗、匀杂三个方面评定。

深浅：首先看色泽是否正常，是否符合该类茶品质特征。原料细嫩的高级茶，颜色深，随着级别的下降颜色渐浅。润枯："润"表示茶条似带油光，色面反光强，一般可反映鲜叶嫩面渐鲜，加工及时合理，是品质好的象征。"枯"是有色而无光泽或光泽差，表示鲜叶老或加工不当，品质差。劣变茶或陈茶，色泽枯暗。鲜暗："鲜"为色泽鲜艳、鲜活，给人以新鲜感，表示鲜叶嫩且新鲜，初制及时合理，是新茶所具有的色泽。"暗"为色深而无光泽，一般鲜叶粗老、初制不当、制作不及时、茶叶陈化均有此现象。紫色鲜叶制成的红茶或绿茶，色泽发暗。匀杂："匀"表示色泽调和一致。以调和为好，花杂为差。

3. 整碎

整碎指外形匀整的程度。成品茶的整碎主要审评上、中、下3段茶拼配比例是否恰当，是否有"脱档"现象。

4. 净度

净度指茶的干净与夹杂程度。夹杂物有茶类夹杂物与非茶类夹杂物之分。茶类夹杂物指：茶梗(分嫩梗、老梗、木质化梗)、茶籽、茶朴、茶片、茶末、毛衣等。茶类夹杂物根据含量多少评定品质优劣。非茶类夹杂物指：采摘、制作、存放、运输中混入的杂物。非茶类夹杂物影响饮用卫生，必须拣剔干净，严禁混入茶中。

(二)成品绿茶内质评定

内质评定汤色、香气、滋味、叶底4项因子。

1. 汤色

汤色主要从色度、亮度、清浊度三个方面来评定。

(1) 色度

色度指茶汤的颜色。茶汤的颜色除与鲜叶老嫩、茶树品种有关外，主要取决于制茶工艺。不同的工艺制作出来的茶叶，具有不同的汤色。审评时应当从正常色、劣变色、陈变色三个方面来辨别。

正常色：鲜叶在正常情况下制成的，符合各类茶品质特征的汤色。如绿茶为绿汤，绿中带黄；红茶为红叶红汤，红艳明亮；普洱茶汤红浓明亮等。

劣变色：由于鲜叶采摘、运输、摊放或制作不当产生的品质劣变，汤色不正。如绿茶汤色变深黄或带红。

陈变色：茶叶在制作过程中，因某些原因造成工艺流程中断，如杀青后不能及时揉捻及揉捻后不能及时干燥，使新茶汤色变陈；或者是茶叶在常温的条件下贮存过久，茶叶品质陈化，使茶汤色变陈。如绿茶汤色变为灰黄或深黄色。

(2) 亮度

亮度指亮暗的程度。亮指射入的光线通过茶汤吸收的部分少，而被反射出来的多，暗则相反。茶汤能一眼见底的为明亮。如绿茶碗底反光强为明亮；红茶还可以看金圈的颜色和厚度，金圈大(厚)、颜色正常的亮度好。凡茶汤亮度好的，品质亦好。

(3) 清浊度

清浊度指茶汤清澈或浑浊的程度。清澈为无混杂，无沉淀，纯净透明，一眼见底。浑浊指茶汤不清，视线不易透过汤层，汤中有沉淀物或细小浮悬物。如劣变产生的酸、馊、霉、焦的茶汤都变浑浊。但要区别"冷后浑"。"冷后浑"是咖啡因和多酚类的结合物溶于热水而不溶于冷水,冷却后被析出的现象。茶汤产生"冷后浑"是好品质的表现,应当区别对待。如云南大叶种绿茶、大叶种红茶,因茶多酚含量高,"冷后浑"现象十分明显。

2. 香气

不同的茶类因制作工艺不同,具有不同的香型;同一茶类品种不同工艺其香型也各异。如云南大叶种绿茶的香型有嫩香、清香、花香、熟板栗香;红茶的香型有甜香;普洱茶的香型有陈香等。审评茶叶的香气除了辨别香型外,还应该辨别香气的纯异、高低和长短。

纯异:纯指符合某茶品质特征的香气,并要区别茶类香、地域香和附加香(添加的香气)。异指茶香中夹杂其他的气味,如烟焦、酸馊、霉陈、日晒、水闷、青草气、药气、木气、油气(汽油气、煤油气)等。

高低:香气入鼻充沛有活力,刺激性强,为之"浓";犹如呼吸新鲜空气,有愉快的感觉,为之"鲜";清爽新鲜之感,为之"清";香气一般,无异杂味,为之"纯";香气平淡、正常,为之"平";感觉糙鼻或辛涩,为之"粗"。按照浓、鲜、清、纯、平、粗的顺序即可区别香气的高低。

长短:即香气的持久性。闻香气时从热嗅到冷嗅都能闻到香气,表明香气持久,即香气长;反之,则香气短。

3. 滋味

审评滋味时,首先要审评滋味是否醇正,在此基础上再来辨别滋味的浓淡、强弱、鲜爽度、醇和度。

醇正:指茶品质特征所具有的滋味。

浓淡:浓指内含成分丰富,茶汤可溶性成分多,刺激性强或收敛性强;淡则相反,指内含物少,淡薄乏味。云南大叶种绿茶内含成分丰富,水浸出物含量高,滋味鲜浓,为其品质特点之一。

强弱:强指茶汤吮入口中刺激性强,口腔味感增强;弱则相反,茶汤入口平淡。

鲜爽:如吃新鲜水果的感觉,新鲜,爽口。

醇和:"醇"表示茶味尚浓,但不涩口,回味略甜;"和"表示茶味平淡,正常,无异味。

欠纯:表示滋味不正或变质有异味。主要辨别苦、涩、粗和异味。苦:茶汤入口先微苦后回甜是好茶的滋味。入口苦,后也苦或后更苦者为差或最差。涩:似食生柿,有麻嘴、厚唇、紧舌之感。先有涩味后不涩的属于茶汤正常滋味。当吐出茶汤后仍有涩味的,才属涩味。涩味是品质差、嫩度低的表现。粗:粗老茶汤在舌面有粗糙的感觉。异:属不正常的滋味,如酸、馊、霉、焦味等。

4. 叶底

通过对叶底的审评,可以看出茶叶的嫩度、做工的好坏及采制中存在的问题。叶底主要通过视觉和触觉来审评,主要辨别嫩度、色泽、匀度。

嫩度:以芽与嫩叶含量的比例来衡量叶质的老嫩。以芽含量多、粗而长为好,细而短的为差,但视品种和茶类要求不同而有所区别。叶质老嫩可以从叶底的软硬度和有无弹性来区别：用手指轻按叶底，感觉柔软、无弹性的嫩度好；相反，叶底硬而有弹性的嫩度差。叶肉厚软的为嫩，硬薄者为老。

色泽：主要看色度和亮度。色度看是否为某茶类应有的色泽，如绿茶新茶的叶底色泽以嫩绿、黄绿、翠绿明亮者为好，暗绿为次。

匀度：主要看叶质的老嫩是否一致，色泽是否均匀。匀度与采摘、初制技术有关。匀度好表示叶质嫩度基本一致，色泽均匀表示初制工艺合理，加工及时。在审评叶底时还应该注意叶张舒展的情况，正常的叶张应该舒展。如果干燥时火温过高，产生焦条，使叶底缩紧，在开汤时，叶张不开展。叶底如果有焦条，叶张不开展，叶底碳化成黑色，初制工艺不好。

 思考与练习

一、名词解释（请依据审评术语国家标准解释以下名词）

卷曲如螺、绿润、雀舌、鲜绿豆色、起霜、糙米色、茸毫密布、靛青、狭长条、扁削、黄亮、板栗香、苦味、红梗红叶

二、单项选择题

1. 绿毛茶外形主要评（　　）。
   A. 条索、色泽、整碎、净度　　　　B. 老嫩、松紧、整碎、净杂
   C. 松紧、弯直、整碎、轻重　　　　D. 松紧、匀度、净度、色泽
2. 茶叶细嫩、形状紧直、秀丽匀齐的高档条形绿茶常用（　　）术语描述。
   A. 细秀　　　　B. 细嫩　　　　C. 细圆　　　　D. 细紧
3. 绿茶加工中由于揉捻过度等原因致使（　　）过多氧化，会使茶叶灰暗（枯）。
   A. 茶多酚　　　B. 维生素　　　C. 矿物质　　　D. 茶黄素
4. 烘青毛茶评比时，要看色泽是否（　　），是否有绿黄、枯黄、红黄等缺点。
   A. 绿润　　　　B. 油润　　　　C. 光润　　　　D. 鲜润
5. 紫芽种加工成的绿茶叶底常出现（　　）色泽。
   A. 花青　　　　B. 青绿　　　　C. 靛青　　　　D. 红暗
6. 构成绿茶茶汤黄绿明亮的主要物质是（　　）。
   A. 黄酮和黄酮醇　B. 茶黄素　　　C. 叶绿素　　　D. 叶黄素

三、判断题

1. "高山出好茶"，海拔越高，茶叶品质越好。（　　）
2. 鲜叶越嫩，茶叶品质越好。（　　）
3. 汤色的深浅与叶绿素含量有关。（　　）
4. 绿毛茶审评时滋味"鲜醇、醇厚鲜爽"，应定为一级。（　　）
5. 蒸青绿茶其品质特征形成"三绿一爽"。（　　）

四、填空题

1. 绿茶审评碗规格为_____ mL。

2. 滇青毛茶属于_____类绿茶毛茶。
3. 绿毛茶外形"色泽黄绿，较油润"，应定为_____。
4. 南京雨花茶属于_____外形名优绿茶。

五、简答题

1. 绿茶审评选取什么规格的审评杯碗？称茶几克？计时几分钟？
2. 简述绿茶的审评方法。
3. 请简述绿茶的几种常见的香型，并举例说明。

六、拓展与论述题

请以 3 款茶为例，开展不同茶树品种的绿茶品质分析。

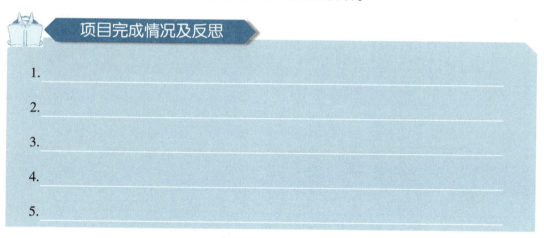

项目完成情况及反思

1. _____
2. _____
3. _____
4. _____
5. _____

项目四 红茶审评

知识目标

1. 了解红茶发展历史及现状。
2. 掌握红茶分类。
3. 理解红茶品质构成。
4. 理解红茶加工工艺与品质特征的关系。

能力目标

1. 能进行红茶品质综合分析。
2. 能熟练运用红茶审评方法,规范操作流程。
3. 能准确运用感官审评术语描述红茶感官品质。

素质目标

1. 通过红茶审评规范操作的训练,养成客观、严谨的茶叶审评工作作风。
2. 通过对红茶发展历史的学习,面对丰富的红茶品类,养成不断学习探索的钻研精神。

数字资源

任务一 认识红茶

任务指导书

任务目标
1. 了解红茶茶类形成与发展、红茶加工工艺及品质形成等知识。
2. 能进行各类红茶各项品质特征描述。

任务实施
1. 利用搜索引擎及相关图书，获取红茶茶类在不同时期、不同地域的加工、利用、品饮方法及文化价值等相关知识。
2. 实地到各茶区，调查各茶企红茶茶类生产习惯、加工工艺、使用的设备设施等生产情况，获知红茶在实际的生产加工中各项品质因子形成的机理及各工艺环节与各项品质的关系。
3. 利用搜索引擎及相关图书，调查红茶国内外相关资料、行业及地方新旧标准，理解不同标准间的关系及差异、新旧标准间的差异、新标准修订的目的和意义。
4. 实地到各茶区，调查各茶企在红茶实践审评中各项品质因子术语的运用情况，及其与各项标准间的差异情况，并形成调查报告。

考核评价
根据调查时的实际表现及调查深度，结合对相关知识的理解程度及调查报告的内容，综合评分。

知识链接

知识点一　红茶茶类形成与发展

红茶制法起源于1650年前后，人们在绿茶揉捻后未及时干燥易出现红变以及黑茶渥堆变黑的实践中，认识到红茶发酵变红的技术措施；在白茶晒制实践中，认识到红茶的日光萎凋工艺。因此，红茶是在绿茶、黑茶和白茶的基础上发展的。

中国是世界上红茶的发源地。据记载，最早的红茶是福建崇安的小种红茶。清朝雍正年间，崇安知县刘靖在《片刻余闲集》中记述了这种红茶："山之第九曲尽处有星村镇，为行家萃聚。外有本省邵武、江西广信等处所产之茶，黑色红汤，土名江西乌，皆私售于星村各行。"星村镇的红茶是正山小种。1610年小种红茶首次出口荷兰，随后相继运销英国、法国和德国等国家。18世纪，随着红茶生产规模的扩大和红茶价格的日趋低廉，红茶由皇室逐渐走向普通民众，成为英国、荷兰等国人民生活中不可或缺的饮品。此外，英国还从我国厦门、广州等地贩运大量红茶，除供应本国所需外，还大量转运到美洲殖民地，并转销到德国、瑞典、丹麦、西班牙和匈牙利等国家。中国红茶产品、生产技术和文化向世界各个国家和地区的传播，促进了世界红茶生产贸易与消费的蓬勃发展。

此外，还有外山小种，以后演变产生了工夫红茶。1875年，原籍安徽黟县的余干臣在福建罢官回原籍经商，因见红茶畅销多利，便在至德县（现东至县）尧渡街设立红茶庄，成功仿制福建红茶制法，创制了祁门工夫红茶。随后祁门工夫红茶产地不断扩大，产量不断提高，声誉越来越高，在国际红茶市场上引起热销。

工夫红茶品类多、产地广，我国历史上先后有12个省份生产。近几年来，河南、贵州、山东等省份也开始生产工夫红茶。按地区命名，有滇红工夫、祁门工夫、浮梁工夫、宁红工夫、湘江工夫、闽红工夫（含坦洋工夫、白琳工夫、政和工夫）、宜红工夫、川红工夫、越红工夫、台湾工夫、江苏工夫及粤红工夫等。按品种又分为大叶工夫茶和小叶工夫茶。大叶工夫茶以乔木型或小乔木型茶树的鲜叶为原料制成，又称红叶工夫，以滇红工夫、粤红工夫（英德红茶）为代表；小叶工夫茶以灌木型小叶种茶树的鲜叶为原料制成，色泽乌黑，又称黑叶工夫，以祁门工夫、宜红工夫为代表。后来，各地工夫红茶品种不断增多。20世纪20年代，印度、斯里兰卡等国将茶叶切碎加工成红碎茶，我国于20世纪50年代也开始试制红碎茶。

知识点二　红茶加工工艺及品质形成

一、红茶加工流程

红茶属全发酵茶，是以适宜的茶树品种芽叶为原料，通过一系列工艺过程精制而成。红茶加工流程：鲜叶—萎凋—揉捻（揉切）—发酵—干燥。

1. 萎凋

萎凋是将采下的鲜叶晒在竹筛上，在日光下晾晒至颜色呈暗绿色，这一步是红茶初制的重要工艺。在晾晒过程中，叶片组织的细胞脱水，引起蛋白质的理化特征改变，发生酶促作用，使含有青草气的成分转化为芳香物质；香气单体异构化，产生新的香气；在水解酶的作用下，可溶性糖、氨基酸含量增加；部分多酚类物质氧化，有苦涩味的可溶性多酚类含量下降；蛋白质变化和分解加速叶绿素的破坏，形成叶绿酸酯。在这道工艺中，要注意控制梗叶之间的水位差，使梗中水分能顺利地输送到叶片，再从叶片蒸发，达到梗叶的柔软度一致，同时促进梗内的水分和有效物质往叶片输送，提高叶片内含物的含量。

2. 揉捻

揉捻是将萎凋后的叶片经人工或揉捻设备揉成条状，适度揉出茶汁。在力的作用下，细胞破碎，酶与底物充分接触，细胞液与空气中的氧气接触，促进多酚类物质氧化；加速水分的蒸发，细胞液浓缩，部分叶绿素脱镁生成脱镁叶绿素；茶汁黏附表面。茶叶内质、耐泡度、浸出速度、干茶色泽是否油润、条索是否紧结与这道工艺有很大的关系。

3. 发酵

发酵过程是将揉捻后的茶叶置于木桶、竹篓或人工创设的发酵环境中，在适当的湿度和温度下，茶叶充分反应，散发茶香，即成为毛茶湿坯。发酵是红茶加工的重要阶段，是红茶红叶红汤品质形成的关键阶段。这是酶促"构香、构味、构色"的关键工序，发酵使酶促作用加强，青草气挥发，氨基酸、胡萝卜素异构化形成新的香气；多酚类在酶促作用下氧化形成茶红素、茶黄素、茶褐素；单糖含量增加；叶绿素脱镁转化加强，形成脱镁叶绿素、脱镁叶绿酸酯。

4. 干燥

在干燥过程中，在热的作用下低沸点的青草气挥发除去，香气单体聚合脱水异构化产生茶香，氨基酸、糖脱水氧化异构，在热化裂解作用下部分含有苦涩味的酯型儿茶素异构为简单儿茶素和没食子酸，蛋白质水解为氨基酸，淀粉水解为可溶性糖，大部分叶绿素降解，多酚类氧化色素与蛋白质结合留于叶底，同时形成水溶性的呈绿黄色的黄酮类、茶黄素、茶红素、茶褐素。

干燥分为日光干燥、烘箱干燥、炭火干燥。日光干燥与烘箱干燥的区别是：日光干燥既有高频、长波使物体发热的热化反应，也有短波使物体内含物质发生化学变化的化学反应，其茶品有明显的日晒味。炭火干燥与烘箱干燥的区别是：炭火干燥时会释放出负离子和远红外线，茶叶在这个过程中会吸附负离子，促进品质的形成。

二、红茶品质形成

（一）红茶形状形成

茶叶形状有两种，即条形和碎形。

1. 条形红茶

条形红茶形状的形成与条形绿茶相似。红茶的形状固定是把鲜叶置于常温条件，经过6~18h的萎凋，使鲜叶散失水分，造成萎软状态，然后在揉捻力的作用下卷紧形成条索，最后通过干燥完成的。条形红茶的形状与鲜叶物理性状有密切关系。同等嫩度的大叶种和中小叶种，形状大小明显不同，如滇红工夫红茶形状肥硕，中小叶种工夫红茶形状紧细。适制红茶的大叶种品种，以云南大叶种及其无性系品种较好，因其芽叶嫩厚、芽毫满披、叶色黄绿。海南大叶种叶质较薄、较易硬化，芽毫少，适于制碎形茶，制条形茶外形较差。中小叶种的祁门群体种，是祁门红茶的主要原料。

2. 碎形红茶

碎形红茶有3种成型方法。

①转子机揉切成型　其原理是把初揉成条的茶坯通过转子机，利用转子的推进、捣动、绞切3种力的作用，把茶坯破碎成粒状。以广东、海南两地的制法为例，叶肉肥嫩的大叶种原料所制干茶颗粒较肥壮、紧结，是因为将条形茶坯通过转子机揉切破碎，经筛分选取筛面茶，再揉切、反复筛分选取2~3次(选取率约90%)而成。中小叶品种原料所制干茶颗粒较粗松，则因叶的木质化程度比大叶种略高。本法生产的成品，称传统红碎茶。

②C.T.C.揉切成型　C.T.C.是碾碎(crush)、撕裂(tear)、卷紧(curl)的英文简称。

它的工作原理是当茶坯进入两齿辊的齿合间隙时，被一慢一快齿辊挤压、撕裂和卷曲成圆结光滑小颗粒状。生产过程需要几台齿距不同的C.T.C.机配套，产品称为C.T.C.红茶。以海南南海茶场生产流程为例，是由萎凋、转子机、C.T.C.1(齿距0.35mm)、C.T.C.2(齿距0.20mm)、C.T.C.3(齿距0.12mm)、发酵、干燥等工序组成的。

③LTP成型　利用棱形锤刀和锤片的高速旋转，将萎凋叶高速切碎、击碎(但无撕裂作用)。须与转子机配合使用(如英德茶场制法)，或与C.T.C.配合使用。产品外形为小颗粒状，体形均匀一致。

(二)红茶外形色泽形成

条形红茶外形色泽乌润、棕褐。其中，中小叶种春茶色乌润，夏茶稍乌黑；大叶种春茶色乌褐油润，夏茶稍带棕色。碎形茶色泽乌褐匀润，夏茶呈棕褐色。外形呈色是加工过程中，叶绿素分解产物(脱镁叶绿酸及脱镁叶绿素)、果胶质、蛋白质、糖和多酚类氧化物综合表现出来的色泽。红茶加工过程中，其色素变化程度随着加工深度而加深，变化明显。从鲜叶制成红茶，叶绿素的转化率为50%~80%或更高。在萎凋阶段，叶片细胞失水，使细胞液浓度增大，酶活性增强，部分叶绿素在酶的催化作用下转化为叶绿素酸酯(淡黄绿色)。在揉捻阶段，细胞液酸度增加，部分叶绿素脱镁变为黑黄褐色，同时，叶绿酸酯也脱镁变为灰褐色或蓝褐色。至发酵阶段，色素转化更多，其中多酚类物质转化为黄色的茶黄素、橙红色的茶红素以及褐色的茶褐素。另外，受多酚类物质氧化、还原作用的影响，叶绿素进一步转化为灰蓝褐色，并延续到干燥阶段。外形色泽在茶叶干燥后就形成了，其色素成分一部分附在叶表面，还有一部分在叶内，这些成分有多酚类转化物(茶黄素、茶红素、茶褐素)，叶绿素转化物(脱镁叶绿素)，以及糖、果胶、蛋白质及其他有色物质。

(三)红茶内质形成

红茶属全发酵茶，是多酚类物质酶性氧化最充分的茶叶。对品质形成来说，这与一系列酶作用有关。红茶品质主要形成于初制的萎凋、揉捻、发酵3个工序，是酶性"构香、构味、构色"过程。

1. 汤色

红茶汤色要求红艳明亮。由于呈色成分的含量和比例不同，因此有深浅、亮暗、清浊等区别。其中以红艳、明亮、清澈为优，以红暗、黄淡、混浊为差。

红茶茶汤冷却后，往往会产生"冷后浑"现象，这是茶汤浓度好的标志。这主要是由于茶黄素、茶红素分别与咖啡因络合形成乳状物，冷后析出沉淀或悬浮于茶汤，而易溶于热水。冷后浑的程度取决于茶黄素、茶红素总含量；乳状络合物的色泽随茶红素与茶黄素的含量比值而异，比值小则色橙黄，比值大则色灰暗。

红茶茶汤加入牛奶后显现的色泽俗称乳色。茶汤品质不同，乳色不同。粉红或棕红的，品质好；姜黄或灰白的，品质较差。乳色是由茶汤中的茶黄素、茶红素、茶褐素分别与牛奶中的蛋白质结合，综合呈现的色泽。乳色的表现取决于茶汤色素成分的含量及比例。茶汤中茶黄素含量越高，乳色越明亮；茶红素、茶褐素含量高，茶黄素含量相对较低，则乳色灰暗。

2. 叶底

形成红茶叶底色泽的色素成分,主要来自多酚类的氧化产物茶黄素、茶红素、茶褐素等在发酵过程中与蛋白质结合的沉淀物,也有来自多酚类自身不溶性聚合缩合物,以及其他有色化合物。色泽分别为橙黄、棕红、暗褐,以红艳或红亮为佳,色泽红暗、乌暗、花青为差。叶绿素除部分产生水解外,大部分在发酵过程伴随着多酚类物质的氧化产生脱镁而被破坏,减少量约为鲜叶的70%~80%,剩余的在干燥阶段的水热作用下降解。在正常情况下,叶底不显绿色,是由于叶绿素含量很少,残留部分被含量多的多酚类氧化色素结合物所掩盖。

3. 香气

红茶的香气一般为甜香,要求清鲜高爽。因鲜叶品种、产地、季节等不同,有的具有特有的花香或蜜糖香。红茶香气已知的成分有300多种,含量比鲜叶稍低,但芳香成分的种类数量比鲜叶高5倍以上(芳香物质组成中,含醛类48种、酮类43种、含氮化合物41种、酯类38种,其他含量较多的有酸类24种、杂氧化合物17种、内酯类15种等。在红茶制造中,芳香物质种类增加最多的是醛类、酮类和含氮化合物,比鲜叶增加40多种;醇类、酯类成分也成倍增加。与红茶香气构成相关的15种内酯类、17种杂氧化合物,是鲜叶中没有的)。

红茶香气形成:第一阶段,发生于萎凋、发酵过程,尤其是发酵阶段,香气的成分来自酶促氧化作用、水解作用、异构化作用生成的系列产物,以及儿茶素等多酚类的氧化还原作用生成的系列产物。第二阶段,发生于干燥过程,香气成分来自水热反应生成的产物等。鲜叶的芳香物质,在制茶中大量转化或挥发,仅部分参与成茶的香气组成。红茶香气形成比绿茶复杂得多,香气组成成分比绿茶多近3倍。在经鉴定的红茶的芳香成分中,没有一种成分类似红茶的香味,由此说明,红茶的香气是内含芳香成分的综合表达。不同产品的红茶,由于芳香物质组成及其含量比例不同,香型表现各有特点,因此应有各自的特征性成分。一般认为,对红茶特征香气有重要作用的成分有:沉香醇及其氧化物、香叶醇、茉莉酮甲酯、茉莉酮内酯、二氢化海葵内酯、茶螺烯酮、β-紫罗酮等。

> **知识拓展**
>
> 优质红茶特指香味优良的特质红茶,如祁门红茶,滇红,广东、海南的秋香红茶,以及利用幼嫩芽叶直接采制的毫茶(如金毫茶)等。红茶的香气与茶树地域、季节、品种、原料等级等因素密切相关。
>
> 品种优质茶:用祁门槠叶种制成的祁门红茶以香气著名。近期发现,祁门槠叶种鲜叶在红茶加工过程中有一类称为香叶醇的芳香成分大量增加,表明香叶醇是构成祁门红茶香气特征的主要芳香成分。而同地的另一品种,鲜叶香叶醇基础含量与前者相近,但采用同样的加工方法,香叶醇却没有增加,说明祁门红茶香气与品种特性有关。但引种试验表明,祁门红茶的香气表达有地域性,只有在原产区种植才具祁门红茶香味特质。著名的滇红,香味浓醇,是以云南大叶种制成的优质红茶。云南大叶种引种至华南地区,具有与滇红类似的芳香成分(如沉香醇等);从云南大叶种选育的

新品种如"秀红"等,在广东英德红茶中独具花香。这些均说明利用优良品种生产优质茶的可能途径。

季节优质茶:是在特定的气候条件下形成的特质茶。较典型的是斯里兰卡西部高地的季节特质茶。该地每年的1~2月,夜间低温、低湿及经常有风的干燥天气,是形成高香茶的理想时节。其原因是在干燥天气条件下,叶子的青草气含量较低,而形成香气的基础物质如糖苷浓度较高,糖苷经过水解作用产生较多的芳香成分。广东、海南的秋季,有可能出现秋香红茶。

原料优质茶:鲜叶嫩度也是形成优质红茶的主要因素。用幼嫩原料制高级红茶,是大叶种茶区常用的方法。研究表明,随着嫩度提高,有利于红茶的香气成分增加,青草味减少。故优质红茶,要用幼嫩叶作原料。

4. 滋味

工夫红茶的滋味以浓醇、鲜爽为主,红碎茶的滋味以浓强、鲜爽为主,这是由于加工方法不同所致。工夫红茶滋味较为醇和是因为叶组织的损伤程度较轻,发酵时间较长,干燥叶温较低;相反,红碎茶叶组织损伤程度重,发酵快速一致,儿茶素及其氧化产物茶黄素等收敛性物质含量多。构成茶汤浓度的水溶性物质有多酚类(主体是儿茶素)、茶黄素、茶红素、茶褐素、双黄烷醇、氨基酸、咖啡因、可溶性糖、水溶性果胶、有机酸、无机盐及少量的水溶蛋白等。此处,浓度即浓厚的程度。茶汤浓,是由于可溶性物质含量高,即水浸出物多,其中主要物质如多酚类及其氧化物以及其他呈味成分含量高。

形成茶汤鲜爽度的重要成分是儿茶素、茶黄素、氨基酸、可溶性糖、茶黄素与咖啡因的络合物等。影响红茶鲜爽程度的主要物质成分与绿茶不同,绿茶受氨基酸含量影响较大。红茶茶汤滋味中,鲜味受氨基酸、双黄烷醇、可溶性糖等物质影响,爽味受儿茶素、茶黄素、茶黄素与咖啡因的络合物等物质影响。构成茶汤"强度"的物质有儿茶素、茶黄素、茶红素、双黄烷醇、黄酮类和酚酸类等,它们的共同特性是都具有不同程度的收敛性,而茶汤的"强度"与收敛作用相关。形成"强度"的成分中,最重要的是茶黄素、茶红素、儿茶素尤其是酯型儿茶素等收敛性成分。

知识点三　红茶品质特征描述

红茶品质有别于其他茶类的是:汤色红,叶底红,干茶黑褐。品种和地区差别较大,品质特征各异。

一、外形品质描述

描述的范围包括形状、嫩度、色泽、匀整度和净度。其中,匀整度和净度的特征描述可参照绿茶。

1. 形状和嫩度

(1)条形红茶

形状及嫩度的主要评语:芽毫、锋苗、肥嫩、紧细、紧结、紧实、壮实。大叶种红茶：肥嫩→肥壮→粗壮、锋苗好、毫多→锋苗差、毫少。中小叶种红茶：紧细锋苗好多毫→紧细有毫有锋苗→紧细→尚紧→欠紧。

(2) 碎形茶

描述碎形茶4个花色：叶茶为条索，碎茶为颗粒，片茶为皱片，末茶为砂粒状。外形描述着重于规格、色泽润度和净度。外形描述有：毫尖、紧卷、皱褶、匀齐等评语。皱褶用来描述片茶，表示碎片边缘皱缩。粗大、细小分别用于描述形状比正常规格大或小的茶，属于品质正常的评语，如描述C.T.C.制法红碎茶：颗粒近似方形，比其他制法形状稍大，匀整重实，色泽泛棕红色。

2. 色泽

色泽优次的描述：乌润→尚乌润→乌欠润→乌褐稍灰→稍枯。

例如，描述川红工夫（一级）：条索紧细多毫，色泽乌黑油润。滇红工夫（一级）：条索肥嫩紧实，金毫显露，色泽乌润。其中，乌黑油润与乌润同义，均指色泽黑、光泽好，不同点是区分了形状肥嫩与细紧差异。工夫茶外形描述，应注意品种和地区差别，如祁门工夫红茶外形条索紧细显锋苗，色泽乌润带灰光；宜红工夫外形条索细紧，色泽乌润；政和工夫条索肥壮显毫，色泽乌润。其中，乌润是共同点，肥壮、细紧、带灰光是地区品种差异。

二、内质描述

1. 香气描述

包括香型、高低和持久性。红茶香型鲜爽或鲜爽有甜感或带花香。工夫茶与碎茶香型有差异。

(1) 工夫茶

香气如祁门红茶为焦糖香或蜜糖香；宁红为甜纯，指纯厚带甜；宜红为甜和；政和工夫为浓厚带甜香，称甜浓；滇红香气鲜浓（带水果香）或浓纯。

(2) 红碎茶

香气一般无"甜"，其表述一般为鲜爽，指新鲜爽快，秋茶有花香的称为"花香"。

(3) 小种红茶

具有悦鼻松烟香，描述香气高低以"浓""纯正""平正"等评语表述。如滇红工夫香气的等级描述为：嫩香馥郁→浓郁→浓纯→纯正尚浓→纯正→纯和。香气浓的应结合描述持久性长短。

2. 汤色描述

包括色调和明亮度，必要时描述加牛奶的汤色。

汤色描述为：红艳→红亮→红明。红的程度不同，描述时需具体区分，如滇红茶汤色浓艳、金圈大；祁门红茶汤色红浓明亮；宁红、宜红、川红汤色红亮；政和工夫汤色浓亮；小种红茶汤色浓厚呈深金黄色。碎茶汤色描述与工夫茶相同，如碎茶（B.O.P）汤色红艳，片茶汤色红亮，末茶汤色红浓。"红艳"指色红而艳，金圈厚。在有的描述中"红艳"附加"明亮"，与暗相对，反不妥当。加奶的汤色反映了品质优次，"粉红"优于"姜黄"，"灰白"较差。

3. 滋味描述

重点是浓度、醇度和鲜爽度。如滇红味浓、收敛性较强，用"浓厚"表述；祁门红茶味浓爽、收敛性较弱，用"浓醇"表述；川红、政和工夫滋味质感甘厚，收敛性较弱，用"醇厚"表述。小叶种红茶滋味醇爽、收敛性弱的，以"甜醇"表述。描述时要注意区别滋味类型，一般工夫茶以"鲜""浓""醇"为主，收敛性较弱。碎茶以"鲜""浓""强"为主，如二套样碎茶（B.O.P）滋味描述为：浓强，鲜爽。片茶味醇浓厚。评语"浓强"指茶味浓厚，收敛性强。

4. 叶底描述

包括嫩度匀整度和色泽匀整度及亮度。主要评语有"柔软""肥厚""匀""红匀"等。如滇红工夫叶底肥厚、嫩匀，红亮；祁门红茶叶底红匀、色稍深。小种红茶，叶底铜红。某些叶底有参差的，其描述必须一并指出，如叶底红、欠亮，带花青。无论工夫茶或碎茶，大叶种的叶底一般肥厚柔软红亮，中小叶种的尚红亮较瘦薄。

以滇红工夫为例，嫩度优次为柔嫩→嫩匀→尚嫩匀→尚柔软→稍粗硬；色泽优次为红艳→红亮→红匀→红稍暗。

三、红茶不同茶类各等级感官品质要求

（一）不同类别红茶的分级及感官品质要求

1. 红碎茶

参照《红茶 第一部分 红碎茶》（GB/T 13738.1—2017），将红碎茶分为大叶种红碎茶和中小叶种红碎茶两类，不同类别的红碎茶各等级感官品质要求见表4-1、表4-2所列。

表4-1 大叶种红碎茶各规格的感官品质要求

规格	外形	内质			
		香气	滋味	汤色	叶底
碎茶一号	颗粒紧实、金毫显露、匀净、色润	嫩香强烈持久	浓强鲜爽	红艳明亮	嫩匀红亮
碎茶二号	颗粒紧结、重实、匀净、色润	香高持久	浓强尚鲜爽	红艳明亮	红匀明亮
碎茶三号	颗粒紧结、尚重实、较匀净、色润	香高	鲜爽尚浓强	红亮	红匀明亮
碎茶四号	颗粒尚紧结、尚匀净、色尚润	香浓	浓尚鲜	红亮	红匀亮
碎茶五号	颗粒尚紧、尚匀净、色尚润	香浓	浓醇尚鲜	红亮	红匀亮
片茶	片状皱褶、尚匀净、色尚润	尚高	尚浓厚	红明	红匀尚明亮
末茶	细砂颗粒、较重实、较匀净、色尚润	纯正	浓强	深红尚明	红匀

表4-2 中小叶种红碎茶各规格的感官品质要求

规格	外形	内质			
		香气	滋味	汤色	叶底
碎茶一号	颗粒紧实、重实、匀净、色润	香高持久	鲜爽浓厚	红亮	嫩匀红亮
碎茶二号	颗粒紧结、重实、匀净、色润	香高	鲜浓	红亮	尚嫩匀红亮

(续)

规格	外形	内质			
		香气	滋味	汤色	叶底
碎茶三号	颗粒较紧结、尚重实、尚匀净、色尚润	香浓	尚浓	红明	红尚亮
片茶	片状皱褶、匀齐、色尚润	纯正	平和	尚红明	尚红
末茶	细砂颗粒、匀齐、色尚润	尚高	尚浓	深红尚亮	红稍暗

2. 工夫红茶

参照《红茶 第二部分 工夫红茶》(GB/T 13738.2—2017)，工夫红茶分为大叶种工夫红茶和中小叶种工夫红茶两类，不同类别的工夫红茶各等级感官品质要求见表4-3、表4-4所列。

表4-3 大叶种工夫红茶各规格的感官品质要求

级别	外形				内质			
	条索	整碎	净度	色泽	香气	滋味	汤色	叶底
特级	肥壮紧结多锋苗	匀齐	净	乌褐油润、金毫显露	甜香浓郁	鲜浓醇厚	红艳	肥嫩多芽、红匀明亮
一级	肥壮紧结有锋苗	较匀齐	较净	乌褐润、多金毫	甜香浓	鲜醇较浓	红尚艳	肥嫩有芽、红匀亮
二级	肥壮紧实	匀整	尚净、稍有嫩茎	乌褐尚润、有金毫	香浓	醇浓	红亮	柔嫩、红尚亮
三级	紧实	较匀整	尚净、有茎梗	乌褐、稍有毫	纯正尚浓	醇尚浓	较红亮	柔软、尚红亮
四级	尚紧实	尚匀整	有梗朴	褐欠润、略有毫	纯正	尚浓	红尚亮	尚软、尚红
五级	稍松	尚匀	多梗朴	棕褐稍花	尚纯	尚浓略涩	红欠亮	稍粗、尚红稍暗
六级	粗松	欠匀	多梗、多朴片	棕稍枯	稍粗	稍粗涩	红稍暗	粗、花杂

表4-4 中小叶种工夫红茶各规格的感官品质要求

级别	外形				内质			
	条索	整碎	净度	色泽	香气	滋味	汤色	叶底
特别	细紧多锋苗	匀齐	净	乌黑油润	鲜嫩甜香	醇厚甘爽	红明亮	细嫩显芽、红匀亮
一级	紧细有锋苗	较匀齐	净稍有嫩茎	乌润	嫩甜香	醇厚爽口	红亮	嫩匀有芽、红亮
二级	紧细	匀整	尚净有嫩茎	乌尚润	甜香	醇和尚爽	红明	嫩匀、红尚亮

(续)

级别	外形				内质			
	条索	整碎	净度	色泽	香气	滋味	汤色	叶底
三级	尚紧细	较匀整	尚净稍有筋梗	尚乌润	纯正	醇和	红尚明	尚嫩匀、尚红亮
四级	尚紧	尚匀整	有梗朴	尚乌稍灰	平正	醇和	尚红	尚匀、尚红
五级	稍粗	尚匀	多梗朴	棕黑稍花	稍粗	稍粗	稍红暗	稍粗硬、尚红稍花
六级	较粗松	欠匀	多梗、多朴片	棕稍枯	粗	较粗淡	暗红	粗硬红、暗花杂

3. 小种红茶

参照《红茶 第三部分 小种红茶》（GB/T 13738.3—2017），小种红茶分为正山小种和烟小种两类，不同类别的小种红茶各等级感官品质要求见表4-5、表4-6所列。

表4-5 正山小种产品的各等级感官品质要求

级别	外形				内质			
	条索	整碎	净度	色泽	香气	滋味	汤色	叶底
特级	壮实紧结	匀齐	净	乌黑油润	纯正高长，似桂圆干香或松烟香明显	醇厚回甘，显高山韵，似桂圆汤味明显	橙红明亮	尚嫩较软，有皱褶，古铜色，匀齐
一级	尚壮实	较匀齐	稍有茎梗	乌尚润	纯正，有似桂圆干香	厚尚醇回甘，尚显高山韵，似桂圆汤味尚明	橙红尚亮	有皱褶、古铜色稍暗、尚匀亮
二级	稍粗实	尚匀整	有茎梗	欠乌润	松烟香稍淡	尚厚、略有似桂圆汤味	橙红欠亮	稍粗硬、铜色稍暗
三级	稍松	欠匀	带粗梗	乌、显花杂	平正、略有松烟香	略粗、似桂圆汤味欠明、平和	暗红	稍花杂

表4-6 烟小种产品的各等级感官品质要求

级别	外形				内质			
	条索	整碎	净度	色泽	香气	滋味	汤色	叶底
特级	紧细	匀整	净	乌黑润	松烟香浓长	醇和尚爽	红明亮	嫩匀、红尚亮
一级	紧结	较匀整	净、稍含嫩茎	乌黑稍润	松烟香浓	醇和	红尚亮	尚嫩匀、尚红亮
二级	尚紧结	尚匀整	稍有茎梗	乌黑欠润	松烟香尚浓	尚醇和	红欠亮	摊张、红欠亮
三级	稍粗松	尚匀	有茎梗	黑褐稍花	松烟香稍淡	平和	红稍暗	摊张稍粗、红暗
四级	粗松弯曲	欠匀	多茎梗	黑褐花杂	松烟香淡、稍带粗青气	粗淡	暗红	粗老、暗红

(二)部分名优红茶各等级感官品质要求

部分名优红茶各等级感官品质要求见表4-7至表4-9所列。

表4-7 金骏眉的感官品质特征

外形				内质			
条索	整碎	净度	色泽	香气	滋味	汤色	叶底
紧秀重实、锋苗秀挺、略带金毫	匀整	净	金、黄、黑相间、色润	花、果、蜜、薯等综合香型香气持久	鲜活甘爽	金黄色、清澈透亮、金圈显	单芽,肥壮饱满,匀齐,呈古铜色

参照《金骏眉茶》(GH/T 1118—2015)。

表4-8 祁门工夫红茶各等级感官品质要求

级别	外形				内质			
	条索	整碎	净度	色泽	香气	滋味	汤色	叶底
特茗	细嫩挺秀、金毫显露	匀整	净	乌黑油润	高、鲜嫩甜香	鲜醇嫩甜	红艳明亮	红艳匀亮、细嫩多毫
特级	细嫩、金毫显露	匀整	净	乌黑油润	鲜嫩甜香	鲜醇甜	红艳	红亮柔嫩显芽
一级	细紧露毫显锋苗	匀齐	净,稍含嫩茎	乌润	鲜甜香	鲜醇	红亮	红亮匀嫩有芽
二级	紧细有锋苗	尚匀齐	净,稍含嫩茎	乌较润	尚鲜甜香	甜醇	红较亮	红亮匀嫩
三级	紧细	匀	尚净,稍有筋	乌尚润	甜纯香	尚甜醇	红尚亮	红亮尚匀
四级	尚紧细	尚匀	尚净,稍有筋梗	乌	尚甜纯香	醇	红明	红匀
五级	稍粗尚紧	尚匀	稍有红筋梗	乌泛灰	尚纯香	尚醇	红尚明	尚红匀

参照《祁门红茶》(DB34/T 1086—2009)。

表4-9 不同级别九曲红梅茶感官品质要求

级别	外形				内质			
	条索	整碎	色泽	净度	香气	滋味	汤色	叶底
特级	细紧卷曲、多锋苗	匀齐	乌黑油润	净	鲜嫩甜香	鲜醇甘爽	橙红明亮	细嫩显毫、红匀亮
一级	紧细卷曲、有锋苗	较匀齐	乌润	净,稍含嫩茎	嫩甜香	醇和爽口	橙红亮	匀嫩有芽、红亮
二级	紧细卷曲	匀整	乌尚润	尚净,有嫩茎	清纯有甜香	醇和尚爽	橙红明	嫩匀、红尚亮
三级	卷曲尚紧细	较匀整	尚乌润	尚净,稍有筋梗	纯正	醇和	橙红尚明	尚嫩匀、尚红亮

参照《九曲红梅茶》(GH/T 1116—2015)。

任务二 开展红茶审评

任务指导书

》任务目标

1. 掌握红茶审评方法等知识。

2. 能根据红茶实物样的真实情况进行审评操作,且术语描述与实际等级用词相差不超半个级。

》任务实施

1. 利用搜索引擎及相关图书,获取红茶茶类的审评方法、各项因子的审评重点等相关知识。

2. 实地到各茶区茶企,调查红茶产品品质优缺点、品质改进措施等情况。

3. 实地到各茶区茶企、销售门店收集不同等级红茶产品,进行品质审评,并给出审评报告。

》考核评价

根据调查时的实际表现、调查深度及审评操作的熟练程度,结合对相关知识的理解程度和调查报告的内容,以及不同等级红茶产品审评情况及审评报告,综合评分。

知识链接

知识点 红茶审评方法

红茶审评采用通用柱形杯审评法:取代表性茶样3g或5g,按茶水比例1∶50置于相应的审评杯中;注满沸水,加盖,计时;浸泡5min后,依次沥出茶汤,留叶底于杯中;按汤色、香气、滋味、叶底的顺序逐项审评。

一、工夫红茶审评

(一)外形

同绿茶长条形成品茶的外形评定,评比形状(条索)、色泽、整碎、净度4项因子。

形状:评比条索紧结、粗壮、粗实、松泡、短秃、粗细及锋苗等情况。工夫红茶的条索,一般从紧卷度、重实度、含毫量来区别优次。要求紧实圆直、锋苗多,凡松扁、弯曲、短秃、轻飘都为次级。

色泽:评比色泽的乌润、灰枯、调匀、驳杂情况和含毫量。高级茶的色泽多为乌黑油润且调匀一致,灰枯驳杂的一般为低级茶。粗茶反复筛切,或老嫩混杂,均会造成驳杂。

整碎：评比匀齐度及下盘茶含量。凡筛号茶拼配适当、3段茶衔接匀称的，整体较平伏、匀齐。如果下段茶含量多，则碎末茶多；如果中段茶少，则上、下粗细悬殊，造成上、下脱节，均不符合精制茶标准。

净度：评比含梗量、片、朴、筋皮等夹杂物。一般低级茶有少量夹杂。

（二）内质

汤色：工夫红茶汤色红浓鲜艳，碗沿有黄色"金圈"。汤色"红浓明亮"，优于"红浓、亮度稍次，或亮而欠浓"，优于"浅亮，或浓暗、浅暗"。

香气："香气高长，即浓郁鲜甜，冷香持久"，优于"香气高较短、纯正甜香，持久程度较差"，优于"香气低而短，或有粗青气味"。滇红具有花香，祁门红茶具有玫瑰花香、蜜糖香。

滋味：滋味"醇厚、甜和，鲜爽度和收敛性强"，优于茶味"醇和，稍有收敛性"，优于"粗淡、平淡或粗涩"。

叶底：工夫红茶色泽红艳鲜活，芽叶齐整匀净，柔软厚实。忌花青暗条。红茶叶底嫩度随等级高低由软至硬，由细至粗，由卷至摊；色泽由红至暗，由鲜至枯。

二、红碎茶审评

（一）外形

红碎茶外形评比形状（条索或颗粒）、整碎、色泽和净度。按红碎茶的规格不同，有叶茶、碎茶、片茶和末茶4种类型。

其中叶茶为红碎茶中的细条形茶，外形评比条索的松紧、长短、粗细以及有无锋苗，以条索紧细圆直重实为好；整碎评比匀整度，即叶茶中不应含有碎、片、末茶；净度评比有无梗、筋皮、黄片等；色泽评比乌润或泛棕、枯暗、匀杂及毫尖的含量。

碎茶为颗粒形茶，形状主要评比颗粒的大小、紧卷度、身骨轻重，以颗粒紧卷、身骨重实为好；整碎主要评比匀齐度，即有无片、末茶及其含量的多少，拼配是否恰当；色泽评比鲜或枯润，匀杂等；净度评比有无筋皮、毛衣和杂质以及含量的多少。

片茶为木耳片形，即皱折片形茶，末茶为砂粒状，形状主要评比皱折片及砂粒的大小、身骨的轻重，以身骨重实为好；整碎主要评比匀齐度，是否含末茶及含量的多少，末茶是否含灰；色泽评比鲜润或枯暗，匀杂等；净度评比筋皮、毛衣及杂质的含量。

（二）内质

红碎茶审评重在内质，而内质主要注重香味，汤色、叶底与香味有关联性，仅作为参考因子。

1. 香味与滋味

红碎茶滋味与香气关系密切，因为品味时能够感受到茶的香气，故两个因子一并审评。主要评比浓度、强度、鲜度。

浓度：评茶味"质感"浓淡。

强度：评茶味"刺激性"，即有无轻快的涩味，不要求平和或醇和。

鲜度：评"清新、鲜爽"程度，也是香气协同表达的程度，不单指茶味。

一般茶要求浓度为主,结合强度和鲜度综合判断;花香红茶,以特异的香味为主判断;其他有缺点茶香味,按品质要求进行辨别。

2. 汤色

评红色深浅和明亮度。以红艳明亮为好,红暗、红灰、浅淡、浑浊为差。加牛奶后汤色以粉红或棕红为好,淡黄、淡红次之,暗褐、浅灰、灰白为差。

3. 叶底

评嫩度、匀度、亮度。

嫩度:叶底柔软、肥厚光滑表示嫩度好,糙硬、瘦薄者差。

匀度:评比老嫩和发酵是否均匀,以红艳均匀为好,驳杂暗褐的为差。

亮度:评比叶底亮暗,嫩度好,发酵适当,叶底明亮;嫩度差或发酵过度,亮度差。

三、小种红茶审评

(一)外形

条索评比松紧、轻重、扁圆、弯曲、长短等;嫩度评比锋苗;色泽评比颜色、润枯、匀杂;整碎度评比匀齐、平伏和3段茶比例;净度评比筋、梗、片、朴、末及非茶类夹杂物的含量。以紧结、身骨重实、锋苗显露、色泽乌润调匀、完整平伏、不脱档、净度好为佳。中、下档茶允许有一定量的筋、梗、片、朴,但不能含任何非茶类夹杂物。

(二)内质

小种红茶汤色一般为橙红、橙黄明亮,过浅或过暗,以及深暗混浊的汤色最差。

香气主要把握是否具有松烟香,香气呈鲜甜型。香气审评包括纯异、香型、鲜钝、高低和持久性等内容。以香高悦鼻,冷后仍能嗅到余香者为好;香高而稍短者次之;香低而短,带粗老气者品质差;如果出现异味,则是残次产品。

滋味审评包括纯异、浓淡、鲜陈、醇涩等内容,以醇厚甜润、鲜爽为好,淡薄粗涩为差。由于使用松柴干燥,滋味有类似桂圆汤的烟熏风味和甜醇感。

叶底色泽以红明、古铜色为好,红暗、红褐、乌暗、花青为差。由于使用松柴熏制,叶底的颜色更加深暗,硬度也稍大。

 思考与练习

一、名词解释(请依据审评术语国家标准解释以下名词)

金毫、冷后浑、桂圆干香、浓强、花青、甜纯、祁门香

二、单项选择题

1. 祁红毛茶标准样设置( )。

A. 3级9等   B. 4级8等   C. 5级10等   D. 6级12等

2. 红茶萎凋时间应充足,最短不可少于( )。

A. 8h   B. 7h   C. 6h   D. 10h

3. 二级工夫红茶(中小叶种)的滋味是( )。

A. 醇和爽口   B. 醇厚爽口   C. 醇厚甘爽   D. 醇和

4. 某一小包装茶样的编号前冠有"BT"字母，表示（　　）。

A. 红茶   B. 绿茶   C. 乌龙茶   D. 紧压茶

5. 红茶叶底嫩度评定，主要是看叶的（　　）。

A. 芽的大小   B. 芽与叶的多少

C. 正常芽与休止芽   D. 叶的软硬度和有无弹性

三、判断题

1. 条形红毛茶评比时，要看条索是否细紧重实平伏。（　　）
2. 上档红碎茶片外形是颗粒状的。（　　）
3. 红茶光圈的颜色正常、鲜明而厚的亮度好。（　　）
4. 正山小种红茶外形条索肥壮，紧结圆直，不带芽毫，色泽乌黑油润，带有松烟香。（　　）
5. 审评时，常用桂圆香描述祁门红茶香气。（　　）

四、填空题

1. 小种红茶具有松烟味应做_____处理。
2. 红茶茶汤冷却后，往往会产生_____现象，是茶汤浓度好的标志。
3. 红茶茶汤加入牛奶后显现的色泽，俗称_____。
4. 工夫红茶审评外形，评比_____、_____、_____、_____4项因子。
5. 红茶品质特征是_____。

五、简答题

1. 红茶精制茶审评选取什么规格的审评杯碗？称茶几克？计时几分钟？
2. 简述红碎茶的审评方法。
3. 简述红茶的几种常见外形，并举例说明。
4. 简述正山小种、利川红的品质特征。

六、拓展与论述题

请以小组为单位，开展湖北红茶品质特征及发展现状调查。

项目完成情况及反思

1. _____
2. _____
3. _____
4. _____
5. _____

项目五 黄茶审评

知识目标

1. 了解黄茶发展历史及现状。
2. 理解黄茶分类及品质构成。
3. 理解黄茶加工工艺与品质特征的关系。

能力目标

1. 能运用黄茶审评方法开展黄茶审评。
2. 能准确运用感官审评术语描述黄茶感官品质。

素质目标

1. 通过黄茶审评规范操作的训练,培养客观、严谨的茶叶审评工作作风。
2. 通过对黄茶发展历史及产区生产相关知识的学习,养成不断学习探索的钻研精神。

数字资源

任务一 认识黄茶

 任务指导书

>> **任务目标**

1. 了解黄茶茶类形成与发展、黄茶加工工艺及品质形成等知识。
2. 能进行各类黄茶各项品质特征描述。

>> **任务实施**

1. 利用搜索引擎及相关图书，获取黄茶茶类在不同时期、不同地域的加工、利用、品饮方法及文化价值等相关知识。

2. 实地到各茶区，调查各茶企黄茶茶类生产习惯、加工工艺、使用的设备设施等生产情况，获知黄茶在实际的生产加工中各项品质因子形成的机理及各工艺环节与各项品质的关系。

3. 利用搜索引擎及相关图书，调查黄茶国内外相关资料、行业及地方新旧标准，理解不同标准间的关系及差异、新旧标准间的差异、新标准修订的目的和意义。

4. 实地到各茶区，调查各茶企在黄茶实践审评中各项品质因子术语运用的情况，及其与各项标准间的差异情况，并形成调查报告。

>> **考核评价**

根据调查时的实际表现及调查深度，结合对相关知识的理解程度及调查报告的内容，综合评分。

 知识链接

知识点一 黄茶茶类形成与发展

据史料推测，黄茶在公元 7 世纪就有生产，但当时的黄茶不同于现在的黄茶，是由一种自然发黄的茶树品种的芽叶制成的。如在唐朝早有盛名的安徽"寿州黄芽"，就是以自然发黄的茶芽蒸制为团茶而得名。而现在所说的黄茶类，是指经过改进，在绿茶制作中加入闷黄工艺逐渐演变而来的。在绿茶炒青制造实践中，鲜叶杀青后若不及时揉捻，或揉捻后不及时烘干或炒干，堆积过久，均会变黄；炒青杀青温度低，或蒸青杀青时间过长，也会使叶子变黄，产生黄叶黄汤。因此在炒制绿茶的实践中，出现了黄茶类。

黄茶制作工艺在 1570 年前后形成。明代许次纾在《茶疏》中叙述："顾彼山中不善制造，就于食铛大薪炒焙，未及出釜，业已焦枯，讵堪用哉，兼以竹造巨笱，乘热便贮，虽有绿枝紫笋，辄就萎黄，仅供下食，奚堪品斗。"这是批评制茶技术不当，将绿茶做成了黄茶，与现代皖西黄大茶制法与特点相近，说明明代中后期以前就已有黄茶生产了。清朝是黄茶发展的巅峰时期，黄茶制作工艺广泛传播，黄茶制作技术趋于成熟但并不与绿茶明确区分。这个时期，黄茶品种纷纷出现，如温州黄汤、贵州海马宫茶、广东大叶青、莫干黄芽、君山银针、远安鹿苑等。18~19世纪，蒙古人甚至将黄茶作为实物货币，当地主要商品用茶叶来标价。他们将黄茶茶砖分成60份，每一份的价值为"一黄茶"。"半茶"则是茶砖的一半，也就是等于30"黄茶"。1870年，一头羊的前半身值2.5~4"黄茶"，后半身则值4~6"黄茶"；一磅（约453.6g）牛肉值2~3.5"黄茶"，一头活羊值10~16"黄茶"，一头活牛则值30~50"黄茶"。

民国时期，因战乱与经济等多方面因素，黄茶生产曾停顿。后经王泽农先生等挖掘挽救恢复工艺与生产，形成君山银针、蒙顶黄芽、霍山黄芽等黄小茶，以及主销山东、山西的霍山黄大茶，奠定了我国黄茶类的基本品系与产销布局。

中华人民共和国成立后，黄茶产销规模逐年扩大。湖南、四川、浙江、湖北等省份近几年生产的传统黄茶逐渐被国内消费市场所接受，除产地销售外，山西、陕西、山东等省份成为主销区。蒙顶黄芽行销于四川及华北各大城市。莫干黄芽、平阳黄汤主销北京、天津等地。君山银针更是蜚声中外，自1956年参加德国莱比锡国际博览会获金奖后，形成了较大的出口规模。沩山毛尖深得新疆、甘肃等地少数民族人民喜爱，被视为珍贵礼茶。

黄茶传统的分类，是根据鲜叶原料的嫩度分为黄小茶和黄大茶。黄小茶有君山银针、蒙顶黄芽、霍山黄芽、沩山毛尖、北港毛尖、平阳黄汤、远安鹿苑茶等，其中君山银针、蒙顶黄芽属于黄芽茶；黄大茶有皖西黄大茶、广东大叶青茶。由于目前全国各茶区都具备生产黄茶产品的条件，在黄茶审评过程中应以2014年发布的《茶叶分类》（GB/T 30766—2014）中的黄茶分类标准结合《黄茶》（GB/T 21726—2018）和传统分类进行客观评定。

知识点二 黄茶加工工艺及品质形成

一、黄茶加工流程

黄茶制法源于古代传统方法，鲜叶杀青后经闷黄再干燥，即鲜叶—摊放—杀青—揉捻—闷黄—干燥。现代制法经过分次闷黄，结合烘（炒），有10道工序：摊青—杀青—摊凉—初烘—摊凉—初包闷黄—复烘—摊凉—复包闷黄—足火。中间的摊凉和复烘工序，有利于提高香气。

蒙顶黄芽制作需8道工序（一芽一叶初展）：杀青—初包—二炒—复包—三炒—摊放—整形提毫—烘焙。初包是使茶叶在热（温）湿作用下发生缓慢的化学变化，使色泽黄变，减少青草味；复包、摊放为进一步的干热作用，色素、多酚类、香气物质进一步转化，形成黄汤黄叶。

1. 摊放、杀青、揉捻、干燥

参考绿茶加工工艺及品质形成内容。杀青时，必须杀匀、杀透，不夹杂红梗红叶。

在烘焙干燥阶段，温度先低后高，低温烘焙是闷黄的继续，最后用较高温度，促进香气、滋味、黄叶黄汤的进一步形成。

2. 闷黄

黄茶的闷黄，实际是"构香、构味、构色"的过程，不是简单的变色。品质形成的主导因素是热化学作用。闷黄有湿热和干热两种处理，湿热是在中度含水量(45%)和中等温度(45~50℃)下进行，起"构色、构味"作用；干热是在含水量较少(25%~20%)时进行，进一步改善色、味，兼有提香作用。

二、黄茶品质形成

（一）黄茶形状形成

芽型黄茶中的黄芽茶不经揉捻。如君山银针(单芽)采用中叶品种嫩芽作原料，原料采摘极为讲究。茶芽肥硕不弯，制作不经揉捻，按自然状态成形，形状肥壮紧实挺直，芽身金黄披毫，很有质感，有着"金镶玉"的美称。冲泡时芽体上下游移，俗称"三起三落"。茶芽吸水后聚集杯底，如群笋竞发。芽叶型黄茶中的蒙顶黄芽(一芽一叶初展)外形芽毫显露、外形扁直、色泽微黄，是因为在杀青时结合压、抓、撒手法，整形提毫时结合拉直、压扁手法。多叶型黄茶成型的关键手法是在"二青锅"用"茶扫"团炒，制成梗叶相连似鱼钩的外形。

（二）黄茶外形色泽形成

黄茶外形的呈色成分为多酚类氧化色素(茶黄素)、叶绿素及其降解物质(脱镁叶绿素)、叶黄素等。因黄茶闷黄发酵程度轻，故主要呈色成分是由杀青、闷黄过程产生的。

（三）黄茶内质形成

黄茶香气清悦，味醇爽口，色泽"黄叶黄汤"。在湿热的作用下大部分叶绿素降解，使绿色减少，黄色显露。黄茶的"构色"，是在杀青基础上，经过烘炒闷黄处理，引起叶绿素进一步脱镁转化，茶黄素、茶红素、黄酮类氧化色素以及叶黄素等增多，综合构成茶汤、叶底的呈色成分。茶汤的浓醇鲜爽度的提高是由于部分含有苦涩味的酯型儿茶素裂解为简单儿茶素和没食子酸，蛋白质裂解为氨基酸，淀粉裂解为可溶性糖，减轻了苦涩味。黄茶香清味醇的内质特征则是在湿热作用下，低沸点的青草气挥发除去，香气单体聚合脱水异构化产生茶香，氨基酸与糖进一步转化为香气物质，同时滋味物质得到适当转化所形成。黄茶一般香气不浮不闷不露，以清为主，除多叶型黄茶类之外一般不讲究炒焙香，可能与多次烘焙堆闷的工艺特点有关。

知识点三　黄茶品质特征描述

一、外形描述

黄茶品质特征描述的范围与绿茶相似，反映黄茶品质的主要性状是干茶色黄。外形描述主要区别嫩度、形状。如黄芽茶：芽头"肥硕"，满披茸毛，色泽"金黄"光亮，有"金镶玉"的美称。芽叶型黄茶：细紧，匀齐，多毫，无梗杂。多叶型黄茶：叶肥梗壮，梗叶连枝，色泽金黄油润。各外形等级描述可参考绿茶。

二、内质描述

包括色香味和叶底，要注意区分各类黄茶香味特征。反映黄茶内质的主要性状是汤色黄，叶底黄，香味清悦纯和。例如，君山银针（芽型黄茶），汤色浅黄，香清鲜，滋味甘鲜；蒙顶黄芽，香清纯，汤色黄亮，滋味甘醇，叶底嫩黄成朵；沩山毛尖（芽叶型黄茶），有浓厚烟香；霍山黄大茶，滋味浓厚，有锅巴香等。黄芽茶的香气表述，一般为"清鲜""清纯""嫩香"。芽叶型黄茶香气中的松烟香和多叶型黄大茶的锅巴香属于特殊类型，茶味中还有烟、焦味。黄茶汤色、叶底忌青绿色，有类似缺点时，各内质等级描述可参考绿茶。

三、不同类别黄茶各等级感官品质要求

参照国家标准《黄茶》（GB/T 21726—2018），将黄茶分为芽型、芽叶型、多叶型和紧压型4种类型，各类别的感官品质要求见表5-1所列。

表5-1 不同类别黄茶感官品质要求

类别	外形				内质			
	形状	整碎	净度	色泽	香气	滋味	汤色	叶底
芽型	针形或雀舌形	匀齐	净	嫩黄	清鲜	鲜醇回甘	杏黄明亮	肥嫩黄亮
芽叶型	条形、扁形或兰花形	较匀齐	净	黄青	清高	醇厚回甘	黄明亮	柔嫩黄亮
多叶型	卷略松	尚匀	有茎梗	黄褐	纯正、有锅巴香	醇和	深黄明亮	尚软黄，尚亮，有茎梗
紧压型	规整	紧实	—	褐黄	纯正	醇和	深黄	尚匀

参照安徽省地方标准《地理标志产品霍山黄芽茶》（DB34/T 319—2012），霍山黄芽茶感官品质要求见表5-2所列。

表5-2 霍山黄芽茶感官品质要求

项目	特一级	特二级	一级	二级	三级
外形	雀舌匀齐	雀舌	形直尚匀齐	形直微展	尚直微展
色泽	嫩绿微黄披毫	嫩绿微黄显毫	色泽微黄白毫尚显	色绿微黄有毫	色绿微黄
香气	清香持久	清香持久	清香尚持久	清香	有清香
滋味	鲜爽回甘	鲜醇回甘	醇尚甘	尚鲜醇	醇和
汤色	嫩绿鲜亮	嫩绿明亮	黄绿清明	黄绿尚明	黄绿
叶底	嫩黄绿鲜明	嫩黄绿明亮	绿微黄明亮	黄绿尚匀	黄绿

参照安徽省地方标准《地理标志产品霍山黄大茶》(DB34/T 3020—2017)，霍山黄大茶感官品质要求：外形条索叶片成条，枝叶相连，形似钓鱼钩，梗叶古铜色，汤色深黄，滋味浓厚具焦糖香，叶底黄色。

参照湖南省地方标准《沩山毛尖》(DB43/T 1078—2015)，沩山毛尖感官品质要求见表5-3所列。

表5-3　沩山毛尖感官品质要求

级别	外形				内质			
	条索	色泽	整碎	净度	香气	滋味	汤色	叶底
特级	细紧、多毫	黄润	匀整	净	嫩香、高长	醇甜爽口	黄亮	黄亮、嫩匀
一级	紧细、显毫	黄润	较匀整	净	清香、持久	醇厚回甘	黄亮	黄亮、匀
二级	紧结、有毫	尚黄润	尚匀整	净	清香、纯正	醇厚	黄明	黄、尚匀

参照湖南省岳阳市茶叶协会团体标准《岳阳黄茶》(T/YYCX 001—2019)，岳阳黄茶感官品质要求见表5-4所列。

表5-4　岳阳黄茶感官品质要求

种类和级别	外形				内质			
	形状	整碎	净度	色泽	香气	滋味	汤色	叶底
岳阳君山银针特级	针形，芽头饱满，肥壮，金毫显露	匀齐	净	黄润	清鲜持久	鲜醇回甘	杏黄明净	嫩黄明亮，开水冲泡5min后，有90%以上的芽头竖立在玻璃杯中
岳阳君山银针一级	针形，芽头较饱满，有金毫	匀齐	净	黄较润	清香较持久	鲜醇回甘	绿黄较亮	绿黄较亮，开水冲泡5min后，有70%以上的芽头竖立在玻璃杯中
岳阳黄芽特级	芽头饱满，肥壮	匀齐	净	绿黄润	清高	醇厚回甘	绿黄明亮	肥壮，匀整，绿黄亮
岳阳黄芽一级	芽头饱满，较肥壮	较匀齐	净	黄较润	清高	醇厚回甘	绿黄较亮	较肥壮，较匀整，绿黄较亮
岳阳黄叶特级	条索紧细	较匀齐	较净	绿黄较亮	清香，较高长	醇厚，较爽	绿黄较亮	尚软，尚匀整，绿黄较亮
岳阳黄叶一级	条索紧结	尚匀整	尚净	黄较亮	清香，尚高长	醇厚	黄较亮	尚匀，绿黄尚亮，有嫩梗
岳阳黄叶二级	条索尚紧结	欠匀整	尚净	黄尚亮	尚纯正	醇和	黄尚亮	欠匀，黄褐尚亮，有嫩梗
岳阳紧压黄茶特级	规整，棱角分明	较紧实	—	黄或褐黄	纯正	醇厚	黄较亮	较匀

(续)

种类和级别	外形				内质			
	形状	整碎	净度	色泽	香气	滋味	汤色	叶底
岳阳紧压黄茶一级	较规整	较紧实	—	黄或褐黄	纯正	醇和	黄尚亮	尚匀
岳阳紧压黄茶二级	尚规整	尚紧实	—	黄或褐黄	尚纯正	醇和	黄尚亮	欠匀
紧压金花黄茶特级	规整，棱角分明，内部发花茂盛，无杂霉菌	尚紧实	—	黄或褐黄	纯正	醇厚，无涩味	橙黄较亮	较匀
紧压金花黄茶一级	较规整，棱角分明，内部发花普遍，无杂霉菌	尚紧实	—	黄或褐黄	纯正	醇和，无涩味	橙黄尚亮	尚匀

参照供销行业标准《莫干黄芽茶》(GH/T 1235—2018)，其感官品质要求见表5-5所列。

表5-5 莫干黄芽茶感官品质要求

级别	外形				内质			
	条索	整碎	色泽	净度	香气	滋味	汤色	叶底
特级	细紧卷曲	匀整	嫩黄润	匀净	清甜	甘醇	嫩黄明亮	较细嫩黄明亮
一级	紧结卷曲	较匀整	尚黄润	较匀净	清纯	醇爽	黄明亮	嫩匀稍黄明亮
二级	尚紧结卷曲	尚匀整	尚黄	尚匀净	尚清纯	尚醇	黄较亮	尚嫩匀较黄明亮

任务二 开展黄茶审评

任务指导书

任务目标

1. 掌握黄茶审评方法等知识。

2. 能根据黄茶实物样的真实情况进行审评操作，且术语描述与实际等级用词相差不超半个级。

任务实施

1. 利用搜索引擎及相关图书,获取黄茶茶类的审评方法、各项因子的审评重点等相关知识。

2. 实地到各茶区茶企,调查黄茶产品品质优缺点、品质改进措施等情况。

3. 实地到各茶区茶企、销售门店收集不同等级黄茶产品,进行品质审评,并给出审评报告。

考核评价

根据调查时的实际表现、调查深度及审评操作的熟练程度,结合对相关知识的理解程度和调查报告的内容,以及不同等级黄茶产品审评情况及审评报告,综合评分。

 知识链接

知识点　黄茶审评方法

黄茶审评采用通用柱形杯审评法:取代表性茶样 3g 或 5g,按茶水比例 1∶50 置于相应的审评杯中;注满沸水,加盖,计时;浸泡 5min 后,依次沥出茶汤,留叶底于杯中;按汤色、香气、滋味、叶底的顺序逐项审评。

黄茶外形评定形状(包括条索和嫩度)、整碎、色泽、净度,评比内容与绿茶基本相同,但要抓住重点,如远安鹿苑茶外形有鱼子泡的特性。内质审评也与绿茶相同。外形色泽和内质色泽以黄为基本特征。香气审评纯异、长短。香气与花色品种、加工特殊性有关,如一般的产品为清纯或纯正,特征不是很突出;也有含异香的,如宁乡沩山毛尖有松烟香,霍山黄大茶有锅巴香。汤色审评深浅和亮度。黄芽茶色浅黄,芽叶型色杏黄,多叶型色深黄,以明亮为好。滋味以浓醇或醇爽为好。叶底审评匀整和色泽,要求芽叶匀整,色泽黄亮。

一、黄芽茶审评

鲜叶采摘标准为单芽至一芽一叶初展,品种花色主要有蒙顶黄芽、霍山黄芽、君山银针等。

(1) 外形审评

外形以芽形完整、嫩匀为好,芽形细瘦、干瘪、不饱满者差;色泽以嫩黄油润为佳,黄暗、暗褐者差。

(2) 汤色审评

汤色评深浅和亮度。黄芽茶色浅黄、嫩黄,以明亮为好。绿色、褐色、橙色和红色均不是正常色,茶汤带褐色多为陈化质变之茶。

(3) 香气审评

香气评纯异、香型、持久性。黄芽茶香气高爽带嫩香,火工饱满。烟焦、青气均不正常。

(4) 滋味审评

滋味以浓醇、醇爽、甘爽为好。注意把握黄茶滋味的醇,回味甘甜润喉。

(5)叶底审评

叶底评匀整度和色泽。要求芽形匀整,色泽嫩黄明亮。

二、芽叶型黄茶审评

鲜叶采摘标准为一芽一、二叶,品种花色主要有浙江的平阳黄汤,湖南的沩山毛尖和北港毛尖,以及湖北的远安鹿苑茶等。

(1)外形审评

外形以紧结、匀整为好,条索松散、短碎者差;色泽以嫩黄油润为佳,黄暗、暗褐者差。

(2)汤色审评

汤色评深浅和亮度。芽叶型黄茶色浅黄、杏黄,以明亮为好。绿色、褐色、橙色和红色均不是正常色,茶汤带褐色多为陈化质变之茶。

(3)香气审评

香气评纯异、香型、持久性。芽叶型黄茶香气高浓持久,火工饱满。烟焦、青气均不正常。

(4)滋味审评

滋味以浓醇、醇爽为好。醇而不苦,粗而不涩。注意把握黄茶滋味的醇,回味甘甜润喉。

(5)叶底审评

叶底评匀整和色泽。要求芽叶匀整,色泽黄明。

三、多叶型黄茶审评

鲜叶采摘标准为一芽三、四叶或一芽四、五叶,产量较大,品种花色主要有安徽霍山黄大茶和广东大叶青。

(1)外形审评

外形以壮结、匀整为好,条索松散、短碎者差;色泽褐者为佳,黄暗、暗褐、无光泽者差。

(2)汤色审评

汤色评深浅和亮度。黄大茶汤色深黄,焙火程度重时,橙黄、橙红属正常。绿色不是正常色。

(3)香气审评

香气评纯异、香型、持久性。黄大茶香气高浓持久,火工高。烟焦、青气均不正常。

(4)滋味审评

滋味以浓醇、醇爽为好。醇而不苦,粗而不涩。

(5)叶底审评

叶底评匀整和色泽。要求叶形完整,色泽黄明。

思考与练习

一、名词解释(请依据审评术语国家标准解释以下名词)

鱼子泡、锅巴香、梗枝连叶、黄青、金黄光亮

二、单项选择题

1. (　　)是形成黄茶品质的关键工序。
   A. 杀青　　　　B. 揉捻　　　　　　C. 闷黄　　　　　　D. 干燥
2. 君山银针属于(　　)类。
   A. 绿茶　　　　B. 红茶　　　　　　C. 黄茶　　　　　　D. 白茶
3. 著名的黄茶品种有(　　)。
   A. 黄山毛峰　　B. 广东大叶青　　　C. 远安鹿苑　　　　D. 平阳黄汤
4. 黄茶外形的呈色成分不包括(　　)。
   A. 花黄素　　　B. 黄酮　　　　　　C. 脱镁叶绿素　　　D. 叶黄素
5. 芽型黄茶的色泽呈(　　)。
   A. 褐黄　　　　B. 浅黄　　　　　　C. 杏黄　　　　　　D. 橙黄

三、判断题

1. 黄茶审评时一般按冲泡的顺序依次嗅香气。　　　　　　　　　　　　　(　　)
2. 大叶型黄茶的汤色呈深黄明亮。　　　　　　　　　　　　　　　　　　(　　)
3. 黄茶、白茶、红茶审评也分为毛茶审评和精制茶审评,方法同乌龙茶。　(　　)
4. 根据《黄茶》(GB/T 21726—2008)标准描述,黄茶的初制总历时要逾60h。(　　)
5. 黄大茶香气高浓持久,火工高,烟焦很正常。　　　　　　　　　　　　(　　)

四、填空题

1. 黄芽茶芽头肥硕,满披茸毛,色泽金黄光亮,有_____的美称。
2. 多叶型黄茶鲜叶采摘标准为_____或_____。
3. 黄茶香气与花色品种、加工特殊性有关,如一般的产品为清纯或纯正,特征不是很突出;也有含异香的,如宁乡沩山毛尖有_____,霍山黄大茶有_____。
4. 现在所说的黄茶类,是指经过改进,在绿茶制作中加入_____工艺逐渐演变而来的。
5. 黄芽茶汤色审评,色_____、_____,以明亮为好。而芽叶型黄茶汤色审评,色_____、_____,以明亮为好。

五、简答题

1. 简述蒙顶黄芽的审评方法。
2. 黄茶香气专业评审术语有哪些?
3. 简述黄茶审评的正确冲泡方法。

六、拓展与论述题

1. 请以3款茶为例,开展不同茶树品种黄茶品质分析。

2. 请描述以下 5 款茶样外形。

项目完成情况及反思

1.
2.
3.
4.
5.

项目六 白茶审评

知识目标

1. 了解白茶发展历史及现状。
2. 理解白茶分类及品质构成。
3. 理解白茶加工工艺与品质特征的关系。

能力目标

1. 能熟练运用白茶审评方法开展白茶审评。
2. 能准确运用感官审评术语描述白茶感官品质。

素质目标

1. 通过白茶审评实操细节训练,培养客观、严谨的茶叶审评工作作风。
2. 通过对白茶发展历史的学习,形成不断学习探索的钻研精神。

数字资源

任务一 认识白茶

 任务指导书

任务目标

1. 了解白茶茶类形成与发展、白茶加工工艺及品质形成等知识。
2. 能进行各类白茶各项品质特征描述。

任务实施

1. 利用搜索引擎及相关图书，获取白茶茶类在不同时期、不同地域的加工、利用、品饮方法及文化价值等相关知识。

2. 实地到各茶区，调查各茶企白茶茶类生产习惯、加工工艺、使用的设备设施等生产情况，获知白茶在实际的生产加工中各项品质因子形成的机理及各工艺环节与各项品质的关系。

3. 利用搜索引擎及相关图书，调查白茶国内外相关资料、行业及地方新旧标准，理解不同标准间的关系及差异、新旧标准间的差异、新标准修订的目的和意义。

4. 实地到各茶区，调查各茶企在白茶实践审评中各项品质因子术语运用的情况，及其与各项标准间的差异情况，并形成调查报告。

考核评价

根据调查时的实际表现及调查深度，结合对相关知识的理解程度及调查报告的内容，综合评分。

 知识链接

知识点一 白茶茶类形成与发展

关于我国六大茶类的起源，学术界历来认为，最先发明的是绿茶，然后依次是黄茶、黑茶、白茶、红茶、青茶。也就是说，在绿茶制法问世之前的2000多年的历史长河中，茶叶生产均属于非正式的生产，没有科学性，不能单独分门别类自成体系。只是在唐代发明了蒸青团茶的绿茶制法以后，才逐步形成其他茶类制法。

与前述学术界的观点不同，湖南农业大学的杨文辉先生认为白茶在4000多年前已有，比绿茶诞生还要早2000多年，因先人采摘茶叶干晒的方法属于白茶制法的范畴。在他看来，白茶应始于神农尝百草时期。"神农尝百草，日遇七十二毒，得荼而解之。"神农尝百草遇毒时，正是从茶树上摘下鲜叶咀嚼而解毒，从而认识了茶的药用价值。从此之后，人们开始采摘茶树上的鲜叶，自然晒青、晾干、收藏茶叶。当时尚无制茶法，人们运用的自然晾青的茶叶"萎凋"工序，是一种古老的制草药方法。由此可见，从制造方式来讲，这是中国茶叶史上"古代白茶"的诞生。

唐代陆羽的《茶经》引用隋代的《永嘉图经》记载："永嘉县东三百里有白茶山。"在之后的古代文献中，也偶见白茶的记载，如杨华在其所撰《膳夫经手录》中有"今真蒙顶，有鹰嘴白茶"的记载。陈椽教授在《茶业通史》中指出："永嘉东三百里是海，是南三百里之误。南三百里是福建的福鼎（唐为长溪县辖区），系白茶原产地。"可见唐代长溪县（闽东）已有白茶。

宋代所谓的白茶，是指偶然发现的从白叶茶树上采摘而成的茶，与后来发展起来的不炒不揉而成的白茶不同。其主要依据是"白茶"在宋代最早出现在《大观茶论》和《东溪试茶录》中（文中说建安7个茶树品种中名列第一的是"白叶茶"）。据史料记载，宋初茶叶仍沿袭唐代制法，所生产的"片茶"与唐代蒸青饼茶相同。宋代"白茶"颇为盛名，叶宝存的《白茶溯源》中记载：宋庆历年间（1041—1049年），吴兴、刘异在《北苑拾遗》记载，"官园中有白茶五、六株，而壅培不甚至。茶户唯有王兔者，家一巨株"。这是史书中关于"王家白"的最早记载。随后王家白茶闻名天下，但未见"王家白"制法与品质的具体描述记载。直至宋子安著《东溪试茶录》（1064年）时，人们才对白茶的品质特征有了初步了解。他将"白茶"列为茶叶7个品类之首，书中记载："茶之名有七，一曰白叶茶，民间大重，出于近岁，园焙时有之，地不以山川远近，发不以社之先后，芽叶如纸，民间以为茶瑞，取其第一者为斗茶，而气味殊薄，非食茶之比。"由于白茶品质优异，人们相互传告，繁育扩种，仅建瓯壑源就有10多处地方种白茶，茶户所种白茶数量多的达6株。在这些茶户中，白茶多出于叶氏，这也许是"叶家白"之出处。宋代对白茶记载较详细的应属宋徽宗（赵佶）在位时期，《大观茶论》（成书于1107—1110年，书以年号名）中有一节专论白茶，写道："白茶，自为一种，与常茶不同。其条敷阐，其叶莹薄，林崖之间偶然生出，盖非人力所可致。正焙之有者不过四五家，生者不过一二株，所造止于二三胯（跨）而已。芽英不多，尤难蒸焙，汤火一失，则已变而为常品。须制造精微，运度得宜，则表里昭澈，如玉之在璞，他无与伦也。浅焙亦有之，但品格不及。"宋代的皇家茶园，设在福建建安郡北苑（即今福建省建瓯市境内）。《大观茶论》里说的白茶，其实是早期产于北苑御焙茶山上的野生白茶，是经过蒸、压而成的团茶，与现今的白茶制法并不相同。

一直到明代，才出现了类似现今的白茶。田艺蘅于1554年所著《煮泉小品》中记载："芽茶以火作者为次，生晒者为上，亦更近自然，且断烟火气耳。况作人手器不洁，火候失宜，皆能损其香色也。生晒茶瀹之瓯中，则旗枪舒畅，青翠鲜明，尤为可爱。"《茶谱外集》记载："茶有宜以日晒者，青翠香洁，胜于火炒。"书中提及的制法与现今白茶制法基本相同。

传统白茶制法特异，不炒不揉，成品满披白毫，色泽银白隐绿，汤色浅杏黄。白茶外形美观素雅，白毫银针尤为名贵。因白茶性清凉，有退热降火、祛暑的功效，被海外同胞视为珍品，是特种外销茶类。

目前全国茶区都有生产白茶，常见的有福鼎白茶、政和白茶和云南白茶。白茶的制作以特定品种为原料，要求芽形肥状，白毫满披。成品分芽型白茶、芽叶型白茶及多叶型白茶 3 种。芽型白茶，采用'福鼎大白茶'品种单芽制作的称北路银针，用'政和大白茶'单芽为原料制作的称西路银针。白牡丹采用福鼎及政和特定品种一芽二叶初展为原料制作。近年来，还有采用云南省景谷大白茶单芽为原料制作的，称为月光白。

白茶的传统分类依据茶树品种、采摘标准和加工工艺的不同进行划分。依据茶树品种，采自大白茶树品种的成品称为大白，采自水仙品种的称为水仙白，采自菜茶的称为小白。按采摘标准和加工工艺，可划分为白毫银针、白牡丹、贡眉、寿眉和新工艺白茶，这也是目前最常用的白茶分类方法。

白茶的发展历程为先小白，后大白，再有水仙白；先有银针，后有白牡丹，再有贡眉、寿眉，随后又相继研制出新工艺白茶、白雪芽、白茶饼、花香白茶、γ-氨基丁酸白茶、虫草白茶等新产品。

由于目前全国各茶区都具备生产白茶产品的条件，在白茶审评过程中应以《茶叶分类》（GB/T 30766—2014）中的白茶分类标准结合《白茶》（GB/T 22291—2017）进行客观评定。

知识点二　白茶加工工艺及品质形成

一、白茶加工流程

鲜叶—萎凋—干燥。

目前白茶加工的基本工艺有两种：一是全萎凋工艺，即全程采用自然条件下晾、晒结合至干，也称全日晒工艺；二是半萎凋工艺，即萎凋采用自然条件下晾、晒结合工艺，或在阴雨天气采用萎凋槽加温萎凋工艺，干燥则采用烘干机或炭火烘焙。

二、白茶品质形成

（一）形状形成

白茶不需要揉捻造型，形状的形成是鲜叶进行缓慢的水分蒸发的过程。保持芽的自然状态，叶片的水分缓慢蒸发，叶面因有角质层而失水量少，叶背气孔密且多因而失水量大，同时叶肉较疏松，因此造成不平衡收缩，叶缘、叶尖向叶背反转呈船底状。为了固定形状，在萎凋后期要进行并筛、翻动，使叶片反转，减少板片的产生。萎凋后的茶坯，经过干燥成型。

（二）外形色泽形成

白茶以银白、绿为基本色。茸毛银白色，叶片深绿、灰绿或翠绿。白茶色泽是茶树鲜叶经萎凋、干燥工艺综合形成的。鲜叶在常温条件下萎凋，叶绿素在酶的作用下降解形成叶绿素酸酯（浅蓝绿色至浅黄绿色）。随着萎凋时间延长（36~40h），还可能出现游离的叶绿素，在光、热作用下氧化变为小分子的无色物质。烘焙干燥阶段，叶绿素的脱镁作用加强，形成脱镁叶绿素（绿褐、黄褐色）。其他的色素物质如多酚类物质在鲜叶萎凋过程中发生轻度酶性氧化，烘焙时茶多酚类物质自动氧化产生茶黄素（黄色）。据研究，白茶叶色呈灰橄榄色至暗橄榄色时叶绿素转化率为 30%~36%。

(三)内质形成

(1) 香气形成

在萎凋的前一阶段，随着叶片失水，酶活性加强，青草气成分如青叶醇等发生酶性氧化，生成醛类等物质，使青气减少，转为清香风味。随着多酚类轻度酶性氧化缩合，一些香气前体如氨基酸等在邻醌物质作用下，发生酶促氧化降解，形成花香，并为后续构香作用提供前体物质。这些芳香成分的变化产生类似"萎凋香"的清香气味，成为白茶香气的基础。最后由烘焙的干热作用形成白茶清鲜的香气。

(2) 滋味物质形成

白茶萎凋与红茶萎凋在时间和要求上差别很大，白茶萎凋时间长达数十小时，要求内含成分达到深度转化。在萎凋过程，随着酶活性增强，有机物趋向水解，如淀粉水解为可溶性糖、蛋白质水解为氨基酸，同时多酚类化合物氧化缩合，从而为白茶滋味的形成提供了条件。这一阶段是酶作用过程，虽然进程缓慢，但对滋味形成很重要。例如，鲜味形成是由于氨基酸含量有较大幅度增加；苦涩味会降低是因邻醌物质作用下，多酚类总量减少；涩味进一步消失则是在萎凋的后一阶段，随着含水量进一步降低，酶活性下降，逐渐发生非酶性氧化，带苦涩味的儿茶素发生异构化。白茶滋味甘醇，是在萎凋后的烘焙阶段热作用使苦涩味的物质进一步转化所形成的品质特征。

(3) 汤色形成

形成白茶汤色浅淡、杏黄的必要条件是邻醌物质作用下多酚类物质的变化。白茶汤色呈色成分是黄酮类色素。

(4) 叶底形成

白茶叶底呈浅灰绿色，叶脉微红。其呈色成分主要是叶绿素和叶绿素的降解物；也有极少量的茶黄素、茶红素，其在正常加工条件下，在叶肉部分被绿色掩盖；红变的叶脉，是由于叶脉叶绿素少，多酚类物质氧化沉淀呈色。白茶品质以清醇见长，比其他茶类更接近自然本色。

知识点三　白茶品质特征描述

一、芽型茶品质特征描述

外形描述时，"毫心肥壮""茸毛洁白"表示芽肥毫多、色洁白有光泽。内质描述时，汤色"浅杏黄""杏黄"表示有轻微的发酵，符合白茶品质的要求；香气描述，"清鲜""毫香浓"表示香气清香鲜爽、怡悦；滋味描述，"鲜爽""鲜醇""毫味"表示茶汤入口爽适、回甘；叶底描述，"肥壮""肥嫩"表示嫩度高，芽头肥。

(1) 形状级次描述

硕壮→毫心肥壮→尚肥壮。

(2)色泽描述

毫尖银白→茸毛洁白→银白隐绿。

(3)汤色描述

杏黄→浅黄→橙黄→深黄→泛红。

(4)香气描述

毫香→鲜嫩→鲜爽→鲜纯→纯正→稍粗→失鲜。

(5)滋味描述

鲜醇毫味足→醇爽毫味显→甜醇有毫味。

(6)叶底

从外形肥厚程度、软硬程度、亮度及色泽匀整度等方面描述。

二、芽叶型茶品质特征描述

外形描述时,"芽毫肥壮""芽叶连枝"表示采摘嫩度较高、工艺合理,芽叶连在一起。内质描述时,汤色"杏黄""黄"表示原料级别比芽型茶低,有一定的发酵,内含物质变化程度略深;香气描述,"清鲜""毫香显"表示香气清香鲜爽、毫香明显;滋味描述,"鲜醇""毫味"表示茶汤入口爽适、有茸毛味,有回甘;叶底描述,"芽头肥壮""芽叶连枝""梗脉微红"表示嫩度较高,芽头肥,发酵程度略高。

(1)形状级次描述

毫心肥壮、叶背多茸毛→毫心尚肥壮、叶张嫩→毫心尚壮、叶张尚嫩。

(2)色泽描述

灰绿润→灰绿尚润→灰绿→尚灰绿→灰绿稍暗。

(3)汤色描述

杏黄→浅黄→橙黄→深黄→泛红。

(4)香气描述

鲜嫩毫香显→浓纯有毫香→鲜爽→鲜纯→纯正→稍粗→失鲜。

(5)滋味描述

鲜醇毫味足→甜醇毫味显→清甜有毫味。

(6)叶底

从外形芽叶肥厚程度、芽叶连枝、舒展、平展情况,以及软硬程度、亮度及色泽匀整度等方面描述。

三、多叶型茶品质特征描述

外形描述时,"平伏舒展""叶缘垂卷"表示叶片状态舒张、垂卷、平展,采摘标准较老。内质描述时,汤色"黄亮"表示色黄有反光;香气描述,"鲜纯"表示清香有一定的鲜爽,无异杂气味;滋味描述,"清甜"表示茶汤浓淡适中,有甜味;叶底描述,"黄绿""叶脉带红"表示颜色绿中带黄,叶片主脉微有红色,采摘标准略低。

(1)形状级次描述

叶态卷,毫心显→叶态卷,毫心尚显→叶态尚卷,稍平展→叶态平展。

（2）色泽描述

灰绿润→灰绿或墨绿尚润→灰绿或墨绿→尚灰绿稍暗→尚灰绿稍暗夹红。

（3）汤色描述

杏黄→浅黄→橙黄→深黄→深黄泛红。

（4）香气描述

鲜嫩有毫香→鲜纯有嫩香→鲜纯→纯正→平正稍粗→失鲜。

（5）滋味描述

清甜醇爽有毫味→甜醇→清甜→醇厚→醇正→醇和→平和→稍粗。

（6）叶底

从外形芽叶肥厚程度，芽叶连枝、舒展、平展、破张情况，以及软硬程度、亮度及色泽匀整度等方面描述。

四、白茶不同类别各等级感官品质要求

参照国家标准《白茶》（GB/T 22291—2017），将白茶分为白毫银针、白牡丹、贡眉、寿眉4种类别，各类别各等级感官品质要求见表6-1至表6-4所列。

表6-1　白毫银针各等级感官品质要求

级别	外形				内质			
	条索	整碎	净度	色泽	香气	滋味	汤色	叶底
特级	芽针肥壮、茸毛厚	匀齐	洁净	银灰白富有光泽	清纯、毫香显露	清鲜醇和、毫味足	浅杏黄、清澈明亮	肥壮、软嫩、明亮
一级	芽针秀长、茸毛略薄	较匀齐	洁净	银灰白	清纯、毫香显	鲜醇爽、毫味显	杏黄、清澈明亮	嫩匀明亮

表6-2　白牡丹各等级感官品质要求

级别	外形				内质			
	条索	整碎	净度	色泽	香气	滋味	汤色	叶底
特级	毫心多肥壮、叶背多茸毛	匀整	洁净	灰绿润	鲜嫩、纯爽、毫香显	清甜纯爽毫味足	黄、清澈	芽心多、叶张肥嫩明亮
一级	毫心较显、尚壮、叶张嫩	尚匀整	较洁净	灰绿尚润	尚鲜嫩、纯爽有毫香	较清甜、醇爽	尚黄、清澈	芽心较多、叶张嫩、尚明
二级	毫心尚显、叶张尚嫩	尚匀	含少量黄绿叶	尚灰绿	浓纯、略有花香	尚清甜、醇厚	橙黄	有芽心、叶张尚嫩、稍有红张
三级	叶缘略卷、有平展叶、破张叶	尚匀	稍夹黄片腊片	灰绿稍暗	尚浓纯	尚厚	尚橙黄	叶张尚软有破张、红张稍多

表 6-3　贡眉各等级感官品质要求

级别	外形				内质			
	条索	整碎	净度	色泽	香气	滋味	汤色	叶底
特级	叶态卷、有毫心	匀整	洁净	灰绿或翠绿	鲜嫩、有毫香	清和醇爽	橙黄	有芽尖、叶张嫩亮
一级	叶态尚卷、毫尖尚显	较匀	较洁净	尚灰绿	鲜纯、有嫩香	醇厚尚爽	尚橙黄	稍有芽尖、叶张软尚亮
二级	叶态略卷稍展、有破张	尚匀	夹黄片、铁板片、少量腊片	灰绿稍暗、夹红	浓纯	浓厚	深黄	叶张较粗、稍摊、有红张
三级	叶张平展、破张多	欠匀	含鱼叶腊片较多	花黄夹红梢	浓、稍粗	厚、稍粗	深黄微红	叶张粗杂、红张条

表 6-4　寿眉各等级感官品质要求

级别	外形				内质			
	条索	整碎	净度	色泽	香气	滋味	汤色	叶底
一级	叶态尚紧卷	较匀	较洁净	尚灰绿	纯	醇厚尚爽	尚橙黄	稍有芽尖、叶张软尚亮
二级	叶态略卷稍展、有破张	尚匀	夹黄片、铁板片、少量腊片	灰绿稍暗、夹红	浓纯	浓厚	深黄	叶张较粗、稍摊、有红张

任务二　开展白茶审评

任务指导书

任务目标
1. 掌握白茶审评方法。
2. 能根据白茶实物样的真实情况进行审评操作，且术语描述与实际等级用词相差不超半个级。

任务实施
1. 利用搜索引擎及相关图书，获取白茶茶类的审评方法、各项因子的审评重点等相关知识。
2. 实地到各茶区茶企，调查白茶产品品质优缺点、品质改进措施等情况。

3. 实地到各茶区茶企、销售门店收集不同等级白茶产品，进行品质审评，并给出审评报告。

>> 考核评价

根据调查时的实际表现、调查深度及审评操作的熟练程度，结合对相关知识的理解程度和调查报告的内容，以及不同等级白茶产品审评情况及审评报告，综合评分。

 知识链接

知识点　白茶审评方法

白茶审评采用通用柱形杯审评法：取代表性茶样 3g 或 5g，按茶水比例 1∶50 置于相应的审评杯中；注满沸水，加盖，计时；浸泡 5min 后，依次沥出茶汤，留叶底于杯中；按汤色、香气、滋味、叶底的顺序逐项审评。

白茶紧压产品的审评方法采用紧压茶的审评方法。

当前全国各茶区都具备生产白茶产品的条件，在白茶审评过程中应以《茶叶分类》（GB/T 30766—2014）中的白茶分类标准结合《白茶》（GB/T 22291—2017）进行客观评定。

一、白茶外形审评

白茶外形评比嫩度、色泽、形态、净度。外形评比以嫩度、色泽并重，适当结合形态和嫩度；净度评比是否含有蕾、老梗、老叶及腊叶，禁含非茶类夹杂物。

成品白茶有芽型、芽叶型、多叶型 3 种成品。

芽型：要求外形肥壮、白毫满披、色泽银白、亮，形状美观，不含芽蒂及焦红、红变、黄变、黑色、暗色芽和各种夹杂物。

芽叶型、多叶型：外形评比芽叶形状、色泽、整碎、净度。形状评比芽毫壮瘦、含量多少，叶张评比粗嫩、厚薄、垂卷、平展。色泽评比芽毫光泽度，叶色评比匀杂、枯润。整碎评比完整或破碎。净度评比腊叶杂含量。一般要求芽毫多、芽叶相连、毫心与嫩叶相连，不断碎；叶质嫩匀，毫色银白，叶色灰绿透银白。芽毫少、老嫩不匀，叶色黄变、红变驳杂为次。

二、白茶内质审评

内质湿评以香气、滋味为主，兼评叶底嫩度，汤色仅作参考。嫩度与色泽是白毛茶品质重要因子，在很大程度上决定了白茶的品质。嫩度高，初制工艺合理，色泽墨绿，相对地，内质香气、滋味必然是好的。

1. 香气

审评香气注重"毫香"。一般审评是否清鲜、纯正，毫香是否明显，或香气浓淡程度，有无青臭、失鲜、等级低次或变质现象。

2. 汤色

审评茶汤颜色和清澈度。以杏黄、杏绿、浅黄清澈明亮为好，深黄、橙黄次之，泛红、红色、暗浊为差。

3. 滋味

审评爽涩、醇淡、厚薄。以鲜爽、醇厚、清甜为好，粗涩、淡薄为差。

4. 叶底

审评叶质老嫩、软硬和匀整度；辨别颜色和鲜亮度。以芽叶连枝、毫多芽壮、叶质肥嫩、叶色鲜亮匀整的为好；叶质硬挺、粗老、叶张破碎、叶色花红、黄张、暗杂、焦叶红边的为差。

三、不同白茶内质审评

1. 芽型茶审评

要求毫香清鲜，清甜毫味浓，滋味鲜爽微甜者为上，汤色明亮呈浅杏黄为好；欠新鲜或带青色者为次。

2. 芽叶型茶审评

要求高档茶香气鲜嫩纯爽，毫香显；汤色橙黄清澈；味浓爽甜醇，毫味足；叶底嫩软肥壮多芽，芽叶连枝，叶张完整；叶色黄绿，梗脉微红明亮。香气粗青、汤色泛红、滋味粗淡、叶底红黄及破损的为低下。

3. 多叶型茶审评

滋味要求鲜爽有毫味，叶底以细嫩、柔软、匀整、鲜亮者为佳。中档产品叶底只求叶张软嫩有芽尖，色灰绿匀高，不要求肥壮。凡粗涩、淡薄者为低品。汤色深黄色者次，红色为劣。暗杂或带红张者为低次。

思考与练习

一、名词解释（请依据审评术语国家标准解释以下名词）

芽叶连枝、毫心肥壮、毫尖银白、绿叶红筋、毫香、红张、叶缘垂卷、腊片、铁板色

二、单项选择题

1. 白毫银针鲜叶原料要求严格，只采大白茶树品种上的（   ）。
   A. 单芽　　　　B. 叶子　　　　C. 一芽一叶　　　　D. 一芽二叶
2. 特级白毫银针的汤色是（   ）。
   A. 橙黄、明亮　　B. 黄、清澈　　C. 杏黄、清澈　　D. 浅杏黄、清澈明亮
3. 白毛茶形状评比时，要看茎和（   ）是否相连。
   A. 锋苗　　　　B. 芽毫　　　　C. 叶片　　　　D. 芽叶
4. 外形特征"毫心多，稍肥壮，叶背有白茸毛，毫心很白"，属于大白及水仙白茶（   ）毛茶标准样。
   A. 一级　　　　B. 二级　　　　C. 三级　　　　D. 特级

三、判断题

1. 白茶的茶汤以橙黄、泛红次之。　　　　　　　　　　　　　　　　（   ）

2. 白毛茶收购级等为五级十等，即白毛茶品质规格等级分为一至五级。（   ）

3. 白牡丹鲜叶要求"三白"，即嫩芽、第一叶、第二叶密披白色茸毛。（   ）

4. 白茶萎凋前期香气成分的转化主要是青叶醇等发生酶促氧化，生成醛类等物质，形成清香风味。（   ）

5. 嫩香、清香显的为一级白茶。（   ）

四、填空题

1. 白茶原产于_____，是外销的特种茶之一。

2. 进行白茶形状评比时，要看净度是否含有_____、_____、_____及_____，禁含非茶类夹杂物。

3. 白茶内质审评，是以叶底嫩度、色泽为主，香气注重_____。

4. 白茶内质审评湿评以_____、_____为主，兼评叶底嫩度，_____仅作参考。

5. 芽型茶品质特征描述外形评语为_____，_____表示芽肥毫多、色洁白有光泽。

五、简答题

1. 白茶精制茶审评选取什么规格的审评杯碗？称茶几克？计时几分钟？

2. 简述紧压白茶的审评方法。

3. 简述白茶的几种常见香型，并举例说明。

六、拓展与论述题

请以 3 款茶为例，开展不同茶树品种白茶品质分析。

项目完成情况及反思

1. _____
2. _____
3. _____
4. _____
5. _____

项目七 乌龙茶审评

知识目标

1. 了解乌龙茶发展历史及现状。
2. 理解乌龙茶分类及品质构成。
3. 理解乌龙茶加工工艺与品质特征的关系。

能力目标

1. 能熟练运用乌龙茶感官审评方法独立完成乌龙茶感官审评。
2. 能准确运用感官审评术语描述乌龙茶感官品质。

素质目标

1. 通过乌龙茶审评训练,养成客观、严谨的茶叶感官审评工作作风。
2. 通过对乌龙茶加工品种、产区分类、品质特点及发展历程等相关知识的学习,形成不断学习探索的钻研精神。

数字资源

任务一 认识乌龙茶

任务指导书

任务目标
1. 了解乌龙茶茶类形成与发展、乌龙茶加工工艺及品质形成等知识。
2. 能进行各类乌龙茶各项品质特征描述。

任务实施
1. 利用搜索引擎及相关图书,获取乌龙茶茶类在不同时期、不同地域的加工、利用、品饮方法及文化价值等相关知识。
2. 实地到各茶区,调查各茶企乌龙茶茶类生产习惯、加工工艺、使用的设备设施等生产情况,获知乌龙茶在实际的生产加工中各项品质因子形成的机理及各工艺环节与各项品质的关系。
3. 利用搜索引擎及相关图书,调查乌龙茶国内外相关资料、行业及地方新旧标准,理解不同标准间的关系及差异、新旧标准间的差异、新标准修订的目的和意义。
4. 实地到各茶区,调查各茶企在乌龙茶实践审评中各项品质因子术语运用的情况,及其与各项标准间的差异情况,并形成调查报告。

考核评价
根据调查时的实际表现及调查深度,结合对相关知识的理解程度及调查报告的内容,综合评分。

知识链接

知识点一 乌龙茶茶类形成与发展

乌龙茶又名青茶,品质介于绿茶和红茶之间,既有绿茶的清香,又有红茶的醇厚,具有独特的风味。乌龙茶最早在福建创制。清初王草堂在《茶说》中描述了乌龙茶制作的大致过程:"茶采后以竹筐匀铺,架于风日中,名曰晒青,俟其色渐收,然后再加炒焙……独武夷炒焙兼施,烹出之时半青半红,青者乃炒色,红者乃焙色也。茶采而摊,摊而摝,香气发越即炒,过时不及皆不可。"所述制法与现今乌龙茶制法基本相同。

目前,我国乌龙茶产区主要分布在福建、广东和台湾,乌龙茶适制品种大多是无性系品种。福建产区以闽北的武夷山脉和闽南的戴云山脉为主。闽北产地包括武夷山、建瓯、建阳、邵武等地,主要茶树品种有'大红袍'、'肉桂'、'福建水仙'、

'梅占'、'黄棪'、'黄观音'、'茗科1号'、'瑞香'、'丹桂'、'金牡丹'、'黄玫瑰'等，以及铁罗汉、水金龟、白鸡冠、半天妖等名丛。闽南产地包括安溪、永春、华安、漳平、平和、诏安等地，主要茶树品种有'铁观音'、'黄金桂'、'本山'、'奇兰'、'佛手'、'毛蟹'、'水仙'、'八仙'、'白芽奇兰'等。广东产地包括潮州、梅州、饶平等地，主要产品有岭头单丛、凤凰单丛，茶树品种有黄枝香单丛、芝兰香单丛、八仙单丛、蜜兰单丛等无性系，以及少量'凤凰水仙'等。台湾产地包括台北、桃园、新竹、苗栗、南投、嘉义、高雄、台东、花莲等地，主要茶树品种有'青心乌龙'、'铁观音'、'青心大冇'、'红心大冇'、'红心乌龙'、'金萱'('台茶12号')、'翠玉'('台茶13号')等。

从品质特征及加工工艺上分析，闽北乌龙茶与广东乌龙茶在外形、内质和加工工艺上有很多相同点：外形条索都是条形，外形色泽比较接近，都是黄褐色，做青程度较重，发酵程度较高，产品在后期都需要通过多次烘焙来提升及稳定品质。闽南乌龙茶与台湾乌龙茶在外形、内质和加工工艺上也有很多相同点：外形卷曲或紧结，色泽较绿，揉捻过程都有包揉环节，做青程度较轻，发酵程度较低，产品干燥后可以直接上市。在乌龙茶审评过程中应以《茶叶分类》(GB/T 30766—2014)中的乌龙茶分类标准结合《乌龙茶》(GB/T 30357—2013)及各乌龙茶产区的地方标准进行客观评定。

知识点二　乌龙茶加工工艺及品质形成

一、乌龙茶加工流程

乌龙茶初制基本工艺流程为鲜叶—萎凋—做青(摇青、晾青)—杀青—揉捻(包揉)—干燥—毛茶。

萎凋和做青是乌龙茶品质特征形成的关键工艺，做青包含摇青和晾青两种工艺，此处重点介绍这几种工艺。

(一)萎凋

萎凋方式分为自然萎凋、日光萎凋(晒青)和控温萎凋等，生产中一般根据实际情况灵活运用。鲜叶采摘后利用太阳光照射和自然风萎凋，该过程叶片中的水分蒸发，叶质变柔软，是摇青工序的基础。

晒青时，叶片中的大部分水分通过叶背气孔蒸发，少量从叶面的角质层及梗皮蒸发，形成梗与叶片的水位差，梗中的水分及内含物质向叶片输送。

随着叶片内部水分散失，细胞液浓度增大，叶温上升，开始一系列的化学变化。如叶温升高，部分低沸点带青草气的挥发性物质挥发。糖苷类物质水解，香气单体异构化产生新的香气。在水解酶的作用下，可溶性糖、氨基酸含量增加。部分多酚类物质在多酚氧化酶的作用下聚合、还原、氧化形成乌龙茶特有的次级产物。与此同时，部分叶绿素在光和酶的作用下发生水解，为下一道工艺的品质形成打好基础。

(二)做青

做青环节，摇青与晾青工艺反复交替进行。摇青是指将摊晾适度的鲜叶置于摇青筒内或水筛上做旋转或上下跳动的运动，使叶与叶之间不断碰撞摩擦。晾青是指将鲜叶置于竹筛篓中，翻松后摊晾于青架上，放在凉爽处，使鲜叶中各部位的水分重新分布均匀，并散发叶间热量，控制失水和化学变化速度。晾青是一个散发水分和进行化学变化的过程。

1. 摇青

鲜叶在摇青筒中或水筛上进行碰撞、散落、摩擦运动，细胞（大部分为叶缘细胞）破碎和损裂，水分发生扩散和渗透，细胞间隙充水，叶硬挺，青草气味挥发，鲜叶"活"、有光泽。摇青改变了部分水分的散发方式，促使鲜叶表面气孔部分关闭，有利于控制水分散发的速度，促进茶青"走水"，形成梗、叶之间的水位差，促使水分从梗通过叶柄、叶脉扩散入叶肉，并经细胞间隙渗透到叶缘。

摇青擦破叶缘细胞，加速酶促氧化作用。摇青中，鲜叶的叶缘细胞和少量的叶中部细胞破裂（破碎率为20%～25%），形成了酶活动区，多酚氧化酶与原生质紧密配合，化学变化逐步加剧。

随着摇青次数增多，鲜叶细胞破损率增加，水分散发加快，单糖、氨基酸、水溶性果胶等物质增多，叶绿素和一些其他结构复杂的物质如蛋白质、多酚类物质进行分解或转化而含量减少。摇青后期，细胞破损多，水分散发快，各种变化加剧，大部分低沸点芳香物挥发，从而形成清香气味。

2. 晾青

摇青后的鲜叶在摊晾前期的过程中"走水"，细胞间隙充水，叶硬挺；到了摊晾后期，随着摊晾时间加长，鲜叶失水，叶片变柔软，并促进内含物质的变化。可以通过调整摊晾鲜叶的厚薄来控制鲜叶的失水速度和堆内的温度，以达到以物理变化带动化学变化和以物理变化控制化学变化的效果。

晾青时，鲜叶在筛篓中进行水分渗透以及一系列化学变化：水分散发到一定程度后，酶促作用剧烈，蛋白质理化特性改变，细胞膜透性增强，细胞液浓缩，一些贮藏物质和部分结构物质分解为简单物质，如多酚类物质在酶促、氧化、异构作用下生成简单儿茶素、茶黄素、茶红素，淀粉分解为葡萄糖，蛋白质分解为氨基酸，原果胶分解为水溶性果胶，叶绿素部分破坏和转化，叶片发酵红变，香气形成和显露。

（三）揉捻及干燥

条形乌龙茶揉捻一般用中小机型，揉捻的茶坯以完整紧结为标准。干燥分初焙和复焙两步，包括焙笼炭火烘焙、茶用烘干机烘焙及两者兼用等多种形式。卷曲颗粒形乌龙茶初加工中进行多次包揉、复焙、复包揉、干燥。

传统人工包揉：俗称"团袋"。将揉捻后的茶坯装入方巾，收拢方巾扭紧成团，抓住扭结处在揉台上往复回转推揉，中间松开茶团抖散，包紧再揉一次，静置片刻，解块（反复多次，期间有2～3次的复火工艺），最后烘焙干燥。

机械包揉：杀青叶先经初揉成条，再用机械对装入布袋或布巾的条形茶坯施以滚动和挤压力。以福建近年使用的包揉机组为例，包揉机组由平板机、松包机、速包机3种设备组成。平板机由上、下揉盘组成，上盘起固定和加压作用，下盘有4个转辊随盘转动对茶坯施以滚动和挤压力,使茶坯初步扭曲成螺形。松包机是个旋转滚筒,起解块作用。速包机由两个有棱束腰转辊和两个有圆突束腰转辊构成,从四周对茶包施以挤压力,起紧结作用。造型的过程包括束包(4~5次)、平板(2~3次)、束包固定(约60min)、解块、干燥定型。茶坯含水量30%~35%,温度约60℃,包揉过程茶坯温度降至35℃时要复火,束包后的茶坯含水量15%~20%。

二、乌龙茶品质形成

(一)形状形成

乌龙茶形状有条形、卷曲颗粒形两种。闽北乌龙为叶端扭曲条形,广东乌龙为直条形,闽南乌龙和台湾冻顶乌龙为卷曲颗粒形。

1. 条形乌龙茶

乌龙茶鲜叶原料为对夹2叶、3叶或4叶,其成型的物理作用与条形绿茶相似。乌龙茶鲜叶含水量较低,叶质较硬,经过晒青已散发部分水分,因此在杀青和揉捻中稍为不同。条形乌龙茶杀青方法以"闷"为主,利用湿热作用,软化叶片,再"扬""闷"结合,蒸发水分,增加茶坯黏性。杀青叶在温润状态下进行揉捻,外形色泽黄褐略暗是因为过热揉捻使叶色黄变形成的,冷揉则外形粗松。经焙笼采用先高后低的温度烘焙,茶叶外形色泽鲜活,润度较好。

2. 卷曲颗粒形乌龙茶

卷曲颗粒形乌龙茶在包揉环节将茶坯装入特制的布巾或布袋,裹紧成球,用机械力或人力从不同方向作用,使茶条在滚动、揉转、挤压中卷紧成螺形。

卷曲颗粒形乌龙茶工艺精细,外形美观,适宜真空包装,便于运输,优点显而易见。但由于其成型方法热作用时间较长,只在部分品种中适用,目前台式乌龙茶使用较多。

(二)外形色泽形成

乌龙茶干茶有多种色泽,如青绿、砂绿、绿褐、青褐、黄褐、乌褐等。呈色与发酵程度、色素的转化、茶树品种有密切关系。叶色较深的乌龙茶,干茶呈乌褐者发酵重,干茶呈绿褐者发酵轻;叶色浅的乌龙茶,干茶呈青褐色者发酵轻,干茶呈黄褐色者发酵重。干茶色泽的呈色成分主要是叶绿素、叶绿素降解物、多酚类氧化色素及其他有色物质。鲜叶在晒青过程中,酶活性增强,叶绿素部分降解。在后续晾青、做青时进一步反应,产生黄绿色的叶绿素酸酯。叶片的颜色逐步变为黄绿浅亮是由于晒青时光和热的作用使蓝绿色的叶绿素a降解较快形成的。橙黄或棕红色物质则是在晒青、做青过程中,酶活性加强,部分多酚类物质氧化缩合生成;叶黄素部分氧化,是做青过程叶片呈色因素之一。在杀青、揉捻和干燥过程,叶绿素的脱镁作用加强,产生黄褐、绿褐的脱镁叶绿素。

呈现不同的外形颜色,是因为经历工艺全过程后各种色素成分含量和比例不同。一般地,岩茶以青褐宝光色为主,并具"三节色"特征;闽北乌龙以乌为主;闽南水仙以绿为主,铁观音以砂绿为主,色种以青绿为主。凤凰单丛茶中"花香型"品种,成茶色泽以绿褐为主，发酵偏轻；"蜜香型"单丛茶，成茶色泽以黄褐或乌褐为主，发酵偏重；高级茶也具"三节色"特征；台湾包种以绿为主；台湾红乌龙黄、红、白兼有。乌龙茶茶叶品质好的特征是叶缘红变，叶柄、主脉黄红，这也是晒青、做青技术好的体现。"砂绿"是绿底显灰霜，是做工好、火工好、品质好的标志。

（三）内质形成

乌龙茶属半发酵茶，是酶促、热化"构香、构味"最精细的茶类，形成了独特的香味品质。

1. 香气形成

乌龙茶的香气物质有碳氢化合物、醇类、酯类、酮类、醛类、酸类、酚类、杂氧化合物、含氮化合物等，以前4种为主，含量约占茶叶干物质总量的0.053%，明显高于其他茶类。乌龙茶香型较多，一般具有花香、花果香或花蜜香。香气高低和香型与茶树品种、产地和工艺有关，其中香型不同主要是种性差异。香气形成的主要途径有：一是晒青过程中光照引起的生物化学作用；二是做青过程中的酶促氧化与水解作用；三是低温长时烘焙工艺中的热作用。部分芳香物质在晒青时增加。随着工艺一步步进展，青气逐步减少，花果香不断增加，形成了芳香物质新组合。由于不同产品的芳香物质含量及比例不同，香型和香气高低也有差别。各品种的乌龙茶，有各自的特征性成分及比例。一般地，具有花香的橙花叔醇、茉莉内酯、茉莉酮甲酯、吲哚、香叶醇、法尼烯、沉香醇及其氧化物等化合物，是乌龙茶的共性香气成分。铁观音中含有较多的法尼烯，单丛乌龙茶含有较多的吲哚以及芳樟醇等。

2. 滋味形成

乌龙茶滋味有浓、淡、爽、涩、醇、苦之分，一般以浓醇、浓厚、鲜爽为好。形成滋味的主要物质有：儿茶素类及其氧化产物、黄酮类、咖啡因、氨基酸、可溶性糖、水溶性果胶等。滋味的优次，取决于这些成分的含量高低和它们之间感的协调性。乌龙茶滋味的形成，是由于在初制过程，晒青、做青中的酶促作用以及杀青、烘焙的热作用，使苦涩味的儿茶素、黄酮类等含量逐步减少，而鲜、甜味的氨基酸、可溶性糖、水溶性果胶含量显著增加，从而酚氨比值缩小，构味物质的含量变化较为协调。茶汤苦涩味是由于乌龙茶内含成分中，多酚类的氧化程度较低而保留量较高形成的，它们也是茶汤浓爽度的主体成分。而乌龙茶浓而不涩、爽口回甘的滋味是由于氨基酸、可溶性糖等鲜爽、甜味物质含量也较高形成的。

3. 汤色形成

乌龙茶发酵程度不同，正常的汤色有金黄、清黄、橙黄以及清红等。乌龙茶"半发酵"是个相对概念。闽北乌龙和广东乌龙发酵程度较高，闽南乌龙和台湾乌龙（除台湾红乌龙外）发酵程度较低，台湾红乌龙发酵程度最高。乌龙茶汤色的"质感"不取决于"色相"，而是取决于色调彩度和亮度的比例关系。一般来说，色调以黄为主，辅以不同程度的橙色或橙红色。乌龙茶汤呈色成分为部分水溶性的黄酮类物质及其氧化物（黄绿、橙黄）、儿茶素类物质及其氧化物（黄、橙红、褐）以及其他水溶性有色化合物。乌龙茶初制过程中酶促反应和热作用形成的有色物质，除部分与蛋白质结合沉淀于叶底外，其余溶于茶汤形成汤色。

4. 叶底形成

典型的叶底色为"绿叶红镶边",或"绿腹红边"。一般是主脉红变,叶缘有不规则的黄变和红变,有些嫩叶、嫩梗为浅黄红色。红边的形成,是萎凋叶经"碰青"或"摇青",叶缘细胞受到一定的损伤,多酚类物质(主要是儿茶素类物质)酶性氧化,形成红色产物,部分与蛋白质结合;同时,叶绿素在多酚类物质氧化的酸性条件下发生转化,变为暗褐色,使叶缘变黄、变红,呈朱砂红色。叶绿素转化少,显绿色;转化多,显黄绿色。

知识点三 乌龙茶品质特征描述

一、闽北乌龙茶品质特征描述

外形描述重点是区分武夷岩茶与闽北乌龙的形状特征。"扭曲"是特有评语,指叶端折皱扭结似"蜻蜓头"。形状等级描述顺序为壮实→壮结→细结→粗壮→粗实→粗松。色泽描述除色调外,还应注意是否油润。岩茶色泽有称为"三节色"的特征,表示色泽好。香气描述应着重香型特征,顺序为清锐→清高→清细→清纯→纯正。

武夷岩茶有称为岩韵的品质特色,有无岩韵一定要描述。以武夷水仙为例描述如下:

特级:条索壮实扭曲,乌润带宝色,匀净。香气浓郁清长,滋味醇厚回甘,岩韵显,汤色深金黄,叶底柔软亮。

三级:条索尚壮实,色褐匀整尚净。香气尚浓,滋味尚厚,岩韵稍显,汤色橙红,叶底尚软亮。

闽北乌龙茶描述如下:

特级:条索细结,乌润,匀整净。香气清细,味浓醇,汤色深黄,叶底柔软,红点较显。

二级:条索较紧细,欠匀尚净,色乌尚润。香较浓长,味醇浓,汤色橙红,叶底尚软,夹暗杂张。

二、闽南乌龙茶品质特征描述

以铁观音、色种为例,外形为颗粒形,外形描述主要是颗粒紧结度和色泽润度。要注意卷曲与扭曲的含义不同,卷曲是指茶条卷曲成紧结的颗粒状。

内质描述重点是香、味特色,如香型、香气高低,滋味醇厚程度。

铁观音有称为"观音韵"的香、味特色,有观音韵一定要描述。香、味中,带有"青""粗""青涩"的也应一并描述。

等级评语:香气顺序一般为馥郁→浓郁→清锐→清高→清纯→纯正→平正→稍粗;滋味的级次表述一般为浓厚鲜爽→醇厚→尚厚→尚醇厚→带涩→粗涩。

有关品质特点的描述如下:

安溪铁观音

一级:条索较肥壮、紧结。色泽乌润,砂绿较明。茶叶匀整、洁净。香气清高、持久。滋味醇厚，尚鲜爽，音韵明，火候轻。汤色深金黄、清澈。叶底稍有余香，尚软亮、匀整，红边明显。

二级：条索较肥壮、结实。色泽乌绿，有砂绿。茶叶尚匀整、尚净、稍有嫩幼梗。香气尚清高。滋味醇和稍鲜，音韵稍明，火候较足。汤色橙黄。叶底稍软亮、略匀整。

闽南色种

特级：颗粒卷曲紧结，砂绿油润，匀整、净。香气清高细长，滋味醇厚甘鲜，汤色清澈金黄，叶底厚软亮匀。

三级：颗粒尚圆结，色带褐稍润，欠匀整，稍带细梗。香气平正，味平和，汤色深黄，叶底欠匀，叶质较硬挺。

三、广东乌龙茶品质特征描述

广东乌龙茶的外形多为条形，外形描述主要为紧结度和色泽润度，色泽润度是描述重点。内质描述着重于香型特征、香气高低和滋味浓醇度。单丛水仙具有自然花香，滋味浓度大且带花香味，香味特点较为突出，如花蜜香、黄枝香、芝兰香、玉兰香等。

香气高低的描述顺序一般为清高→香浓尚清→清香尚长→微香带杂。

滋味描述顺序一般为鲜浓→浓醇→醇厚→浓带粗涩→硬涩等。香味中凡带有"青""粗""苦""涩"的，均应一并表述。

有关品质特点的描述如下：

凤凰单丛

特级：条索紧结壮直，色泽褐润，匀整净。花香清高，滋味浓醇回甘，汤色金黄清澈，叶底柔软，淡黄红边。

三级：条粗壮欠紧，色乌褐，欠匀整，稍有茶梗。清香较短，味浓稍粗，汤色深黄，叶底色稍杂。

岭头单丛

条索紧结、色黄褐油润，匀整、净。花蜜香细锐持久，味浓醇带蜜香，汤色橙黄，叶底淡黄绿，红度均匀。

凤凰水仙

条索壮紧，色黄褐尚润。香纯正，味浓厚，汤色深黄明亮，叶腹淡黄稍杂，叶边淡红。

石鼓坪乌龙

条索紧结稍弯曲，色泽翠绿油光。花香清高，汤色绿黄明亮，味纯爽，叶底红边绿腹，匀整。

四、台湾乌龙茶品质特征描述

描述的范围与其他乌龙茶相同。形状有球粒形和条形两种，一般紧结度较好，包种茶外形色泽青绿光润。内质描述应着重香味特色，如文山包种的香味特色"清纯"飘逸，滋味"醇厚"活泼；冻顶茶具有香气"清高"、味"醇爽"的高山韵味。有关品质特点描述如下：

台湾文山包种：紧结呈直条形，色深绿油润，匀净。香味纯和清快有花香，汤色蜜绿，叶底绿翠完整。

台湾冻顶茶：颗粒紧结呈半球形，青绿油润，匀净。花香清鲜显明，滋味浓厚，汤色蜜黄或金黄明亮，叶底翠绿完整，略有红边。

台湾高山茶：形状为紧结半球或球形，色青褐，匀净。香味清新，具有花香或奶香，滋味甘醇，喉韵清爽，汤色金黄，叶底深绿完整。

台湾红乌龙：茶条细嫩自然弯曲，含芽毫，色泽具红、黄、白三色。香气有熟果香，滋味醇滑甘厚，汤色橙红似琥珀色，叶底淡褐，叶面泛红，叶基淡绿，叶片完整。

五、不同品种乌龙茶各等级感官品质要求

参照国家标准《乌龙茶》（GB/T 30357—2013），依据茶树品种不同将乌龙茶分为铁观音、黄金桂、水仙、肉桂、单丛、佛手、大红袍等。

参照国家标准《乌龙茶 第二部分：铁观音》（GB/T 30357.2—2013）将铁观音分为清香型铁观音和浓香型铁观音，其各等级感官品质要求见表7-1、表7-2所列。

表7-1 清香型铁观音的感官品质要求

级别	外形				内质			
	条索	整碎	净度	色泽	香气	滋味	汤色	叶底
特级	紧结、重实	匀整	洁净	翠绿润、砂绿明显	清高、持久	清醇鲜爽、音韵明显	金黄带绿、清澈	肥厚软亮、匀整
一级	紧结	匀整	净	绿油润、砂绿明	较清高持久	清醇较爽、音韵较显	金黄带绿、明亮	较软亮、尚匀整
二级	较紧结	尚匀整	尚净、稍有细嫩梗	乌绿	稍清高	醇和、音韵尚明	清黄	稍软亮、尚匀整
三级	尚结实	尚匀整	尚净、稍有细嫩梗	乌绿、稍带黄	平正	平和	尚清黄	尚匀整

表7-2 浓香型铁观音的感官品质要求

级别	外形				内质			
	条索	整碎	净度	色泽	香气	滋味	汤色	叶底
特级	紧结、重实	匀整	洁净	乌油润、砂绿显	浓郁	醇厚回甘、音韵明显	金黄、清澈	肥厚、软亮、匀整、红边显
一级	紧结	匀整	净	乌润、砂绿较明	较浓郁	较醇厚、音韵明	深金黄、清澈	较软亮、匀整、有红边
二级	稍紧结	尚匀整	较净、稍有嫩梗	黑褐	尚清高	醇和	橙黄	稍软亮、略匀整

(续)

级别	外形				内质			
	条索	整碎	净度	色泽	香气	滋味	汤色	叶底
三级	尚紧结	稍匀整	稍净、有细嫩	黑褐、稍带褐红点	平正	平和	深橙黄	稍匀整、带褐红色
四级	略粗松	欠匀整	欠净、有梗片	带褐红色	稍粗飘	稍粗	橙红	欠匀整、有粗叶及褐红叶

参照国家标准《乌龙茶 第三部分：黄金桂》(GB/T 30357.3—2015)，黄金桂的感官品质要求见表7-3所列。

表7-3 黄金桂的感官品质要求

级别	外形				内质			
	条索	整碎	净度	色泽	香气	滋味	汤色	叶底
特级	紧结	匀整	洁净	黄绿有光泽	花香清高持久	清醇鲜爽、品种特征显	金黄明亮	软亮、有余香
一级	紧实	尚匀整	尚洁净	尚黄绿	花香尚清高持久	醇、品种特征显	清黄	尚软亮、匀整

参照国家标准《乌龙茶 第四部分：水仙》(GB/T 30357.4—2015)，将水仙分为条型水仙和紧压型水仙，其感官品质要求见表7-4、表7-5所列。

表7-4 条型水仙的感官品质要求

级别	外形				内质			
	条索	整碎	净度	色泽	香气	滋味	汤色	叶底
特级	壮结	匀整	洁净	乌油润	浓郁或清长	鲜醇浓爽或醇厚甘爽	橙黄明亮	肥厚软亮
一级	较壮结	匀整	匀净	较乌润	清香	较醇厚尚甘	橙黄清澈	尚肥厚软亮
二级	紧结	尚匀整	尚匀净	尚油润	清纯	尚浓	橙红	尚软亮
三级	粗壮	稍整齐	带细梗轻片	乌褐	纯和	稍淡	深橙红略暗	欠亮

表7-5 紧压型水仙的感官品质要求

级别	外形	内质			
		香气	滋味	汤色	叶底
特级	四方形或其他形状，平整，乌褐，绿油润	清高花香显	浓醇甘爽	橙黄明亮	肥厚明亮
一级	四方形或其他形状，平整，较乌褐，绿油润	清高	浓醇尚甘	尚橙黄明亮	尚肥厚明亮
二级	四方形或其他形状，较平整，乌褐稍润	清纯	醇和	橙黄	稍黄亮
三级	四方形或其他形状，较平整，乌褐	纯正	尚醇和	橙红	稍暗

参照国家标准《乌龙茶 第五部分：肉桂》（GB/T 30357.5—2015），肉桂的感官品质要求见表7-6所列。

表7-6 肉桂的感官品质要求

级别	外形				内质			
	条索	整碎	净度	色泽	香气	滋味	汤色	叶底
特级	肥壮紧结、重实	匀整	洁净	油润	浓郁持久，似有乳香或蜜桃香或桂皮香	醇厚鲜爽	金黄清澈明亮	肥厚软亮匀齐、红边明显
一级	较肥壮紧结、较重实	较匀整	较洁净	乌润	清高幽长	醇厚	橙黄较深	尚软亮匀齐、红边明显
二级	尚结实、稍重实	尚匀整	尚洁净	尚乌润、稍带褐红色或褐绿	清香	醇和	深黄泛红	红边欠匀

参照国家标准《乌龙茶 第六部分：单丛》（GB/T 30357.6—2017），将单丛分为条形单丛和颗粒形单丛，其感官品质要求见表7-7、表7-8所列。

表7-7 条形单丛感官品质要求

级别	外形				内质			
	条索	整碎	净度	色泽	香气	滋味	汤色	叶底
特级	紧结重实	匀整	洁净	褐润	花蜜香清高悠长	甜醇回甘、高山韵显	金黄明亮	肥厚软亮匀整
一级	较紧结重实	较匀整	匀净	较褐润	花蜜香持久	浓醇回甘、蜜韵显	金黄尚亮	肥厚软亮较匀整
二级	稍紧结重实	尚匀整	尚净、有细梗	稍褐润	花蜜香纯正	尚醇厚、蜜韵较显	深金黄	尚软亮
三级	稍紧结	尚匀	有梗片	褐欠润	蜜香显	尚醇稍厚	深金黄、稍暗	稍软欠亮

表7-8 颗粒形单丛感官品质要求

级别	外形				内质			
	条索	整碎	净度	色泽	香气	滋味	汤色	叶底
特级	结实、卷曲	匀整	匀净	褐润	花蜜香悠长	甜醇回甘、高山韵显	金黄明亮	肥厚软亮
一级	较结实、卷曲	较匀整	较匀净、稍有细嫩梗	较褐润	花蜜香清纯	浓厚、蜜韵显	金黄尚亮	较肥厚软亮
二级	尚结实、卷曲	尚匀整	尚净、有细梗片	稍褐润	蜜香纯正	较醇厚、蜜韵尚显	深金黄	尚软亮
三级	稍结实、卷曲	欠匀整	有梗片	褐欠润	蜜香尚显	尚醇厚、有蜜韵	深金黄、稍暗	尚软亮

参照国家标准《乌龙茶 第七部分：佛手》(GB/T 30357.7—2017)，将佛手分为清香型佛手，浓香型佛手和陈香型佛手，其感官品质要求见表 7-9 至表 7-11 所列。

表 7-9 清香型佛手的感官品质要求

级别	外形				内质			
	条索	整碎	净度	色泽	香气	滋味	汤色	叶底
特级	圆结、重实	匀整	洁净	乌绿润	清高持久、品种香明显	醇厚甘爽	浅金黄、清澈明亮	肥厚软亮、匀整、叶片不规则红点明
一级	尚圆结	匀整	洁净	乌绿尚润	尚清高、品种香尚明	清醇尚甘爽	橙黄、清澈	尚肥厚、稍软亮、匀整、叶片不规则红点尚明
二级	卷曲、尚结实	尚匀整	尚洁净、稍有细梗轻片	乌绿、稍带褐红	清纯、稍有品种香	尚清醇	橙黄、尚清澈	黄绿红边明、尚匀整

表 7-10 浓香型佛手的感官品质要求

级别	外形				内质			
	条索	整碎	净度	色泽	香气	滋味	汤色	叶底
特级	圆结、重实	匀整	洁净	青褐润	熟果香显、火工香轻	醇厚回甘	金黄、清澈明亮	肥厚软亮、匀整、叶片不规则红点明
一级	卷曲似海蛎干	匀整	洁净	青褐尚润	熟果香尚显、火工香稍足	醇厚尚甘	深金黄、清澈尚亮	尚肥厚软亮、匀整、叶片不规则红点明
二级	尚卷曲	尚匀整	尚洁净、稍有细嫩梗	乌褐	稍有熟果香、火工香足	尚醇厚	橙红、尚清澈	尚软亮、红边明
三级	稍卷曲、略粗松	欠匀整	带细梗轻片	乌褐略暗	纯正、高火工香	平和略粗	红褐	稍粗硬
四级	粗松	欠匀整	带细梗轻片	乌褐略暗	高火工香、粗飘	平和稍粗	泛红略暗	粗硬、暗褐

表 7-11　陈香型佛手的感官品质要求

级别	外形				内质			
	条索	整碎	净度	色泽	香气	滋味	汤色	叶底
特级	紧结	匀整	洁净	乌褐润	陈香浓郁	醇厚回甘、透陈香	深金黄、清澈	乌褐软亮、匀整
一级	卷曲似海蛎干	匀整	洁净	乌褐	陈香明显	醇和尚甘	橙红清澈	乌褐柔软、尚匀整
二级	尚卷曲	尚匀整	尚洁净、稍有细嫩梗	稍乌褐	陈香较明显	尚醇和	红褐	稍乌褐、略匀整
三级	稍卷曲、略粗松	欠匀整	带细梗轻片	乌黑	略有陈香	平和略粗	褐红	乌黑、稍粗硬、欠匀整

其他优质乌龙茶如闽南色种各等级感官品质要求见表 7-12 所列。

表 7-12　闽南色种各等级的感官品质要求

项目		级别			
		特级	一级	二级	三级
外形	条索	紧结、卷曲	壮结	较壮结	尚壮结
	色泽	砂绿油润	砂绿油润	稍砂绿、尚乌润	尚乌润
	整碎	匀整	匀整	尚匀整	稍整齐
	净度	洁净	匀净	尚匀净	尚匀净
内质	香气	清香	清纯	尚浓欠长	稍淡
	滋味	鲜醇甘爽	尚醇厚	尚醇	尚浓稍粗
	汤色	橙黄、清澈明亮	橙黄清澈	橙黄	深橙黄
	叶底	肥厚、软亮匀整	软亮、尚匀整	尚软亮、尚匀整	欠匀亮

任务二　开展乌龙茶审评

 任务指导书

>> 任务目标

1. 掌握乌龙茶审评方法等知识。
2. 能根据乌龙茶实物样的真实情况进行审评操作，且术语描述与实际等级用词相差不超半个级。

>> **任务实施**

1. 利用搜索引擎及相关图书，获取乌龙茶茶类的审评方法、各项因子的审评重点等相关知识。
2. 实地到各茶区茶企，调查乌龙茶产品品质优缺点、品质改进措施等情况。
3. 实地到各茶区茶企、销售门店收集不同等级乌龙茶产品，进行品质审评，并给出审评报告。

>> **考核评价**

根据调查时的实际表现、调查深度及审评操作的熟练程度，结合对相关知识的理解程度和调查报告的内容，以及不同等级乌龙茶产品审评情况及审评报告，综合评分。

 知识链接

知识点　乌龙茶审评方法

乌龙茶审评采用盖碗审评法：用沸水烫热评茶杯(碗)，称取有代表性茶样 5g，置于相应评茶杯中，快速注满沸水，用杯盖刮去液面泡沫，加盖。1min 后，揭盖嗅其盖香，评茶叶香气，至 2min 沥茶汤入评茶碗中，评汤色和滋味。第二次冲泡，加盖，1~2min 后，揭盖嗅其盖香，评茶叶香气，至 3min 沥茶汤于评茶碗中，再评汤色和滋味。第三次冲泡，加盖，2~3min 后，评香气，至 5min 沥茶汤于评茶碗中，评汤色和滋味。最后闻嗅叶底香，并倒入叶底盘中审评叶底。以第二次冲泡的审评结果为主要依据，综合第一、第三次冲泡统筹评判。

一、乌龙茶外形审评

乌龙茶外形评定，主要审评形状和色泽两项因子。

1. 形状

乌龙茶有卷曲颗粒形、条形两种基本形状。卷曲颗粒形茶评比松紧、轻重，要求紧结、重实肥壮；条形茶评比条索松紧、壮粗、轻重。整碎评比匀整、碎末茶含量。高级茶要求大小、壮细、长短搭配匀整，不含碎末。断碎、长短不一、含碎茶为差。净度评比梗、片等夹杂物含量。精选茶要求洁净无梗杂，级次较低的一般含有梗、片。

2. 外形色泽

外形色泽评比深浅、润枯、匀杂、品种呈色特征。铁观音要求砂绿油润，乌褐、黄杂的为低次；色种茶要求绿黄润，灰褐为次；闽南、闽北乌龙茶要求乌润，枯燥为次；闽北水仙要求砂绿蜜黄，枯褐的为低下；武夷岩茶要求绿褐油润，灰褐油润，或青褐带砂绿、铁青带褐油润，带宝色；凤凰单丛，岭头单丛要求乌润、褐润，暗枯为低下。

常见的色泽评定术语有：砂绿油润、乌油润、乌润、褐红、枯红、枯黄、乌绿、暗绿、青绿等。

二、乌龙茶内质审评

乌龙茶内质审评重点是香气和滋味，叶底有助于辨别花色品种。乌龙茶毛茶对样审评，内质比外形重要。如果内质香气、滋味符合某一标准样的等级要求，而外形略为欠缺，一般可视符合某一等级规格；如果内质达不到等级要求，必须降级。

1. 香气

香气审评主要评其香气的香型、强弱、高低、持久性及品种香。乌龙茶的香气一般可分为馥郁、浓郁、清香、辛香、花香、果香、乳香、蜜香。在第一次和第二次嗅香时，主要审评香型、异杂、浓淡、强弱等。在第三次嗅香时，主要审评香气的持久性以及与第一、第二次嗅的香气是否能基本一致。最后还应结合嗅叶底余香，判断余香是否与热嗅时保持一致，以增强香气评定的准确性。

香气评定茶香高低、纯异，香型明显程度，如"韵香""自然花香""熟果香"，清纯高长；中级茶香气纯正，或香浓而清纯度欠缺，火工不足而带青气；低级茶香气低粗，火工不足而显粗青。

2. 滋味

滋味主要有醇厚、浓厚、浓醇、甜醇、清醇、醇和、清淡、鲜爽、回甘、苦涩、青浊等，以及岩韵、音韵、高山韵、品种味、季节味、地域味、异味等。滋味是评定乌龙茶品质最主要的因子之一。第一、第二次尝滋味时，主要评其各种滋味的明显突出程度。第三次评滋味的持久性、耐泡性，并与第一、第二次评时的滋味比较，看是否基本一致。

滋味评定浓淡、苦甘、爽涩、鲜陈、耐泡程度。要求滋味醇厚或浓厚带爽。一般高档茶浓厚醇爽兼备；中级茶味浓而醇爽度不足，有的带涩（如夏茶、暑茶）、粗浓（如闽南地区的梅占）、浓涩（如单丛）、带微青（如色种、铁观音）；低级茶一般茶味粗，有的粗涩或平淡。

3. 汤色

汤色主要审评其清澈度、颜色，汤色忌浑浊。不同的品种，按不同要求评定。不同花色之间，色泽特征要求不一。在同一花色中，汤色与等级有一定的级次关系：高档茶一般为金黄、深金黄色，且清澈明亮；中级茶呈深黄、橙黄、清红，个别为浓红（如闽北水仙）；低档茶一般色较深，由深黄泛红至暗红色。

4. 叶底审评

叶底靠视觉、触觉评定。叶底评叶质软硬、亮度、色泽。一般以叶质软亮均匀、叶缘红边显现、叶腹黄绿为佳；以叶底粗硬、青绿、枯暗偏红为差。

三、不同地区各品种乌龙茶特点

(一)外形特点

闽北乌龙茶与广东乌龙茶外形色泽较相似。形状特点：紧细（闽北乌龙）、壮结（闽北水仙）、壮直（凤凰单丛）、紧结（岭头单丛），不扭不弯、条形稍弯、自然弯曲条形，较重实、重实、尚重实。色泽特点：乌润、油润、砂绿蜜黄、褐、黄褐、青褐。

闽南乌龙茶与台湾乌龙茶外形色泽也较相似。闽南乌龙茶以卷曲为主，台湾乌龙茶以拳曲、圆结为主；闽南乌龙茶成品茶不带梗，台湾乌龙茶部分带梗。形状特点：卷曲紧结、圆紧，重实、较轻、尚重实。色泽特点：砂绿、翠润、香蕉色、赤黄绿、褐黄绿、浅褐绿、油润、鲜润、尚鲜润、较鲜润。

闽南各品种毛茶特点：铁观音品种外形肥壮卷曲，砂绿，茶梗呈壮圆形；本山品种紧结卷曲，翠绿，梗如竹子枝；黄旦品种外形紧结卷曲，赤黄绿，梗细小，颗粒较松；毛蟹品种紧结卷曲，褐黄绿，多毫，梗头大尾尖；奇兰品种紧结卷曲，浅褐绿，叶柄梗、较细小。

> **知识拓展**
>
> 福建乌龙茶中的水仙品种，由于种植在不同的地区及采制工艺不同，在外形上有所不同。闽北水仙、武夷水仙为直条形，肥壮紧结、叶端扭曲；闽南水仙为卷曲形，紧结卷曲；闽南的漳平水仙茶饼则为扁平四方形。在色泽上，武夷水仙绿褐油润或灰褐油润匀带宝色；闽北水仙油润间带砂绿蜜黄；闽南水仙油润带黄、砂绿粗亮；漳平水仙茶饼则乌褐油润。在福建，无论水仙品种种植在闽北、闽南、闽西的哪个地区，它们在外形上都有着共同的特征，即叶张主脉宽、黄、扁，这是'水仙'茶树品种所赋予其茶叶外形的品种特征。
>
> 广东乌龙茶单丛茶外形特点为：条索壮紧，体长挺直（岭头单丛稍弯），叶柄较长。一般高山茶、老丛茶条索较细紧；中、低山茶及嫁接新茶丛，条索较粗壮。无论条索粗细，要求高档茶条索完整紧实、匀净，无断碎梗杂；中档茶条索壮实，稍含茶梗；低档茶条索粗实或较为粗松。岭头单丛色泽浅黄褐，红点明显。凤凰单丛"白叶型"，色泽浅褐或绿褐，主脉赤红；"乌叶型"（如大乌叶），色泽乌润。色泽要求鲜明具光润，高级茶显光润、油润，中、低档茶光泽较次。色泽驳杂的，是原料粗老、做工粗放的产品。

（二）内质特点

1. 闽北乌龙茶和广东乌龙茶

做青程度和发酵度较高，所以品质相近。

武夷水仙：香气浓馥清高（兰花香），汤色深金黄—深黄，滋味醇厚—醇滑、有岩韵。

闽北乌龙清细：香气清纯（清香），汤色深黄—橙黄，滋味浓醇—浓厚。

闽北水仙鲜锐：香气细长（清花香），汤色金黄—深金黄，滋味鲜醇—醇厚。

凤凰单丛清高：香气清香（自然花香），汤色金黄—清黄，滋味鲜浓—浓醇、有山韵。

岭头单丛清高：香气细长（花蜜香），汤色橙黄—橙红，滋味鲜醇—浓厚、花蜜香味显。

2. 闽南乌龙茶和台湾乌龙茶

做青程度和发酵度较轻，所以品质也相近。

闽南铁观音：香气清高—清纯（花果香），汤色金黄—橙黄，滋味醇厚、有音韵。

闽南本山：香气清纯（花果香），汤色清黄，滋味尚浓厚似铁观音。

闽南黄旦：香气清高（花香），汤色清黄，滋味清醇、品种香味显。

闽南毛蟹：香气清高（花香），汤色清黄—橙黄，滋味清醇。

闽南奇兰：香气纯浓（似参香），汤色深黄，滋味清醇、品种香味显。
台湾包种茶：香气浓郁、兰花清香，汤色蜜绿，滋味醇滑甘润。
台湾冻顶乌龙：香气兰花香、乳香交融，汤色金黄中带绿，滋味甘滑爽口。
台湾红乌龙：香气浓纯（果香），汤色蜜黄—橙红，滋味醇厚软甜、似干果香味。

知识拓展一

乌龙茶的香气、滋味与茶树品种、栽培管理、制造工艺、区域、季节都有着密切的相关性。优良的茶树品种是影响品质的首要因素，也是形成香气、滋味的重要基础。乌龙茶良种很多，每一个品种都有其独特的香气、滋味，这是任何农业技术措施所不可取代的。即使是同一品种，由于生长的微域气候环境不同，季节不同，采制技艺不同，所形成的品种特征和品质风格也不同。在评茶时，应认真细致地评其共性、特点、一般性、特殊性，论优点、辨个性，相互比较鉴别。

武夷山的肉桂品种种植在不同的山头地段，岩上的香气大多显馥郁或浓郁、辛锐，滋味醇厚、甘润、岩韵显；半岩的香气浓郁清长，滋味醇厚回甘、岩韵较显；洲茶香气大多为清高，滋味纯爽欠醇浓、不显岩韵。肉桂汤色大多显橙黄或金黄色，岩上的橙黄色，清澈艳丽，叶底软亮，绿叶红镶边。

南路水仙香气浓郁清长，兰花香显，滋味醇厚鲜爽回甘，品种特征显，汤色橙黄清澈，叶底肥软黄亮，红边鲜艳。

永春佛手品种由于初制工艺做青程度的不同，虽都具备了该品种特征的共性，但呈现3种不同的品质风格。第一种香气浓郁似香橼香，滋味醇厚回甘，品种特征显，汤色金黄，叶底软亮红边显。第二种香气浓郁清长，花香显，滋味醇厚回甘带花香，品种特征显，汤色金黄，叶底软亮、肥厚、红边显。第三种香气馥郁持久似香橼果香，滋味醇厚鲜爽带果香，品种特征显，汤色橙黄清澈，叶底肥软、红边、明亮。

此外，同一品种，不同地域、不同季节都表现了该品种的色泽特征。福建乌龙茶中的水仙、八仙、肉桂、黄金桂这几个品种，无论种植在哪一地区，在外形色泽和叶底色泽方面都有着共同的砂绿、蜜黄、黄润砂绿、乌润带黄、黄亮的特征（即都存在着"黄"这一共性的色泽特征，只是黄的程度略有差别。黄金桂、八仙、水仙比肉桂更加稍显黄一些）。

知识拓展二

单丛乌龙茶内质审评一般要注意三个方面：一是区别高山茶与低山茶。同一单丛，一般高山茶香气清高细腻，中山茶香浓欠清，低山茶香浓欠纯，平地茶香低。如岭头单丛，高、中山茶有花蜜香，低山、平地茶一般有蜜香而花香不足。二是区别老丛茶与新丛茶。新丛茶多指接种茶，长势旺盛，一般香味浓、欠细；老丛茶香味清爽、回甘。高山老丛数量很少，有些是名贵单丛，如"宋种""老八仙"等。三是区别香味特征。单丛茶香味特征有两大类型，即花香型和花蜜香型。花香型又分许多名目，主要有黄枝香、八仙、芝兰香、玉兰香等，但其中也有"异丛同名"的，如黄枝香，而且名目不断出现，如桂花香、杏仁香、茉莉香、姜花香等,有的香气不稳定。区别香味特征,主要评香气高低和滋味是否醇爽,香型与名称是否相符为次要。滋味辨别"浓、涩、醇、爽、苦、甘"的组合关系,味浓不涩回甘为"浓醇爽口",味浓微涩不苦为"浓厚"。一般的秋茶略有苦味,醇度较差。

思考与练习

一、名词解释(请依据审评术语国家标准解释以下名词)

蜻蜓头、棕叶蒂、明胶色、砂绿、鳝鱼皮色、红镶边、芙蓉色、扭曲、绸缎面、蜜黄、做青、岩韵

二、单项选择题

1. 毛茶收购含水分一律按规定标准计价,乌龙茶标准含水量为(　　)。
A. 5%　　　　　　B. 6%　　　　　　C. 7%　　　　　　D. 8%

2. 形成乌龙茶香气的主要成分——橙花叔醇之类的萜烯醇是通过做青在(　　)的作用下水解,形成游离态香气,从而透露出馥郁的花香。
A. 多酚氧化酶　　B. 糖苷酶　　C. 氧化还原酶　　D. 裂解酶

3. 乌龙茶干看条索主要评(　　)。
A. 形状、嫩度、色泽、净度　　　　B. 松紧、弯直、整碎、轻重
C. 花杂、枯暗、黑燥、青燥　　　　D. 油润、调匀、枯暗、花杂

4. 乌龙茶灰分含量标准不能超过(　　)。
A. 5%　　　　　　B. 6.5%　　　　　C. 7%　　　　　　D. 8%

5. 乌龙茶审评,第二泡嗅香气,重点是嗅(　　)。
A. 香气类型　　B. 香气高低　　C. 香气持久程度　　D. 有无异味

6. 乌龙茶湿评,开汤冲泡的速度是(　　)。
A. 快—慢—快　　　　　　　　　B. 慢—快—慢
C. 快—快—慢　　　　　　　　　D. 慢—慢—快

7. 乌龙茶因晒青不足引起(　　),从而形成干茶色泽青绿。
A. 消青　　　　B. 积青　　　　C. 走水不匀　　　　D. 滞青

8. 乌龙茶审评,若内质得分低于该级最低分数标准,均(　　)。
A. 按外形定级　　B. 按内质定级　　C. 降级　　D. 酌情处理

三、判断题

1. 乌龙茶品质评定着重于香气、滋味及其耐冲泡次数,叶底作为参考。(　　)
2. 日晒气较重的茶叶(乌龙茶),评定等级后,按次级给价。(　　)
3. 广东乌龙茶中的凤凰单丛品种其香气有很多种,其中"鸭屎香"最为典型。(　　)
4. 乌龙毛茶净度评比时,要看非茶类物质的含量多少。(　　)
5. 根据地区、制法和品种特点的不同,乌龙茶分为闽南乌龙茶、闽北乌龙茶、广东乌龙茶和台湾乌龙茶。(　　)

四、填空题

1. 常用_____描述乌龙茶的品质特征。
2. 乌龙茶精制的产品分为_____。
3. 某批铁观音对样审评,加权平均后外形 81 分,内质 86 分,应定为_____级。
4. 乌龙茶审评时采用倒钟形杯,其第二次浸泡时间为_____ min。
5. 常用_____描述铁观音与色种的区别。

五、简答题

1. 乌龙茶采用盖碗审评法时选取什么规格的审评器具?称茶几克?计时几分钟?冲泡几次?各品质特征以哪次结果为准?
2. 简述颗粒形乌龙茶的审评方法。
3. 请简述广东乌龙茶、台湾乌龙茶、闽北乌龙茶、闽南乌龙茶的品质特征差异。

六、拓展与论述题

请以 6 款茶为例,开展不同茶树品种乌龙茶品质分析。

项目完成情况及反思

1.
2.
3.
4.
5.

项目八 黑茶审评

知识目标

1. 了解黑茶发展历史及现状。
2. 理解黑茶分类及品质构成。
3. 理解黑茶加工工艺与品质特征的关系。

能力目标

1. 能运用黑茶审评方法熟练开展黑茶审评。
2. 能准确运用感官审评术语描述黑茶感官品质。

素质目标

1. 通过黑茶审评训练，培养客观、严谨的茶叶审评工作作风。
2. 通过对黑茶发展历史及分类相关知识的学习，形成不断学习探索的钻研精神。

数字资源

任务一 认识黑茶

任务指导书

>> 任务目标

1. 了解黑茶茶类形成与发展、黑茶加工工艺及品质形成等知识。
2. 能进行各类黑茶各项品质特征描述。

>> 任务实施

1. 利用搜索引擎及相关图书,获取黑茶茶类在不同时期、不同地域的加工、利用、品饮方法及文化价值等相关知识。

2. 实地到各茶区,调查各茶企黑茶茶类生产习惯、加工工艺、使用的设备设施等生产情况,获知黑茶在实际的生产加工中各项品质因子形成的机理及各工艺环节与各项品质的关系。

3. 利用搜索引擎及相关图书,调查黑茶国内外相关资料、行业及地方新旧标准,理解不同标准间的关系及差异、新旧标准间的差异、新标准修订的目的和意义。

4. 实地到各茶区,调查各茶企在黑茶实践审评中各项品质因子术语运用的情况,及其与各项标准间的差异情况,并形成调查报告。

>> 考核评价

根据调查时的实际表现及调查深度,结合对相关知识的理解程度及调查报告的内容,综合评分。

知识链接

知识点一　黑茶茶类形成与发展

黑茶是指以鲜叶为原料,经杀青、揉捻、渥堆、干燥等加工工艺制成的茶。最初的黑茶品质是在"船舱中、马背上"形成的。唐宋以来,历代都实行"以茶易马"扩充军备,以茶治边,直至清代雍正十三年停止"以茶易马"之法,前后约有千年的历史。唐宋年间盛产蒸青绿茶,且茶主产于湖南、湖北、四川、云南及贵州等省份,为便于长途运输至西北边区,必须将散茶压缩体积,蒸制成团块或篓包茶。将绿毛茶加工成团块茶,要经过20多天湿堆,期间茶坯逐渐由绿变黑。随后,边茶运输至西北等地,需经由水路北上,由骡马、骆驼沿陆上丝绸之路长途运送。因团块或篓包茶防水性能极差,受水运潮湿条件和途中日晒雨淋的影响,在湿热条件下茶叶的化学成分发生变化,逐步形成了与绿茶完全不同的品质风味。随着边区民众消费习惯的形成,对这一特殊品质风味的茶类需求也逐步固定下来。受实践启发，明代产生了以绿茶湿坯经长时间堆积、渥成黑色的黑茶制法。

四川是我国最早生产黑茶的省份，也是我国黑茶生产的大省。产品有南路边茶和西路边茶两大类。南路边茶是指从成都出发运销南边通道的茶，以雅安、宜宾、乐山为主要产区，集中在雅安、宜宾等地压制。南路边茶量大、质高，是四川的主要黑茶。南路边茶的黑毛茶分"做庄茶"和"毛庄茶"2种，南路边茶的产品有康砖与金尖2种，主销西藏、青海和四川甘孜藏族自治州等地。西路边茶是销往我国西北方向，走古大道的茶。西路边茶较南路边茶更为粗老，集中在邛崃、都江堰、平武、北川等地加工。西路边茶成品茶有"人民团结牌"茯砖茶和方包茶2种，主销四川阿坝藏族自治州，少量销甘肃和青海。

明代神宗万历四十二年(1615年)，谢肇淛在《滇略》卷三中记载："士庶所用，皆普(洱)茶也。蒸而成团。"这是最早出现的普洱茶的文献。其中称为黑茶的普洱茶，是专指经后发酵的滇青茶及其加工制品，具有醇和、耐泡、陈香的特点。普洱茶有散茶、紧茶、饼茶、圆茶、方茶等，集中在下关、勐海等地加工，原年产量近1万t，近年发展至3万~5万t，主要边销西藏和云南本省藏族地区，部分内销和侨销。近年部分外销法国、日本、意大利及东南亚各国。

清嘉庆年间广西苍梧县六堡乡开始生产六堡茶，加工方法是将鲜叶水潦杀青，置于篓中，以脚踩揉，用松柴旺火烘干，再以蒸汽蒸软，置篓中阴干出售。广西六堡茶是广西黑茶的代表，是在黑茶中选用原料较为细嫩的一种，因出产在苍梧县六堡乡(现为六堡镇，下同)而得名。邻县(市)贺县(现为贺州)、横县、昭平、玉林、临桂、兴安等地也有生产。其主销本省份及广东和香港、澳门地区，外销东南亚各国。

湖北老青茶主要产于湖北省咸宁地区*的蒲圻、咸宁、通山、崇阳、通城等县。清咸丰十年(1860年)，羊楼洞首次将老青茶炒干后打碎装篓运至北方销售，称为"炒篓茶"。后又压制成青砖茶，按装篓砖片分为"二七"砖(每片1.72kg)、"三九"砖(每片2kg)、"二四"砖(每片3.25kg)和"三六"砖(每片1.5kg)4种规格。前两种称"西口茶"，主销内蒙古及西北等地；后两种称"东口茶"，主销河北张家口等地及外销俄罗斯、蒙古等国。

湖南黑茶始于安化县，安化县黑茶又始于苞芷园，后沿资江向上游发展，遍及全县。以高家溪、马家溪品质最好，其次是香烟山、黄茅冲、白岩山、湖南坡。明、清期间雅雀坪、黄沙街、酉州、江南、小淹相继兴旺，以江南为集中地；而后再发展至桃江、益阳、新化、桃源、汉寿、溆浦等邻县(市)。茯砖茶又称湖茶、府茶，源于元末明初的陕西泾阳，故古称泾阳茯茶。当时用安化黑毛茶踩成篾篓大包，每包90kg，运往陕西泾阳筑制茯砖茶，早期称湖茶；因为伏天加工，俗称伏茶；又因在泾阳筑制，也称泾阳砖。由于用安化黑毛茶运往陕西泾阳加工压砖，交通困难，长途转运，需时甚长，茯砖茶的产销都受到一定的限制。湖南省白沙溪茶厂于1951年冲破"湖南资江水不如陕西泾水好，资江水不能发花"的思想，经过反复试验，在安化就地加工茯砖茶获得成功。从此湖南成为中国最大的茯砖茶加工中心。茯砖茶因其砖身内要通过特定环境控制和培养一种

---

* 1986年撤销蒲圻县，设蒲圻市，并于1988年更名为赤壁市。1983年撤销咸宁县，设咸宁市；1998年撤销咸宁地区和县级咸宁市，设立地级咸宁市。

被称为"冠突散囊菌"的黄色菌落，而具有特殊的保健功效和独特的品质特征，并作为边销茶家族的特殊成员而闻名于世。茯砖茶也由此被誉为"中国古丝绸之路的神秘之茶"。

知识点二　黑茶加工工艺及品质形成

一、黑茶加工流程

黑茶选用的原料一般比较粗老，不同产区不同黑茶加工工艺有一定的差异。湖南黑茶加工工艺是由杀青—初揉—渥堆—复揉—干燥环节组成的；湖北老青茶加工工艺是由杀青—初揉—初晒—复揉—渥堆—晒干环节组成的；云南普洱茶加工工艺是由杀青—揉捻—干燥—渥堆—干燥环节组成的；广西六堡茶加工工艺是由杀青—揉捻—渥堆—复揉—干燥环节组成的；四川南路边茶加工工艺是由蒸青—揉捻—渥堆—干燥环节组成的；四川西路边茶加工工艺是由晒干(蒸压前汽蒸)—干燥环节组成的。

黑茶的杀青工艺有炒青、蒸青、水潦等方法。由于新梢粗老，含水量较低，一般采用炒青工艺时杀青叶要先洒水，俗称"灌浆"。洒水的目的是增加杀青时水蒸气的量，以确保杀透、杀匀，并防止叶片焦灼的现象。在传统黑茶制作工艺中，由于粗老的鲜叶含水量少，为了减少鲜叶水分的散发，大部分会采用蒸青和水潦的杀青方法。水潦杀青多用在"炒篓茶"和粗老的茶叶制作上。六堡乡保留了以开水烫煮来杀青的古老工艺。据当地老茶人回忆，制茶量很大时，当时作坊式的制茶根本完成不了，因此对粗老茶叶便采用水潦杀青的方式。由于水潦杀青的方式容易使茶叶内的水溶性成分渗出到热水中，使成品品质下降，后来更多地采用蒸青杀青工艺。目前几乎都采用炒青的杀青方法。

渥堆是形成黑茶品质的关键工艺，是在特定的温度、水分条件下，以微生物活动为中心，通过生化动力(微生物酶)、物化动力(微生物的热)，促使茶叶内含成分发生氧化、水解、聚合、转化，同时与微生物自身物质代谢交互协同形成品质特征。在这个过程中微生物参与发酵，称为后发酵。渥堆有两个作用：一是微生物对茶叶的直接作用，主要与"构香、构色"有关；二是由微生物产生的"胞外酶"对茶叶的间接作用，主要与"构味"有关。微生物在渥堆叶中大量繁殖，新陈代谢过程从茶叶中吸收可溶性物质并放出热量，分泌有机酸等代谢产物，使叶温升高，并使渥堆叶中水分、pH下降，酸度增加。

金花是茯砖茶的品质特征，也是品质形成的关键。发花的实质是在一定的温度、湿度条件下，砖内的优势菌种——冠突散囊菌(俗称"金花")大量繁殖，它们进行物质代谢及分泌胞外酶进行酶促作用，形成茯砖茶独特菌花香的品质风格。

二、黑茶品质形成

(一)形状形成

黑茶有多种制品，包括黑毛茶、老青茶、普洱茶、四川边茶(南、西两路)、六堡茶等。普洱茶、六堡茶、湘尖、金尖相对原料较嫩，其他黑茶相对原料成熟度较高。共同工艺程序是经过杀青、揉捻，外形形状粗松，再经渥堆(后发酵)改变颜色。其成品要经过筛制、蒸压成型。黑茶形状与工艺、原料有直接的关系。

湖南黑茶原料采用中叶品种一芽3~6叶，形状粗松带梗，色泽黑至黄褐。成品有黑砖、茯砖、花卷等。

湖北老青茶原料采用中叶品种成熟度较高的叶梗，叶成条有红梗，色乌绿黄。成品有青砖茶等。

云南普洱茶原料采用云南大叶种一芽三、四叶，是后发酵茶中原料嫩度较高的一种，较易制成条形。条索肥壮，芽毫较多，色红褐带乌。成品有普洱散茶、普洱茶砖等。

广西六堡茶原料采用中叶品种一芽2~4叶，条索完整，色黑褐。成品有篓装茶、柱形六堡茶等。

四川南路边茶原料采用中叶品种成熟对夹叶梗，形状为成熟度较高、多梗，色红褐。成品有康砖、金尖砖茶等。

四川西路边茶原料采用中叶品种当年或上年成熟度高的梗叶，形状为成熟度高、含梗过半，色灰褐。成品有方包茶等。

(二) 外形色泽形成

外形色泽以乌褐为基本色。例如，普洱茶经渥堆后的酯溶色素很少，叶绿素一类物质已全部转化，茶黄素、茶红素的含量较少，而茶褐素的含量高，成为普洱茶外形的主要呈色成分。据研究，渥堆、干燥后的黑毛茶，叶绿素总转化率达86%。在杀青阶段转化21%，揉捻阶段转化8%，渥堆阶段转化34%，干燥阶段转化21%。多酚类物质氧化转化，杀青阶段转化量较少，渥堆阶段转化量较大。可见，发生色素变化的主要工序是杀青、渥堆和干燥。黑茶加工过程色素的转化主要是叶绿素降解产生黄褐色物质，多酚类物质氧化产生黄、红、褐色物质。以上物质与其他色素共同构成外形的呈色成分。

(三) 内质形成

黑茶属后发酵茶，实质上是程度不同的半发酵茶。后发酵茶原料成熟度比较高，但制作过程经过渥堆的特殊作用，不同种类茶形成各自的特殊风味。如普洱茶滋味醇厚带陈香，黑砖、茯砖茶香味纯和，康砖、紧茶香味浓纯，金尖香味纯和等。

渥堆在杀青揉捻之后或干燥之后(如普洱茶、老青茶、西路边茶)进行，是品质形成的关键工序。渥堆中能嗅到的甜酒香是由酵母菌作用产生的。渥堆叶的酸度到了一定程度，就会产生酸辣味。辣味可能来自酪氨酸、组氨酸的腐败转化物——酪胺和组胺，其与有机酸的酸味和氧化生成的醛、酮组成酸辣味。工艺上，把这种气味作为渥堆适度的表征。

黑茶风味的形成除热湿作用外，主要经微生物的作用而形成。微生物的胞外酶是对渥堆叶发挥作用的外源酶，如纤维素酶、果胶分解酶、氧化酶、蛋白酶等，是由渥堆后期的优势霉菌类产生的。微生物分泌的酶类对渥堆叶的有机物质起分解、水解、氧化作用。如氧化酶作用下儿茶素氧化聚合，转化为茶黄素、茶红素等有色物质，这是黑茶汤色转红的原因，也是滋味醇和的原因之一。各种酶的作用，使部分纤维素分解、多酚类物质含量下降、可溶性糖减少(作为微生物能源)；茶叶中的蛋白质作为氮源被微生物利用，分解作用增强，部分氨基酸含量明显增加，如赖氨酸、蛋氨酸、苯丙氨酸、亮氨酸、异亮氨酸、缬氨酸等。

黑茶呈现由橙黄至棕红、红褐汤色，主要受茶黄素、茶红素、茶褐素三者比例影响。叶底以脂溶性色素降解物及多酚类与蛋白质结合形成的色素沉淀为标志，呈黄褐至黑褐色。一般来说，黑茶都具微生物发酵的特征风味，香型各异，不易描述，但必须纯正。此外，普洱茶具有陈香，研究显示，这一现象与初制日晒和渥堆过程中，茶叶中脂肪酸、胡萝卜素氧化降解，同时某些醛类物质和沉香醇氧化物增加有关。

知识点三　黑茶品质特征描述

一、外形描述

黑茶外形描述必须区分散茶、压制茶、篓装茶的形状特征和色泽特征。目前，市场上常见的黑茶以散茶、压制茶的形式出现，常见的压制茶主要有砖形茶和云南紧茶。

散茶：如云南普洱条形茶，条索肥实，色泽褐红、乌褐。

砖形茶：如黑砖，砖面平整，厚薄一致。要注意有没有斧头形砖身（一端厚，另一端薄，形似斧头），是否有烧心现象（指砖茶中心部位发暗、发黑或发红，常由砖块压制过紧，砖内水分散发不出引起），有没有散砖、断砖（砖块中间断落，不成整块）、龟裂脱皮，棱角是否分明，图案是否清晰，色泽黑褐的程度，有无缺口（指砖茶、沱茶、饼茶等边缘有缺损现象），是否有泥鳅背。

云南紧茶：砖形或心脏形，光滑整齐，色泽褐润。沱茶要注意有无歪扭、掉把的现象（一般指沱茶碗口处不端正。歪即碗口部分厚薄不匀，压茶机压轴中心未在沱茶正中心，碗口不正；扭即沱茶碗口不平，一边高，另一边低。掉把特指蘑菇状紧茶因加工或包装等技术操作不当，使茶柄掉落）。饼茶要注意有无通洞现象（指因压力过大，使沱茶洒面正中心出现孔洞）。压制茶形状描述主要有"端正""纹理清晰""平滑""松紧"等评语；色泽描述因"褐"的程度不同有"黑褐""黄褐""棕褐"等，色泽只反映黑茶的种类特征，一般以"润"为好。茯砖茶要求有黄色的菌花称金花，"无花砖"特指茯砖茶无金花。

二、内质描述

反映内质的主要性状是汤色黄红至红浓，香气纯正或带陈香，滋味醇和。某些黑茶香味较为特殊，如方包茶滋味和淡带强烈烟焦味，普洱茶滋味醇厚有陈香味，六堡茶滋味清醇爽口有陈味。

黑茶的香味描述，应注意区分陈香、菌香与霉气，滋味陈醇、醇厚、醇和以及正常的烟焦味。陈香是指茶叶经后发酵、存放陈化产生的陈纯香气，如普洱散茶，质量好的应不夹"霉"的气味。又如茯砖茶滋味醇和，有菌花的清香味。

黑茶的香味特征各异，不能一概而论，如云南紧茶香气纯正，滋味醇浓，汤色橙红。青砖茶香味纯正，无青涩味，汤色红黄明亮。黑砖茶香气纯正或带松烟气，滋味醇和，汤色橙黄等。

三、不同地域黑茶紧压茶品质特征描述

(一) 云南普洱熟茶紧压茶品质特征描述

云南黑茶紧压茶是由云南普洱熟茶散茶为原料，经整理加工、拼配匀堆后蒸压定型、干燥而成，其产品主要有砖茶、沱茶、饼茶、方茶等。

1. 砖茶

外形有毫，条索粗壮紧实，平整紧实、厚薄均匀，褐红，有梗片。汤色深红，香气陈香，滋味醇和，叶底猪肝色欠嫩匀。砖形，尺寸为15mm×10mm×2.3mm，净含量250g。

2. 沱茶

外形较显毫，条索粗壮紧实，平整紧实、厚薄均匀，褐红，稍有梗片。汤色深红尚亮，香气陈香浓郁，滋味醇厚，叶底猪肝色尚嫩匀。碗臼状口，直径83～110mm，高45～65mm，净含量100～250g。

3. 饼茶

外形较显毫，条索粗壮紧实，平整紧实、厚薄均匀，褐红或带灰白，稍有梗片，饼沿泥鳅背显。汤色深红尚亮，香气陈香浓郁，滋味醇厚，叶底猪肝色尚嫩匀。直径11.6～18mm，厚1.6～2.0mm，净含量常见有250g、357g、400g。

4. 方茶

外形较显毫，条索粗壮紧实，平整紧实、厚薄均匀，褐红或带灰白，稍有梗片。汤色深红尚亮，香气陈香浓郁，滋味醇厚，叶底猪肝色尚嫩匀，形状正方形，边长为10mm，厚1.6mm，净含量常见为125g。

(二) 湖南紧压黑茶品质特征描述

湖南紧压黑茶是以湖南黑毛茶为主要原料，经筛分、拼配、汽蒸发酵、压制定型、干燥（茯砖茶为发花后干燥）后包装而成。按黑毛茶的级别及压制的形状不同，分为湘尖茶、茯砖茶、花砖茶和黑砖茶。

1. 湘尖茶

呈圆柱形篓包状，规格为580mm×350mm×500mm。按原料级别不同又分湘尖1号、湘尖2号、湘尖3号，也分别称为天尖、贡尖和生尖。其中湘尖1号和湘尖2号以一、二级黑毛茶为原料压制而成，湘尖3号主要以三级黑毛茶压制而成。湘尖1号品质特征为条索伸直、尚紧，色泽黑润，香气清纯带松烟香，汤色橙黄明亮，滋味浓厚，叶底黄褐尚嫩。湘尖2号外形色泽黑褐尚润，香气纯正稍带松烟香，汤色橙黄，滋味醇和，叶底黄褐尚匀。湘尖3号外形色泽黑褐，香气纯正稍淡、稍带焦烟香，汤色橙黄稍暗，滋味醇和略涩，叶底黑褐。

2. 茯砖茶

原料以三级黑毛茶为主，拼有其他非黑茶类原料，经整理加工、汽蒸发酵、压制定型、发花、干燥而成。按黑毛茶级别和拼配比例不同，又有特茯和普茯之分，外形均呈砖块状，分长方砖块形和正方砖块形两种。其中长方砖块形净重有2kg和1kg的，正方形砖块净重为0.25kg。茯砖茶的品质特征为：外形砖面平整，棱角分明，厚薄一致，砖

内发花普遍茂盛，以颗粒大、色泽金黄色为佳；砖面色泽特茯为褐黑色，普茯为黄褐色；砖内无黑霉、白霉、青霉、红霉等杂菌。内质香气纯正，带金花香；汤色橙黄；滋味特茯醇和，普茯醇和，无涩味；叶底黄褐或黑褐。

3. 花砖茶

外形呈长方形砖块状，规格一般为 350mm×180mm×35mm，净重为 2kg，也有净重为 1kg 和 0.5kg 的。其品质特征为：外形砖面平整，棱角分明，厚薄一致，花纹图案清晰，色泽黑褐润，无黑霉、白霉、青霉等霉菌；内质香气纯正或带松烟香，汤色橙黄，滋味醇和，叶底老嫩尚匀、黑褐。

4. 黑砖茶

外形呈长方形砖块状，规格一般为 350mm×180mm×35mm，净重为 2kg，也有净重为 1kg 和 0.5kg 的。其品质特征为：外形砖面平整，棱角分明，厚薄一致，花纹图案清晰，色泽黑褐，无杂霉；内质香气纯正，汤色橙黄稍深或橙黄稍暗，滋味醇和略涩，叶底老嫩欠匀、黑褐稍暗。

（三）四川紧压黑茶品质特征描述

四川紧压茶有南路边茶和西路边茶之分。南路边茶主产于雅安、宜宾等县（市），专销藏族地区，主要产品有康砖茶和金尖茶。西路边茶主产于灌县、北川等地，主要产品为方包茶和茯砖茶，主销四川阿坝藏族自治州及甘孜藏族自治州等地。

1. 康砖茶

外形为圆角长方形，俗称枕形，规格为 160mm×90mm×60mm，净重为 500g。外形表面平整，紧实，洒面明显，色泽棕褐，无青霉、黑霉；内质香气纯正，汤色红黄尚明，滋味尚浓醇，叶底棕褐稍花。

2. 金尖茶

外形为圆角长方形，规格比康砖茶稍大，为 220mm×180mm×110mm，净重为 2.5kg。外形表面平整，稍紧实、无脱层，色泽棕褐，无青霉、黑霉、黄霉；内质香气纯正，汤色黄红尚明，滋味醇和，叶底暗褐。

3. 方包茶

外形为长方形篾包状，四角方正稍紧，规格为 660mm×500mm×320mm，净重为每包 35kg。品质特征为：多粗壮梗少叶，色泽黄褐；香气稍带烟焦气，汤色黄红稍暗，滋味醇和，叶底多粗壮梗、黄褐。

4. 茯砖茶

外形为长方形砖块状，规格为 350mm×220mm×55mm，净重为 3kg。品质特征为：砖面平整，紧实，棱角分明，厚薄一致，砖内有金黄色金花，色泽黄褐；香气纯正稍带金花香，汤色橙黄，滋味醇和略涩，叶底棕褐。

（四）湖北紧压黑茶及品质特征描述

湖北紧压黑茶主要是以老青茶为原料经渥堆、压制的青砖茶，主产于湖北赤壁。

青砖茶的压制分洒面、二面和里茶 3 个部分，其原料质量各不相同。以洒面（即砖茶面上的一层茶）嫩度较好，二面即砖茶底面的一层茶质量其次。洒面与底面中间的一层茶为里茶，又称为包心茶，成熟度较高。青砖茶的质量主要取决于老青茶的质量高低及压制时的技术水平。老青茶是鲜叶采摘后，经杀青、揉捻、干燥等基本工序加工而成，其中面茶与里茶的原料老嫩及加工工序有区别。青砖茶外形为长方形砖块状，规格一般有4种，净重分别为2kg、1kg、1.5kg、0.5kg。品质特征为：砖面平整，紧结光滑，棱角分明，色泽青褐，压印纹理清晰；内质香气纯正，汤色橙红，滋味醇和，叶底暗褐。

（五）广西紧压黑茶品质特征描述

广西紧压黑茶主要是六堡茶，产于苍梧。

六堡茶为圆柱形篓包状，高570mm，直径530mm，每篓净重有55kg、50kg、45kg、40kg、37.5kg等规格。品质特征为：条索肥壮或粗壮，压结成块，色泽黑褐润；内质香气陈香浓郁，似槟榔香，汤色红浓深厚，滋味陈醇甘滑，叶底黑褐。

四、黑茶不同茶类各等级感官品质要求

1. 不同花色的黑茶各等级感官品质要求

参照国家标准《黑茶》（GB/T 32719—2016），主要花色黑茶感官品质要求见表8-1至表8-4所列。

表8-1　花卷茶感官品质要求

外形	汤色	香气	滋味	叶底
茶叶外形色泽黑褐、圆柱体形压制紧密，无蜂窝巢状，茶叶紧结或有金花	橙黄	纯正或带松烟香、菌花香	醇厚或微涩	深褐、尚软亮

表8-2　湘尖茶感官品质要求

等级	外形	汤色	香气	滋味	叶底
天尖	团块状，有一定的结构力，解散团块后，茶条紧结、扁直、乌黑油润	橙黄	纯浓或带松烟香	浓厚	黄褐夹带棕褐，叶张较完整，尚嫩匀
贡尖	团块状，有一定的结构力，解散团块后，茶条紧实、扁直、油黑带褐	橙黄	纯尚浓或带松烟香	醇厚	棕褐，叶张较完整
生尖	团块状，有一定的结构力，解散团块后，茶条粗壮尚紧，呈泥鳅条状，黑褐	橙黄	纯正或带松烟香	醇和	黑褐，叶宽大较肥厚

表8-3　六堡茶（散茶）感官品质要求

级别	外形				内质			
	条索	整碎	色泽	净度	香气	滋味	汤色	叶底
特级	紧细	匀整	黑褐、黑、油润	净	陈香纯正	陈、醇厚	深红、明亮	褐、黑褐、细嫩柔软、明亮
一级	紧结	匀整	黑褐、黑、油润	净	陈香纯正	陈、尚醇厚	深红、明亮	褐、黑褐、尚细嫩、柔软、明亮

(续)

级别	外形				内质			
	条索	整碎	色泽	净度	香气	滋味	汤色	叶底
二级	尚紧结	较匀整	黑褐、黑、尚油润	净、稍含嫩茎	陈香纯正	陈、浓醇	尚深红、明亮	褐、黑褐、嫩柔软、明亮
三级	粗实、紧卷	较匀整	黑褐、黑、尚油润	净、有嫩茎	陈香纯正	陈、尚浓醇	红、明亮	褐、黑褐、尚柔软、明亮
四级	粗实	尚匀整	黑褐、黑、尚油润	净、有茎	陈香纯正	陈、醇正	红、明亮	褐、黑褐、稍硬、明亮
五级	粗松	尚匀整	黑褐、黑	尚净、稍有筋梗茎梗	陈香纯正	陈、尚醇正	尚红、尚明亮	褐、黑褐、稍硬、明亮
六级	粗老	尚匀	黑褐、黑	尚净、有筋梗茎梗	陈香尚纯正	陈、尚醇	尚红、尚亮	褐、黑褐、稍硬、尚亮

表 8-4 散状茯砖感官品质要求

级别	外形				内质			
	条索	整碎	色泽	净度	香气	滋味	汤色	叶底
特级	紧结	尚匀齐	乌黑、油润、金花茂盛、无杂菌	净	纯正菌花香	醇厚	橙黄或橙红尚亮	黄褐、尚嫩、叶片尚完整
一级	尚紧结	匀整	乌褐尚润、金花茂盛、无杂菌	尚净	纯正菌花香	醇和	橙黄尚亮	黄褐、叶片尚完整

2. 其他优质黑茶产品感官品质要求

参照国家标准《地理标志产品 普洱茶》(GB/T 22111—2018),普洱茶熟茶(散茶)感官品质要求见表 8-5 所列。

表 8-5 普洱茶熟茶(散茶)感官品质要求

级别	外形				内质			
	条索	整碎	色泽	净度	香气	滋味	汤色	叶底
特级	紧细	匀整	红褐润显毫	匀净	陈香浓郁	浓醇甘爽	红艳明亮	红褐柔嫩
一级	紧结	匀整	红褐润较显毫	匀净	陈香浓厚	浓醇回甘	红浓明亮	红褐较嫩
三级	尚紧结	匀整	褐润尚显毫	匀净带嫩梗	陈香浓纯	醇厚回甘	红浓明亮	红褐尚嫩
五级	紧实	匀齐	褐尚润	尚匀稍带梗	陈香尚浓	浓厚回甘	深红明亮	红褐欠嫩
七级	尚紧实	尚匀齐	褐欠润	尚匀带梗	陈香纯正	醇和回甘	褐红尚浓	红褐粗实
九级	粗松	欠匀齐	褐稍花	尚匀带梗片	陈香平和	醇正回甘	褐红尚浓	红褐粗松

任务二 开展黑茶审评

 任务指导书

▶▶ **任务目标**

1. 掌握黑茶审评方法等知识。

2. 能根据黑茶实物样的真实情况进行审评操作，且术语描述与实际等级用词相差不超半个级。

▶▶ **任务实施**

1. 利用搜索引擎及相关图书，获取黑茶茶类的审评方法、各项因子的审评重点等相关知识。

2. 实地到各茶区茶企，调查黑茶产品品质优缺点、品质改进措施等情况。

3. 实地到各茶区茶企、销售门店收集不同等级黑茶产品，进行品质审评，并给出审评报告。

▶▶ **考核评价**

根据调查时的实际表现、调查深度及审评操作的熟练程度，结合对相关知识的理解程度和调查报告的内容，以及不同等级黑茶产品审评情况及审评报告，综合评分。

 知识链接

知识点 黑茶审评方法

黑茶散茶审评采用通用柱形杯审评法：取有代表性茶样3g或5g，按茶水比1∶50置于相应的审评杯中；注满沸水，加盖浸泡2min，按冲泡次序依次等速将茶汤沥入评茶碗中；审评汤色、嗅杯中叶底香气、尝滋味后，进行第二次冲泡；浸泡时间5min，沥出茶汤，依次审评汤色、香气、滋味、叶底。汤色以第一泡审评结果为主评判，香气、滋味以第二泡审评结果为主评判。

黑茶紧压产品的审评方法采用紧压茶的审评方法。

在黑茶审评过程中，应以《茶叶分类》（GB/T 30766—2014）与《黑茶》（GB/T 32719—2016)结合各黑茶产区的地方标准进行客观评定。

一、黑茶外形审评

1. 黑茶散茶外形审评

黑茶散茶外形审评，评比形状(包括条索和嫩度)、净度、色泽和干香。以嫩度和条索为主，兼评净度、色泽和干香。嫩度主要看叶质老嫩、叶尖多少；条索主要看茶条的松紧、弯直、皱平、圆扁、下盘茶比例以及茶叶身骨的轻重，以条索紧卷圆直、身骨重实为上，松扁、皱折、轻飘为下。净度看黄梗、朴片和其他夹杂物的含量。色泽看颜色的枯润、纯杂，以油黑为好，花黄绿色或铁板色为差。干香主要区别纯正、高低及有无火工香和松烟香，以有火工香带松烟香为好，火工不足或烟气太重稍次，粗老气或日晒气为差，有烂、馊、酸、霉、焦或其他较重异杂气的为劣。

普洱茶（熟茶）散茶的外形评定，评比条索、色泽、整碎、净度4项因子。条索主要看松紧、重实的程度，评比壮粗、松紧的程度及芽毫多少，以紧结匀整、多芽毫为好；整碎主要看匀齐度；净度主要评比匀整及断碎和梗片多少，以条索粗松、梗片多为次。结合梗量的多少，色泽评比深浅、匀杂，以褐红均匀为好，枯暗、发黑或花杂为次。看含芽毫的多少、色泽的深浅，以色泽褐红为好，色泽发黑或花杂、枯暗均体现发酵不好，品质较差。看色泽是否均匀一致，均匀一致的表示发酵均匀，品质好；色泽杂、有青张表示发酵不匀，品质较差。品质优良的普洱茶外形油润显毫，条索紧结，重实，色泽褐红，调匀一致。

2. 黑茶紧压茶外形审评

紧压茶按压制的形状不同分为成块（个）茶[如砖形茶、饼茶、沱茶等，包括有洒面压制成块（个）茶]、篓装茶（如六堡茶、天尖、贡尖、生尖等）。

成块（个）茶中，砖形茶（黑砖、花砖、伏砖、金尖）评比匀整度、松紧、嫩度、色泽、净度和光洁度。匀整度评比形态端正、棱角整齐、模纹清晰程度，有无龟裂，有无起层落面；松紧及厚薄、大小是否一致；嫩度评比梗叶老嫩；色泽评比油黑程度；净度评比筋梗、片末、朴籽及其他夹杂物含量。有些砖形茶要求压得越紧越好，如黑砖、花砖、老青砖等；有些则要求砖块紧实，不能压得太紧，如茯砖、康砖、金尖茶等。茯砖茶还要加评砖内发花是否茂盛、均匀及颗粒大小。沱茶形状为碗臼形，评比时看其紧实度、表面的光洁度、厚薄是否均匀、嫩度及显毫情况。有洒面压制成块（个）茶看洒面分布是否均匀，有无起层脱面、包心外露，洒面嫩度及显毫情况；再将块状解开，检查茶梗老嫩、有无霉烂变质及夹杂。

篓装茶（六堡茶、湘尖等）评比松紧、嫩度、色泽和净度。要求松紧适当，条索较紧，色泽光润，无枯老黄叶。

二、黑茶内质审评

黑茶内质审评时评比香气、汤色、滋味、叶底4项因子。香气主要评比纯异、浓淡，以松烟香、浓度好，无日晒、酸、馊、霉、焦气味，为品质好的表现；若有粗老气、日晒气，则为差；若有酸、馊、霉、焦等异气味且程度较重的，应按劣变茶处理。汤色主要评比色度、亮度及清澈度。色度主要看汤色是否正常，黑毛茶汤色以橙黄为正常色；亮度主要看汤色是否明亮，以明亮为好，深暗为差；清澈度主要看茶汤是否清澈见底，是否有沉淀物或细小悬浮物，以纯净清澈透明为好，汤色浑浊或有沉淀物为差。滋味评比纯异、浓淡、苦涩等，以纯正，进口微涩后回甜为好，粗淡、苦涩为差，若有酸、馊、霉、焦等异气味的则为次劣茶。叶底评比嫩度和色泽，以黄褐带青色、叶张开展无乌暗条为好,红绿色或红叶花边为差。

普洱茶(熟茶)散茶的内质评定,评比汤色、香气、滋味、叶底4项因子,侧重香气与滋味。香气评比纯度、陈香的持久性及浓度,滋味评比醇和、爽滑程度,浓度及回味。高档普洱熟茶滋味醇滑浓厚,具有"陈熟"香气,汤色红浓,叶底红褐嫩匀;低档普洱茶香味纯正,汤色红暗,叶底黑褐。普洱茶陈香是在后发酵及阴干后,经过陈化阶段形成。有的夹轻度霉味,应注意识别。

普洱紧压茶的内质审评汤色、香气、滋味和叶底。汤色主要评比色度、清浊度、亮度。汤色要求红浓明亮,深红色为正常,黄、橙黄或深暗的汤色均不符合要求。汤色橙黄或深暗,显示发酵工艺掌握不好,发酵不匀或发酵程度轻均可能出现此种情况。如果汤色浑浊不清,属品质劣变。香气主要比纯度。普洱茶要求有陈香,其他各种香型都不符合要求。滋味主要看醇和、爽滑、甜。醇和指味清爽带甜,鲜味不足,刺激性不强。普洱茶因经过后发酵工艺,茶多酚进一步氧化,使绿茶的滋味得到转化,具有醇和的滋味,审评时需要突出。"醇滑"是陈年普洱茶的滋味。一般普洱茶滋味"醇和","爽滑"指爽口,有一定程度的刺激性,不苦不涩。"滑"与"涩"反意,指茶汤入口有很舒服的感觉,不涩口。普洱茶忌苦、涩、酸味,如果有苦、涩、酸味,均为发酵不好或品质太新。甜指茶汤浓而刺激性较小,茶味陈韵显、温和,茶汤入口有明显的甘甜味。普洱茶属后发酵茶,滋味既不同于绿茶,又不同于红茶。高档普洱茶的内质是:汤色浓艳剔透,香气陈纯,滋味醇滑回甘。叶底主要看嫩度、色泽、匀度,侧重匀度。匀度好,叶底色泽均匀一致的,表示发酵均匀。相反,叶底如果有焦条,叶张不开展,甚至叶底碳化成黑色,表明发酵堆温过高,发生"烧心"。这种情况下,一般汤色较浅,滋味淡。叶底如果有青张,说明后发酵不匀,滋味苦涩,无陈香味或陈香味不足,是品质较差的表现。

 思考与练习

一、名词解释(请依据审评术语国家标准解释以下名词)

泥鳅背、宿梗、猪肝色、半筒黄、栗红、堆味、渥堆、仓味

二、单项选择题

1. 黑砖茶的砖面平整,图案清晰,棱角分明,厚薄一致,色泽(　　)。
   A. 黑色　　　B. 黑褐　　　C. 红褐　　　D. 褐色
2. 黑茶评比条索时,要看是否紧卷,下段茶是否比例大、(　　)。
   A. 身骨重　　B. 身骨轻　　C. 手感沉　　D. 手感轻
3. 评比黑茶净度时,要注意细梗和(　　)含量。
   A. 片末　　　B. 非茶夹杂物　C. 老叶　　　D. 朴片
4. 黑茶外形色泽以(　　)为基本色。
   A. 褐黑　　　B. 铁黑　　　C. 猪肝色　　D. 乌褐
5. 黑毛茶评茶术语用"滋味醇厚,回味甘爽",则评分为(　　)分。
   A. 90~99　　B. 80~89　　　C. 70~79　　　D. 60~69

三、判断题

1. 黑毛茶的滋味以微涩（紧口）后甜为好。（   ）
2. 普洱茶（熟茶）散茶的形状评比壮粗、松紧的程度及芽毫多少。（   ）
3. 黑茶汤色的评分系数高于乌龙茶。（   ）
4. 陈香味是六堡茶品质好的表现。（   ）
5. 审评紧压茶是采用3次冲泡后评内质，其准确性高。（   ）

四、填空题

1. 黑茶（散茶）审评结果_____以第一泡为主评判，_____、_____以第二泡为主评判。
2. _____是形成黑茶品质的关键工艺，在这个过程中微生物参与发酵，称为_____。
3. 黑茶加工过程的色素转化主要是_____降解产生黄褐色物质，_____氧化产生黄、红、褐色物质，它们与其他色素共同构成外形的呈色成分。
4. 黑茶外形描述必须区分_____、_____、_____的形状特征和色泽特征。
5. 湖北紧压茶主要有以_____为原料经渥堆、压制的青砖茶，主产于湖北赤壁。

五、简答题

1. 普洱紧压茶审评选取什么规格的审评杯（碗）？称茶几克？计时几分钟？冲泡几次？每种品质特征以第几次冲泡结果为准？
2. 简述黑茶（散茶）的审评方法。
3. 简述黑茶的几种常见香型，并举例说明。

六、拓展与论述题

请以3款茶为例，开展不同茶树品种黑茶的品质分析。

项目完成情况及反思

1.
2.
3.
4.
5.

项目九 再加工茶审评

知识目标

1. 了解再加工茶发展历史及现状。
2. 理解再加工茶分类及品质构成。
3. 理解再加工茶加工工艺与品质特征的关系。

能力目标

1. 能正确运用再加工茶审评方法规范完成再加工茶审评流程。
2. 能准确运用感官审评术语描述再加工茶感官品质。

素质目标

1. 通过再加工茶审评流程的训练,培养客观、严谨的茶叶审评工作作风。
2. 通过学习再加工茶的基础知识,形成不断学习探索的钻研精神。

数字资源

任务一 紧压茶审评

 任务指导书

任务目标

1. 了解紧压茶茶类形成与发展、紧压茶加工工艺及品质形成等知识。
2. 掌握各类紧压茶审评方法、各项品质特征描述等知识。
3. 能根据紧压茶实物样的真实情况进行审评操作，且术语描述与实际等级用词相差不超半个级。

任务实施

1. 利用搜索引擎及相关图书，获取紧压茶茶类在不同时期、不同地域的加工、利用、品饮方法及文化价值，以及紧压茶茶类审评方法、各项因子的审评重点等相关知识。

2. 实地到各茶区，调查各茶企紧压茶茶类生产习惯、加工工艺、使用的设备设施等生产情况，获知在实际的生产加工中各项品质因子形成的机理及各工艺环节与各项品质的关系，了解紧压茶产品品质优缺点、品质改进措施等情况。

3. 利用搜索引擎及相关图书，调查紧压茶国内外相关资料、行业及地方新旧标准，理解不同标准间的关系及差异、新旧标准间的差异、新标准修订的目的和意义。

4. 实地到各茶区，调查各茶企在紧压茶实践审评中各项品质因子术语运用的情况，及其与各项标准间的差异情况。

5. 实地到各茶区茶企、销售门店收集不同等级紧压茶产品，进行品质审评，并给出审评报告。

考核评价

根据调查时的实际表现、调查深度及审评操作的熟练程度，结合对相关知识的理解程度和调查报告的内容，以及不同等级紧压茶产品审评情况及审评报告，综合评分。

 知识链接

知识点一 紧压茶形成与发展

紧压茶的加工工艺可以追溯到三国时期，张揖的《广雅》中就有这样的记载："荆巴间，采茶作饼，叶老者饼成，以米膏出之。欲煮茗饮，先炙令赤色，捣末，置瓷器中，以汤浇覆之，用葱、姜、桔（橘）子芼之。其饮醒酒，令人不眠。"由此可见，当时人们已经把茶制作成饼状。到了唐代，紧压茶得到进一步的发展，蒸青作饼已经逐渐完善，正如茶圣陆羽在《茶经·三之造》记载："晴，采之。蒸之，捣之，拍之，焙之，穿之，封之，茶之干矣。"即在晴天将茶叶采摘下来，然后按照完整的蒸青茶饼制作工序进行蒸茶、解块、捣茶、装模、拍压、出模、列茶晾干、穿孔、烘焙、成穿、封茶。其中的"捣之，拍之"即捣茶、装模、拍压、出模，就是紧压茶的制作工艺。在宋代，紧压工艺得到了快速的发展，随着贡茶制度的延续，茶叶需兼具品饮性和观赏性，紧压茶的外形美观度得到了重视，并逐渐在团饼茶表面有了龙凤之类的纹饰，称为龙凤团茶。宋代《宣和北苑贡茶录》记述"宋太平兴国初，特置龙凤模，遣使即北苑造团茶，以别庶饮，龙凤茶盖始于此"。据宋代赵汝励《北苑别录》记述，龙凤团茶的加工有6道工序：蒸茶、榨茶、研茶、造茶、过黄、烘茶。即采回鲜叶后，先浸泡于水中，挑选匀整芽叶进行蒸青，蒸后冷水清洗，然后小榨去水，大榨去茶汁，后置于瓦盆内兑水研细，再入龙凤模压饼、烘干。整个加工过程耗时、费工，这些均促成了蒸青散茶制法的产生。至明代，明太祖朱元璋于1391年下诏废龙凤团茶兴散茶，使得蒸青散茶大为盛行。

在现代，随着科技的进步和制茶技术的发展，全国各茶区都具备生产紧压茶的条件。除了黑茶类紧压茶生产外，还有部分其他茶类也以紧压的形式生产，市场上常见的如以红茶的片末等副产品为原料蒸压而成的红砖茶，云南以云南晒青毛茶为原料蒸压成的沱茶、砖茶、饼茶、方茶等，以及福建武夷山以闽北乌龙茶为原料压制的大红袍茶砖等。近几年，福建白茶产区大部分产品以福建白茶为原料蒸压成砖茶、饼茶、方茶进行销售。云南以晒红（干燥采用晒干方式的红茶）为原料蒸压成砖形或饼形的红茶砖和红茶饼，福建闽南安溪以闽南乌龙茶为原料蒸压成饼形的乌龙茶饼，目前这种乌龙茶饼在市场上很少见。

知识点二　紧压茶分类

依据《紧压茶》（GB/T 9833—2013），将紧压茶分为9类，分别为：花砖茶、黑砖茶、茯砖茶、康砖茶、金尖茶、沱茶、紧茶、米砖茶及青砖茶。

1. 花砖茶

形状为砖形，且砖面四边有花纹，故而得名。花砖在历史上也叫花卷，因一卷茶净重1000两，故又称千两茶。花砖茶砖面色泽黑褐，香气纯正，滋味醇正、浓厚微涩，汤色红黄，叶底老嫩匀称。

2. 黑砖茶

色泽黑润，成品块状如砖，故而得名。其原料选自安化、桃江、益阳、汉寿、宁乡等地区生产的优质黑毛茶。制作时先将原料筛分、整形、风选、拣剔、提净，按比例拼配；机压时，先高温汽蒸灭菌，再高压定型，检验修整后缓慢干燥，最后包装成为砖茶成品。

3. 茯砖茶

茯砖茶属黑茶类最具特色的一种，也称"发酵茶始祖"，经过原料处理、蒸汽沤堆、压制定型、发花干燥、成品包装等工序。其压制程序与黑砖茶和花砖茶基本相同，其不同之处是在砖形的厚度上。茯砖茶的茶砖从砖模退出后，不直接送进烘房烘干，而是为促使发花，先包好商标纸，再送进烘房烘干。烘干的速度不要求快干，整个烘期比黑砖茶和花砖茶长 1 倍以上，以利于缓慢发花。

4. 康砖茶

圆角枕形，是经过蒸压而成的砖形茶。毛茶原料必须预先经过整理，再经筛分、铡切整形、风选、拣剔等工序，务求做到沙石、草木除净，梗长适度，还要制成形状匀整的洒面和里茶。再按国家规定的质量标准进行合理配料，经过称茶、蒸茶和筑压等制造工序制成。

5. 金尖茶

属藏茶，工序复杂。其生产工序多达 32 道，以生长期为 6 个月以上的成熟鲜茶叶为原料，进厂经粗加工后陈化（存放）。藏茶为深发酵（全发酵）茶，与康砖茶相同，差别在于原料品质的不同。

6. 沱茶

外形呈碗臼状，紧结端正，色泽褐红，是选用云南大叶种优质茶为原料，经科学方法精制而成的紧压茶。由于加工处理方法不同，在成茶的色泽、香型、汤色、滋味和品质风格方面，都有明显的区别。

7. 紧茶

与沱茶起源相同，由团茶演变而来。原产于云南佛海，是主要供应西藏地区的传统产品。原料较为粗老，三至八级为铺面，九、十级为里茶。外形紧结端正，厚薄均匀，色泽乌润，带银毫。

8. 米砖茶

其所用原料皆为茶末，因而得名。由原料经过筛分、拼料、压制、退砖、检砖、干燥、包装等工序而制成。成品外形十分美观，棱角分明，表面图案清晰秀丽，砖面色泽乌亮。多为以红茶片、末为原料经蒸压而成的红砖茶，也有黑茶碎末制成的黑茶米砖。

9. 青砖茶

属黑茶类，别名老青茶，又称川字茶。老青茶的制造分面茶和里茶两种，面茶较精细，里茶较粗老。面茶是鲜叶经杀青、初揉、初晒、复炒、复揉、渥堆、晒干而制成。里茶是鲜叶经杀青、揉捻、渥堆、晒干而制成。

知识点三　紧压茶品质特征描述

（一）不同原料的紧压茶品质特征描述

根据茶叶分类原则，再加工茶的分类应以品质来确定。一般毛茶品质基本稳定，在毛茶加工过程中，品质变化不大，再制过程中品质稍有变化，但未超越该茶类的品质系统，应仍属该毛茶归属的茶类。此处以云南大叶种晒青绿茶、各茶产区采用白茶加工工艺生产的白茶、云南大叶种晒红、红茶（湖北米砖茶）为原料加工的产品为例，阐述紧压茶品质特征描述。

1. 以云南大叶种晒青绿茶为原料的紧压茶

特级沱茶：外形白毫显露，条索肥嫩，深绿光润，匀整，无嫩茎。汤色黄、清澈明亮，香气清高，滋味醇爽，叶底柔嫩有芽、绿黄明亮。形状为碗臼状，口径110mm×60mm，净含量250g。

甲级沱茶：外形白毫显，条索紧结，深绿油润，匀整，有嫩茎。汤色橙黄明亮，香气清香，滋味浓醇，叶底嫩匀绿黄、尚明亮。形状为碗臼状，口径(76~83)mm×50mm，净含量125g。

乙级沱茶：外形白毫显，条索尚紧，深绿尚润，匀整，有嫩茎。汤色橙黄尚亮，香气清香稍有烟气，滋味浓厚，叶底尚嫩匀、绿黄、尚明亮。形状为碗臼状，口径(76~83)mm×43mm，净含量100g。

紧茶：外形显毫、乌条、多紧实，平整紧实、厚薄均匀，深绿带褐，有梗片。汤色橙红尚明，香气纯正，滋味醇和，叶底欠嫩、色暗、欠匀。形状为砖形(14mm×9mm×2.6mm)、心脏形(直径10mm×11.5mm)，净含量250g。

饼茶：外形毫较多、乌条多紧实，平整紧实、厚薄均匀，饼沿泥鳅背显，深绿带褐，有梗片。汤色橙红明亮，香气纯正，滋味醇和，叶底欠嫩、色暗、欠匀。直径11.6~18mm，厚1.6~2.0mm，净含量常见有250g、357g、400g。

方茶：外形毫较多、乌条、多紧实，平整紧实、厚薄均匀，深绿带褐，有梗片。汤色橙红明亮，香气纯正，滋味醇和，叶底欠嫩、色暗、欠匀。形状方形，边长为10mm，厚1.6mm，净含量常见有125g。

2. 以各茶产区采用白茶加工工艺生产的白茶为原料的紧压茶

芽型：饼面端正、规整、碗口居中，泥鳅边；深度垂直一致、规整；芽头肥壮、匀整；色泽银白，显毫；汤色杏黄明亮；香气清纯、毫香显；滋味浓醇、毫味显；叶底肥厚、软、嫩。

芽叶型：饼面端正、规整、碗口居中，泥鳅边；深度垂直一致、规整；芽叶连枝、芽头显；色泽灰绿、黄绿或黄褐，带毫；汤色橙黄明亮；香气浓纯、有毫香；滋味醇厚、有毫味；叶底软嫩。

多叶型：饼面端正、规整、碗口居中，泥鳅边；深度垂直一致、规整；芽叶连枝、略有芽头；色泽灰绿、黄绿或黄褐、夹红，略显毫；汤色橙黄、深黄或微红；香气浓纯；滋味醇厚；叶底软、尚嫩带红张。

参照国家标准《紧压白茶》(GB/T 31751—2015)，紧压白茶的感官品质特征见表9-1所列。

表9-1 紧压白茶感官品质特征

产品	外形	内质			
		香气	滋味	汤色	叶底
紧压白毫银针	外形端正匀称、松紧适度、表面平整、无脱层、不洒面；色泽灰白，显毫	清纯、毫香显	浓醇、毫味显	杏黄明亮	肥厚软嫩
紧压白牡丹	外形端正匀称、松紧适度、表面较平整、无脱层、不洒面；色泽灰绿或灰黄，带毫	浓纯、有毫香	醇厚、有毫味	橙黄明亮	软嫩

(续)

产品	外形	内质			
		香气	滋味	汤色	叶底
紧压贡眉	外形端正匀称、松紧适度，表面较平整；色泽灰黄夹红	浓纯	浓厚	深黄或微红	软尚嫩、带红张
紧压寿眉	外形端正匀称、松紧适度，表面较平整；色泽灰褐	浓、稍粗	厚、稍粗	深黄或泛红	略粗、有破张、带泛红叶

3. 以云南大叶种晒红为原料的紧压茶

饼面端正、规整、碗口居中，泥鳅边；深度垂直一致、规整；条索肥壮清晰，色泽乌黑油润或黄褐；汤色红艳、红亮或橙红；香气高锐、高强、浓郁、甜纯；滋味浓强、浓厚、浓甜；叶底肥厚、软亮、红匀。

4. 以湖北米砖茶为原料的紧压茶

米砖茶是以红茶的片、末等副产品为原料蒸压而成的一种红砖茶，分特级米砖茶和普通米砖茶两个等级。其形状为长方形砖块状，规格为240mm×190mm×20mm、190mm×120mm×20mm 和 120mm×95mm×20mm、净重分别为1kg、0.5kg 和 0.25kg。品质特征为：外形砖面平整、棱角分明、厚薄一致、图案清晰，特级米砖茶乌黑油润，普通米砖茶黑褐稍泛黄。内质要求特级米砖茶香气纯正，汤色深红，滋味浓醇，叶底红匀；普通米砖茶香气平正，汤色深红，滋味尚浓醇，叶底红暗。

(二)各类紧压茶感官品质要求

1. 花砖茶

感官品质要求：外形砖面平整，花纹图案清晰，棱角分明，厚薄一致，色泽黑褐，无黑霉、白霉、青霉等霉菌。内质香气纯正，或带松烟香，汤色橙黄，滋味醇和。

花砖茶理化指标要求见表9-2所列。

表 9-2 花砖茶理化指标要求

项目	指标
水分(质量分数,%)	≤14.0(计重水分为12.0%)
总灰分(质量分数,%)	≤8.0
茶梗(质量分数,%)	≤15.0(其中长于30mm 的茶梗不得超过1.0%)
非茶类夹杂物(质量分数,%)	≤0.2
水浸物(质量分数,%)	≥22.0

注：采用计重水分换算茶砖的净含量。

2. 黑砖茶

感官品质要求：外形砖面平整，花纹图案清晰，棱角分明，厚薄一致，色泽黑褐，无黑霉、白霉、青霉等霉菌。内质香气纯正，或带松烟香，汤色橙黄，滋味醇和微涩。

黑砖茶理化指标要求见表9-3所列。

表 9-3　黑砖茶理化指标要求

项目	指标
水分(质量分数,%)	≤14.0(计重水分为 12.0%)
总灰分(质量分数,%)	≤8.5
茶梗(质量分数,%)	≤18.0(其中长于 30mm 的茶梗不得超过 1.0%)
非茶类夹杂物(质量分数,%)	≤0.2
水浸物(质量分数,%)	≥21.0

注：采用计重水分换算茶砖的净含量。

3. 茯砖茶

感官品质要求：外形砖面平整，棱角分明，厚薄一致，色泽黄褐色，发花普遍，砖内无黑霉、白霉、青霉、红霉等霉菌。内质香气纯正，汤色橙黄，滋味醇和、无涩味。

茯砖茶理化指标要求见表 9-4 所列。

表 9-4　茯砖茶理化指标要求

项目	指标
水分(质量分数,%)	≤14.0(计重水分为 12.0%)
总灰分(质量分数,%)	≤9.0
茶梗(质量分数,%)	≤20.0(其中长于 30mm 的茶梗不得超过 1.0%)
非茶类夹杂物(质量分数,%)	≤0.2
水浸物(质量分数,%)	≥20.0
冠突散囊菌(CFU/g)	$\geq 20 \times 10^4$

注：采用计重水分换算茶砖的净含量。

4. 康砖茶

分特制康砖和普通康砖。

特制康砖：外形圆角长方体状，表面平整，紧实，洒面明显，色泽棕褐油润，砖内无黑霉、白霉、青霉等霉菌。内质香气纯正，陈香显，汤色红亮，滋味醇厚，叶底棕褐稍花杂、带细梗。

普通康砖：外形圆角长方体状，表面尚平整，洒面尚明显，色泽棕褐，砖内无黑霉、白霉、青霉等霉菌。内质香气较纯正，汤色红褐，尚明，滋味醇和，叶底棕褐花杂、带梗。

康砖茶理化指标要求见表 9-5 所列。

表 9-5　康砖茶理化指标要求

项目	指标	
	特制康砖	普通康砖
水分(质量分数,%)	≤16.0(计重水分为 14.0%)	
总灰分(质量分数,%)	≤7.5	
茶梗(质量分数,%)	≤7.0(其中长于 30mm 的茶梗不得超过 1.0%)	≤8.0(其中长于 30mm 的茶梗不得超过 1.0%)

(续)

项目	指标	
	特制康砖	普通康砖
非茶类夹杂物(质量分数,%)	≤0.2	
水浸物(质量分数,%)	≥28.0	≥26.0

注：采用计重水分换算茶砖的净含量。

5. 沱茶

感官品质要求：外形碗臼形，紧实光滑，色泽墨绿，白毫显露，无黑霉、白霉、青霉等霉菌。内质香气纯浓，汤色橙黄尚明，滋味浓醇，叶底嫩匀尚亮。

沱茶理化指标要求见表9-6所列。

表9-6 沱茶理化指标要求

项目	指标
水分(质量分数,%)	≤9.0
总灰分(质量分数,%)	≤7.0
茶梗(质量分数,%)	≤3.0
非茶类夹杂物(质量分数,%)	≤0.2
水浸物(质量分数,%)	≥36.0

6. 紧茶

感官品质要求：外形长方形小砖块或心脏形，表面紧实，厚薄均匀，色泽尚乌，有毫，无黑霉、白霉、青霉等霉菌。内质香气纯正，汤色橙红尚明，滋味浓厚，叶底尚嫩欠匀。

紧茶理化指标要求见表9-7所列。

表9-7 紧茶理化指标要求

项目	指标
水分(质量分数,%)	≤13.0(计重水分为10.0%)
总灰分(质量分数,%)	≤7.5
茶梗(质量分数,%)	≤8.0(其中长于30mm的茶梗不得超过1.0%)
非茶类夹杂物(质量分数,%)	≤0.2
水浸物(质量分数,%)	≥36.0

注：采用计重水分换算茶砖的净含量。

7. 金尖茶

分特制金尖和普通金尖。

特制金尖：外形四角长方体状，较紧实，无脱层，色泽棕褐色尚油润，砖内无黑霉、白霉、青霉等霉菌。内质香气纯正，陈香显，汤色红亮，滋味醇正，叶底棕褐花杂、带梗。

普通金尖：外形四角长方体状，稍紧实，色泽黄褐，砖内无黑霉、白霉、青霉等霉菌。内质香气较纯正，汤色红褐尚明，滋味醇和，叶底棕褐花杂、多梗。

金尖茶理化指标要求见表9-8所列。

表9-8 金尖茶理化指标要求

项目	指标	
	特制康砖	普通康砖
水分(质量分数,%)	≤16.0(计重水分为14.0%)	
总灰分(质量分数,%)	≤8.0	≤8.5
茶梗(质量分数,%)	≤10.0(其中长于30mm的茶梗不得超过1.0%)	≤15.0(其中长于30mm的茶梗不得超过1.0%)
非茶类夹杂物(质量分数,%)	≤0.2	
水浸物(质量分数,%)	≥25.0	≥18.0

注：采用计重水分换算茶砖的净含量。

8. 米砖茶

外形砖面平整，棱角分明，厚薄一致，图案清晰，砖内无黑霉、白霉、青霉等霉菌，特级米砖茶乌黑油润，普通米砖茶黑褐稍泛黄。内质：特级米砖茶香气纯正，滋味浓醇，汤色深红，叶底红匀；普通米砖茶香气平正，滋味尚浓醇，汤色深红，叶底红暗。

米砖茶理化指标要求见表9-9所列。

表9-9 米砖茶理化指标要求

项目	指标	
	特制康砖	普通康砖
水分(质量分数,%)	≤9.5(计重水分为9.5%)	
总灰分(质量分数,%)	≤7.5	≤8.0
非茶类夹杂物(质量分数,%)	≤0.2	
水浸物(质量分数,%)	≥30.0	≥28.0

注：采用计重水分换算茶砖的净含量。

9. 青砖茶

感官品质要求：外形砖面平滑，棱角整齐，紧结平整，色泽青褐，压印纹理清晰，砖内无黑霉、白霉、青霉等霉菌。内质香气纯正，滋味醇和，汤色橙黄，叶底暗褐。

青砖茶理化指标要求见表9-10所列。

表9-10 青砖茶理化指标要求

项目	指标	
	特制康砖	普通康砖
水分(质量分数,%)	≤12.0(计重水分为12.0%)	
总灰分(质量分数,%)	≤8.5	
茶梗(质量分数,%)	≤20.0(其中长于30mm的茶梗不得超过1.0%)	
非茶类夹杂物(质量分数,%)	≤0.2	
水浸物(质量分数,%)	≥21.0	

注：采用计重水分换算茶砖的净含量。

知识点四　紧压茶审评方法

紧压茶审评采用柱形杯审评法：称取有代表性的茶样3g或5g，按茶水比（质量体积比）1∶50置于相应的审评杯中；注满沸水，依紧压程度加盖浸泡2~5min，按冲泡次序依次等速将茶汤沥入评茶碗中；审评汤色、嗅杯中叶底香气、尝滋味。进行第二次冲泡，时间5~8min，沥出茶汤依次审评汤色、香气、滋味、叶底。审评结果以第二泡为主，综合第一泡进行评判。

（一）紧压茶外形审评

1. 包装

在审评紧压茶产品时，如果有直接接触茶叶的单独外包装，应注意审评包装，包装选用原料应符合《茶叶包装、运输和贮藏通则》（NY/T 1999—2011）的要求。记录时应登记原料种类，包装是否完整，有无污渍、破损情况，标识是否清晰，是否符合《预包装食品标签通则》（GB/T 7718—2011）的要求。注意标识中的品类、原料、等级等内容是否与最后审评结果相符。

2. 形状

（1）饼形

评比圆形是否规整，是否为椭圆形；饼厚度是否一致，饼边沿有无刀口边现象；饼边沿是否完整，有无掉料、缺口现象，是否形成泥鳅边；饼形背面碗口是否居中，深度是否垂直、一致、规整；有无斜边、通洞现象；压制的紧实度是否符合要求（铁饼要求紧实度较高），是否有烧心、泡松（原料粗老、压制不紧实导致压制后松泡的现象）情况；表面是否光洁，有无龟裂、起层现象；条索紧结、肥壮程度是否清晰，面料、里料是否一致，朴、梗、末含量情况，洒面茶是否有落面、脱面、包心外露、通洞，以及重实程度等。

（2）砖形、方形

评比形状是否扁平四方、端正、规整；厚薄度是否一致，有无斧头形；边沿是否完整，有无掉料、缺口、毛边现象；压制的紧实度是否符合要求，是否有烧心、泡松情况；表面是否光洁，有无龟裂、起层现象，表面图案是否纹理清晰；条索紧结、肥壮程度是否清晰，面料、里料是否一致，朴、梗、末含量情况，洒面茶是否有落面、脱面、包心外露、通洞情况，重实程度。

（3）沱茶、蘑菇状紧茶

评比形状是否端正、规整，外形有无直边、斜边，弧度合理程度（要注意有无歪扭、掉把的现象，碗臼状口是否圆形规整，碗口处是否居中）；碗口部分厚薄是否均匀，碗口是否平整，是否存在一边高一边低的情况；碗口边沿是否完整，有无掉料、缺口、毛边现象；压制的紧实度是否符合要求，有无掉把情况（特指蘑菇状紧茶因加工或包装等技术操作不当，茶柄掉落）；表面是否光洁，有无龟裂、起层现象；条索紧结程度、肥壮是否清晰，面料、里料是否一致，朴、梗、末含量情况，洒面茶是否有落面、脱面、包心外露、通洞情况,以及茶叶重实情况。

3. 色泽

紧压茶在蒸压过程中色泽有轻微的改变,但改变不大。紧压茶色泽审评重点为颜色种类和光泽(油润度和反光度)两个部分,参照加工选用原料所归属茶类的色泽审评,如以云南大叶种晒青绿茶为原料的参考大叶种绿茶审评,以各茶产区采用白茶加工工艺生产的白茶为原料的参考白茶审评,以云南大叶种晒红、红茶(湖北米砖)为原料的参考红茶审评。

在审评过程中,一定要注意判断是当年的原料压制的产品、往年的原料当年压制的产品,还是压制完存放多年的产品。对于存放多年的产品,色泽的审评要根据现实情况进行描述,重点观察是否有白霉、青霉、黑霉的霉点,如果发现霉点,不需要开汤审评,直接判定为劣变茶,不能饮用及销售。

(二)紧压茶内质审评

紧压茶在蒸压过程中内质有轻微的改变,但改变不大。因此,紧压茶内质审评主要根据其加工的原料归属进行描述。

在内质审评过程中,也要注意判断是当年的原料压制的产品、往年的原料当年压制的产品,还是压制完存放多年的产品。香气判识上客观识别陈香和霉气,滋味判识上客观识别陈韵和霉味。如果遇到有霉气和霉味的产品,直接判定为劣变茶,不能饮用及销售。

任务二 抹茶审评

任务指导书

>> **任务目标**

1. 了解抹茶茶类形成与发展、抹茶加工工艺及品质形成等知识。
2. 掌握各类抹茶审评方法、各项品质特征描述等知识。
3. 能根据抹茶实物样的真实情况进行审评操作,且术语描述与实际等级用词相差不超半个级。

>> **任务实施**

1. 利用搜索引擎及相关图书,获取抹茶茶类在不同时期、不同地域的加工、利用、品饮方法及文化价值,以及抹茶茶类审评方法、各项因子的审评重点等相关知识。
2. 实地到各茶区,调查各茶企抹茶茶类生产习惯、加工工艺、使用的设备设施等生产情况,获知在实际的生产加工中各项品质因子形成的机理及各工艺环节与各项品质的关系,了解产品、品质优缺点、品质改进措施等情况。

3. 利用搜索引擎及相关图书，调查抹茶国内外相关资料、行业及地方新旧标准，理解不同标准间的关系及差异、新旧标准间的差异、新标准修订的目的和意义。

4. 实地到各茶区，调查各茶企在抹茶实践审评中各项品质因子术语运用的情况，及其与各项标准间的差异情况。

5. 实地到各茶区茶企、销售门店收集不同等级抹茶产品，进行品质审评，并给出审评报告。

>> 考核评价

根据调查时的实际表现、调查深度及审评操作的熟练程度，结合对相关知识的理解程度及调查报告的内容，以及不同等级抹茶产品审评情况及审评报告，综合评分。

 知识链接

知识点一　抹茶生产简况

抹茶是以覆盖栽培的茶树鲜叶经蒸汽（或热风）杀青后干燥制成的叶片为原料，经研磨工艺加工而成的微粉状茶产品，是可以直接食用的超细颗粒的茶叶新型产品。抹茶具有典型的覆盖香气，即茶树经遮阴覆盖后采摘鲜叶加工制作而成的所特有的鲜香细腻或海苔香。超微绿茶粉于20世纪90年代初由日本和我国研制成功。目前，超微绿茶粉已广泛应用于食品、饮料、日用化工等行业。作为面包、面条、糖果、果脯等食品的风味添加剂，赋予食品天然的绿色色泽，具有营养保健功能；能有效防止食品氧化变质，延长食品的保质期；超微绿茶粉可分散于热水、凉水和冰水中，在饮料行业中作为即冲即饮的瓶装茶水原料，具有保持茶叶风味、抗菌等优点；应用于牙膏、面膜、洗发液、沐浴液的制作，可达到清除口腔细菌、消炎、除口臭、防牙病、使发质乌润、营养皮肤、清理皮肤黑色素、延缓衰老等作用。目前我国超微绿茶粉的生产企业超过100家，主要集中在浙江、江苏、福建、广东、湖北、湖南、四川、安徽等省份，生产量为2000t左右，并以每年5%~10%的速度增长，产品不仅在国内畅销，而且远销到韩国、日本、美国等20多个国家和地区，平均售价达到80~100元/kg。日本超微绿茶粉的市场销售量年平均增长5%，目前的市场需求量估计在1000t左右，其中80%用于食品加工。近年来，还有报道表明天然超微绿茶粉可作为制药行业中某些物质的合成中间体，运用于国内外医药市场。

知识点二　抹茶加工工艺及品质形成

一、抹茶加工流程

抹茶由茶鲜叶经摊放—护绿处理—杀青—揉捻—脱水—干燥—超微粉碎等工艺加工而成。

二、抹茶品质形成

1. 翠绿色泽形成

干茶翠绿亮丽、茶汤翠绿是抹茶品质的重要特征，其色泽主要受鲜叶中的有色物质和加工过程中形成的有色物质的含量和比例影响。绿茶加工过程中由于叶绿素 a 破坏较多，叶绿素 b 破坏相对较少，因此随着加工的进行，色泽逐渐由绿变黄；同时加工过程中叶绿素分子脱镁氧化，色泽由鲜绿变为暗绿。因此，要获得高叶绿素保留率的超微绿茶粉，必须采用有效的护绿处理和加工工艺的优化组合。此外，在生产上可用茶园遮阴处理和选择高叶绿素茶树品种的鲜叶作原料。

2. 超微颗粒形成

颗粒细是抹茶品质的另一重要特征。鲜叶加工成半成品后，经外力的作用，干茶的植物纤维断裂、叶肉破碎形成颗粒。在超微粉碎工艺中，随着粉碎过程的进行，料温不断上升，茶叶色泽将产生黄变，因此粉碎设备必须配有冷却装置，以对物料温度进行控制。

知识点三　抹茶品质特征描述

抹茶是以茶叶为原料，经特定加工工艺加工制成的具有一定粉末细度的产品。抹茶品质特征为：颗粒柔软细腻均匀，色泽鲜绿明亮，香气覆盖香显著，滋味鲜醇味浓，汤色浓绿。

参照国家标准《抹茶》(GB/T 34778—2017)，抹茶感官品质特征和理化指标要求见表 9-11、表 9-12 所列。

表 9-11　抹茶感官品质特征

级别	外形		内质		
	色泽	颗粒	香气	滋味	汤色
一级	鲜绿明亮	柔软细腻均匀	覆盖香显著	鲜醇味浓	浓绿
二级	翠绿明亮	细腻均匀	覆盖香明显	醇正味浓	绿

表 9-12　抹茶理化指标要求

项目	指标	
	一级	二级
粒度(D60)	≤18μm	
水分(质量分数,%)	≤6.0	
总灰分(质量分数,%)	≤8.0	
茶氨酸总量(质量分数,%)	≥1.0	≥0.5

注：D60 为样品总量的 60%。

知识点四　抹茶审评方法

抹茶审评方法采用柱形杯审评法：取 0.6g 茶样，置于 240mL 的评茶碗中，用 150mL 的审评杯注沸水，定时 3min，并使用茶筅搅拌，依次审评其汤色、香气与滋味。

外形　评比颗粒细腻、均匀程度。
色泽　评比其颜色种类，以鲜绿为好，墨绿次之；鲜活有光为好。
香气　重点审评覆盖香是否显著。
滋味　以鲜醇为好，醇正次之。
汤色　评比颗粒是否能完全与水融合，速溶性和溶解性好不好，有无沉淀、浮面现象。颜色以浓绿为好。

任务三　袋泡茶审评

任务指导书

» 任务目标

1. 了解袋泡茶茶类形成与发展、袋泡茶加工工艺及品质形成等知识。
2. 掌握各类袋泡茶审评方法、各项品质特征描述等知识。
3. 能根据袋泡茶实物样的真实情况进行审评操作，且术语描述与实际等级用词相差不超半个级。

» 任务实施

1. 利用搜索引擎及相关图书，获取袋泡茶茶类在不同时期、不同地域的加工、利用、品饮方法及文化价值，以及袋泡茶茶类审评方法、各项因子的审评重点等相关知识。
2. 实地到各茶区，调查各茶企袋泡茶茶类生产习惯、加工工艺、使用的设备设施等生产情况，获知在实际的生产加工中各项品质因子形成的机理及各工艺环节与各项品质的关系，了解产品品质优缺点、品质改进措施等情况。
3. 利用搜索引擎及相关图书，调查袋泡茶国内外相关资料、行业及地方新旧标准，理解不同标准间的关系及差异、新旧标准间的差异、新标准修订的目的和意义。
4. 实地到各茶区，调查各茶企在袋泡茶实践审评中各项品质因子术语运用的情况，及其与各项标准间的差异情况。
5. 实地到各茶区茶企、销售门店收集不同等级袋泡茶产品，进行品质审评，并给出审评报告。

» 考核评价

根据调查时的实际表现、调查深度及审评操作的熟练程度，结合对相关知识的理解程度和调查报告的内容，以及不同等级袋泡茶产品审评情况及审评报告，综合评分。

知识链接

知识点一　袋泡茶产销简况

袋泡茶是一种以一定规格的碎型茶作为原料,使用专用包装滤纸按包装要求分装成袋的茶叶产品,因饮用时带袋冲泡、一次一袋泡饮而得名。袋泡茶要求包装前后茶叶风味基本相同,是一种改散茶冲泡为袋茶冲泡,包装和饮用方式与一般传统散茶不同的再加工茶类。随着生活节奏的加快,袋泡茶以冲泡快速、清洁卫生、携带方便、适合调饮等特色,迅速风靡全球,畅销于欧美市场,成为发达国家的家庭、餐馆、办公室和会议厅等场所最普遍的茶叶饮用方式。至20世纪90年代,袋泡茶已占据世界茶叶总贸易量的25%。当前,国际市场袋泡茶的销售量每年以5%~10%的速度递增。

我国袋泡茶生产起步较晚,1964年开始生产,1974年开始出口,1974—1978年每年出口30t左右。改革开放后,我国袋泡茶发展迅速,1979年增加到748t。据有关统计数据显示,目前国内袋泡茶的消费量占国内茶叶消费量的比例还不到5%,远远低于欧美等发达国家的袋泡茶消费比例,与印度和斯里兰卡相比差距也很大。与此同时,以立顿红茶为代表的进口袋泡茶以强劲的势头冲击国内茶叶市场,使不少投产不久、规模不大、档次不高、质量不佳的袋泡茶企业陷入困境。目前,全国袋泡茶产销正以前所未有的规模和速度蓬勃发展,据资料显示,2020年中国袋泡茶线上市场规模大幅增长到128.7亿元。可以预见,随着现代生活节奏加快、年轻一代生活的时尚化,以及中国袋泡茶生产技术水平的提高,袋泡茶在中国将有较大的发展空间,中国袋泡茶在国际市场的销售量也会不断提高。

知识点二　袋泡茶产品分类

袋泡茶可按内含物所属茶类、内袋茶包形状等进行分类。

一、按内含物所属茶类分类

按内含物所属茶类,袋泡茶分为袋泡红茶、袋泡绿茶、袋泡黄茶、袋泡白茶、袋泡黑茶和其他茶类的袋泡茶等。

二、按内袋茶包形状分类

按照内袋茶包形状,袋泡茶分为单室袋型、双室袋型和金字塔型三大类型。

1. 单室袋型袋泡茶

单室袋型袋泡茶的内袋茶包有信封形和圆形等形状,其中圆形单室袋型茶包仅英国等地生产。一般较低档次袋泡茶使用单室信封形的内袋包装,冲泡时茶包往往不易下沉,茶叶溶出也较慢。

2. 双室袋型袋泡茶

双室袋型袋泡茶的内袋茶包呈"W"形,也被称为 W 形袋。这种茶包由于冲泡时热水可以进入两边的茶袋之间,不仅茶包易于下沉,而且茶汁溶出也比较容易,被认为是一种较先进的袋泡茶形式。

3. 金字塔型袋泡茶

金字塔型袋泡茶的内袋茶包形状为三棱锥形,每包最大包装量可达 5g,并能包装条形茶,是当前世界上最先进的袋泡茶包装形式,目前仅英国立顿公司等少数企业生产。

知识点三 袋泡茶品质特征描述

袋泡茶是以茶叶为原料,经加工形成确定的规格后,用过滤材料包装制成的产品。袋泡茶品质特征:滤袋外观洁净完整,香气纯正,滋味平和或醇和,汤色绿黄或红亮;冲泡后滤袋外形完整,不溃破,不漏茶。袋泡茶品质特征主要根据《袋泡茶》(GB/T 24690—2018)进行客观评定,不同茶类袋泡茶感官品质特征及理化指标要求见表 9-13、表 9-14 所列。

表 9-13 不同茶类袋泡茶感官品质特征

项目	指标						
	绿茶袋泡茶	红茶袋泡茶	乌龙茶袋泡茶	黄茶袋泡茶	白茶袋泡茶	黑茶袋泡茶	花茶袋泡茶
香气	纯正	纯正	纯正	纯正	纯正	纯正	花香
滋味	平和	尚浓	醇和	醇和	醇正	醇和	醇正

表 9-14 袋泡茶理化指标要求

项目	指标						
	绿茶袋泡茶	红茶袋泡茶	乌龙茶袋泡茶	黄茶袋泡茶	白茶袋泡茶	黑茶袋泡茶	花茶袋泡茶
水分(质量分数,%)	≤7.5	≤7.5	≤7.5	≤7.5	≤7.5	≤12.0	≤9.0
总灰分(质量分数,%)	≤7.5	≤7.5	≤7.0	≤7.5	≤7.5	≤8.5	≤7.5
水浸物(质量分数,%)	≥32.0	≥32.0	≥30.0	≥30.0	≥30.0	≥24.0	≥30.0

知识点四 袋泡茶审评方法

袋泡茶审评方法采用柱形杯审评法:取一茶袋置于 150mL 评茶杯中,注满沸水,加盖浸泡 3min 后揭盖上下提动袋茶两次(两次提动间隔 1min),提动后随即盖上杯盖,至 5min 沥茶汤入评茶碗中,依次审评汤色、香气、滋味和叶底。

(1) 外形审评

袋泡茶外形审评主要评包装。袋泡茶的冲饮方法是带内袋冲泡，审评时不需要开包破袋倒出茶叶看外形，而是要审评包装材料是否符合国家食品安全标准要求、包装是否完整，有无破损、漏茶现象，茶袋表面是否净洁、有无污渍，提拉线是否紧固、不易松动。

(2) 内质审评

袋泡茶内质审评主要评香气、滋味、汤色和叶底（冲泡后的内袋）。

香气　主要看纯异、类型、高低与持久性。袋泡茶因包装层数增加，受包装纸污染的机会较大，因此审评时应注意有无异气。

滋味　主要从浓淡、爽涩等方面评判，根据口感的好坏判断质量的高低。

汤色　评比茶汤的颜色种类和明浊度。同一类茶叶，茶汤的色度与品质有较强的相关性，失风受潮、陈化变质的茶叶在茶汤的色泽上反映也较为明显。汤色明浊度要求以明亮鲜活的为好，陈暗小光泽的为次，混浊不清的为差。

叶底　审评茶袋冲泡后内袋的完整性。冲泡后的内袋主要检查滤纸袋是否完整不裂，茶渣能否被封包于袋内而不溢出。如果有提线，还应检查提线是否脱离包袋。

任务四　花茶审评

任务指导书

>> 任务目标

1. 了解花茶茶类形成与发展、花茶加工工艺及品质形成等知识。
2. 掌握各类花茶审评方法、各项品质特征描述等知识。
3. 能根据花茶实物样的真实情况进行审评操作，且术语描述与实际等级用词相差不超半个级。

>> 任务实施

1. 利用搜索引擎及相关图书，获取花茶茶类在不同时期、不同地域的加工、利用、品饮方法及文化价值，以及花茶茶类审评方法、各项因子的审评重点等相关知识。

2. 实地到各茶区，调查各茶企花茶茶类生产习惯、加工工艺、使用的设备设施等生产情况，获知在实际的生产加工中各项品质因子形成的机理及各工艺环节与各项品质的关系，了解产品品质优缺点、品质改进措施等情况。

3. 利用搜索引擎及相关图书，调查花茶国内外相关资料、行业及地方新旧标准，理解不同标准间的关系及差异、新旧标准间的差异、新标准修订的目的和意义。

4. 实地到各茶区，调查各茶企在花茶实践审评中各项品质因子术语运用的情况，及其与各项标准间的差异情况。

5. 实地到各茶区茶企、销售门店收集不同等级花茶产品，进行品质审评，并给出审评报告。

>> 考核评价

根据调查时的实际表现、调查深度及审评操作的熟练程度，结合对相关知识的理解程度和调查报告的内容，以及不同等级花茶产品审评情况及审评报告，综合评分。

 知识链接

知识点一 花茶形成与发展

花茶是我国特有的一种再加工茶，茶坯用鲜花（茉莉花、白兰花、珠兰花、桂花、玫瑰花等）经窨（熏）制而成。花茶的起源可以追溯到 1000 多年前的宋代初期。在上等的绿茶中加入龙脑（称为龙凤茶），进贡帝王。宋朝蔡襄的《茶录》提到加香料茶："茶有真香，而入贡者微以龙脑和膏，欲助其香。"其中提到的这种龙凤香饼茶，与以后的花茶制法并不一样，但因为在茶叶中加入香料以增茶香，也属于花茶的一种类型。宋末元初周密辑录宋人诗词的《绝妙好词》中注施岳的《茉莉词》："茉莉，岭表所产……古人用此花焙茶。"在明代钱椿年著、顾元庆校的《茶谱》一书中，对当时茶用香花种类、香花采摘方法以及花茶窨制方法，均做了较为详细的叙述："木樨、茉莉、玫瑰、蔷薇、兰蕙、橘花、栀子、木香、梅花皆可作茶，诸花开放，摘其半含半放、蕊之香气全者，量其茶叶多少，扎花为伴。花多则太香而脱茶韵，花少则不香而不尽美，三停茶叶一停花始称，用瓷罐，一层茶，一层花，相间至满，纸箸抓固，入锅，重汤煮之，取出待冷，用纸封裹，置火上焙干收用。"《茶谱》还详细记述了当时莲花茶的窨制："莲花茶，于日未出时，将半含莲花拨开，放细茶一撮，纳满蕊中，以麻皮略縶，令其经宿。次早摘花，倾出茶叶，用建纸包茶焙干。再如前法，又将茶叶入别蕊中，如此者数次，取其焙干收用，不胜香美。"

目前常见的花茶有茉莉花茶、白兰花茶、珠兰花茶、桂花茶、玫瑰花茶等，其中以茉莉花茶产量最多，销路最广，最受人们的喜爱。茉莉花茶主要产地为福建的福州、浙江的金华、江苏的苏州，广东的芳村、四川的犍为等地也有少量茉莉花种植，用于茉莉花茶加工。从 1998 年开始，云南的元江和思茅发展了茉莉花种植。从 20 世纪 80 年代开始，广西横县等地由于其气候条件适合茉莉花生产，茉莉花种植基地发展迅速，茉莉花茶加工业也逐步向广西转移。江苏、浙江这些传统的茉莉花茶加工基地已经很少生产茉莉花茶，后来发展起来的广州茉莉花茶加工业也被其他产业取代。只有福建、四川还保留部分茉莉花茶加工。目前，我国茉莉花种植面积约为 1 万 hm^2，年产鲜花 9 万 t，其中广西横县产量约 6 万 t，福建产量约 1.5 万 t，云南产量约 1 万 t，四川产量约 0.5 万 t。我国年加工茉莉花茶产量约 10 万 t，广西横县已成为最大的茉莉花茶生产基地，年加工茉莉花茶约 5.5 万 t，占全国茉莉花茶产量的近 60%。

知识点二　香花分类和花茶品种

1. 香花分类

（1）香花按生物学特点划分

分为木本和草本两大类：木本香花，有茉莉花、白兰花、珠兰花、桂花、代代花、玫瑰花等；草本香花，有荷花、兰花等。

（2）香花按芳香油挥发特性划分

分为气质花和体质花两类：气质花，如茉莉花、兰花、梅花等，鲜花内的芳香油是随着花的开放而逐渐形成和挥发的；体质花，如白兰花、珠兰花、代代花等，芳香油是以游离状态存在于花瓣中，在花尚未开放或开放后，花瓣内都有芳香油。

2. 花茶品种

花茶所用的茶坯以绿茶为主，其次是乌龙茶和红茶。乌龙茶适宜用桂花窨制，红茶适宜用玫瑰花窨制。

茉莉花茶按配花量和窨花次数分为一窨一提、二窨一提、三窨一提、四窨一提、五窨一提、六窨一提等。原料越细越嫩，窨花次数越多，品质越好。

知识点三　花茶加工工艺及品质形成

此处以茉莉花茶为例，讲述其加工工艺及品质形成。

一、茉莉花茶窨制工艺

茉莉花茶为各类花茶之冠，其窨制工艺较复杂而细致，技术性要求较高。茉莉花茶窨制工艺流程为：茶坯选择与处理→窨花拌和→静置窨花（或堆窨）→通花→收堆续窨→起花→复火干燥→冷却→转窨或提花→匀堆装箱（袋）。

1. 茶坯选择与处理

茶坯本身品质好坏直接影响到茉莉花茶的质量，其规格和质量应符合国家或相应的行业、地方标准，或者该生产企业制定的企业标准。同时，茶坯的香气、滋味对花茶的香气、滋味起一定的调和衬托作用。

茶坯在窨花前要进行烘干和摊晾，目的有三个：一是茶坯在烘干过程中香气透发，便于与花香调和；二是降低茶坯含水量，水在花茶窨制中起一定的媒介作用，茶坯在吸收茉莉花中水分的同时吸收花香；三是使茶坯保持一定的坯温，茉莉花最适宜的吐香温度是35~37℃，茶坯温度必须与此相适应。

茉莉花是气质花，芳香物质以苷类的形态存在，需在一定的温度条件下经过酶的催化使其氧化和糖苷水解后，才能放出香气。因此，进厂的茉莉花蕾要到开放后，才能不断形成和放出花香。为了促使其提早开放、开得匀齐，传统工艺采用摊、堆、筛、晾等技术措施。

2. 窨花拌和

将符合工艺要求的茶坯和鲜花充分拌和均匀后堆放在一起,称为窨花拌和,目的是使茶坯与鲜花直接接触,充分吸香和调香。在窨花时要用少量白兰鲜花进行打底,利用白兰鲜花浓郁持久的香气,来衬托幽雅清新的茉莉花香,从而提高香气的鲜灵度、浓度和持久性。窨花过程实际上是一个调香过程。

窨花方法目前有箱窨、囤窨和堆窨。窨花场所要通风,使空气流通。

3. 通花

通花的目的是散发热量,通风透气,防止茶汤变黄及因温度过高引起鲜花和茶坯劣变。通花不宜过早,通花时散热要透。如果要增加香气浓度,则通花温度要高,收堆要早;如要提高香气鲜灵度,则通花温度要低,要通透凉足。通花时要起底,将着地的茶坯翻到上面来。

4. 起花

起花就是将茶坯与鲜花进行分离,筛出花渣。因茉莉花经茶坯窨花后,花中的部分水分和花香已被茶坯所吸收,所以茶坯含水量较多,如果不及时将花渣筛出,就会引起香气不纯,带花渣味。起花时,先要将茶堆耙开,抖筛时上茶要适量,茶、花均匀,切忌上茶忽多忽少。上茶过多,茶叶夹在花渣中在筛面上流走,造成浪费;上茶过少,花渣中的花瓣、花萼落筛较多,就会影响香气质量。

5. 复火干燥

将经窨花后的湿茶坯进行烘焙干燥的过程称为复火。复火的目的有两个:一是烘去多余的水分,增加茶坯的吸香能力;二是保留和固定窨花后的花香,提高花茶的香气浓度和持久性。复火时炉温要均匀,按不同的窨次掌握好炉温和含水量。复火后的茶坯必须经降温后才能装箱或装袋,切忌热茶闷在箱中或袋内。复火入囤的也要耙开散热。

6. 转窨或提花

转窨的目的:二窨以增加香气浓度为主,适当提高香气鲜灵度;三窨以上主要是提高香气鲜灵度。转窨的方法与窨花相同,只是窨花拌和后,无论是箱窨、囤窨还是堆窨,箱、囤、堆的大小、高低均应逐窨下降。

将窨花复火后的茶坯用少量鲜花再窨一次,称为提花。提花的目的是提高花茶的香气鲜灵度。由于配花量少,故提花时一般不需要进行通花。

转窨或提花都是以提高香气鲜灵度为主,要注意维护茉莉花生机,尽量保持其新鲜状态,同时要使空气流通,小堆窨花。

7. 匀堆装箱(袋)

在提花后的起花操作过程中,由于从开始到结束需一段时间,造成了花茶香气和水分前后的不一致。加上提花不经通花,因此堆的中间与四周、上面与底下的香气品质有差异,所以起花后要进行匀堆,使全堆品质基本一致。随后扦样,交质检部门检验,合格后过磅装箱(袋)。

二、茉莉花茶品质形成

1. 鲜花吐香

(1) 茉莉花开放吐香习性

茉莉花属气质花类,香精油物质以苷类的形态存在于花中,随着花蕾的成熟、开放,芳香物质不断形成和挥发,所以已开放的茉莉花对香料加工或窨花而言就失去利用价值。茉莉花开放吐香的另一个特点表现为白天均不开放。不论是田间还是离体的当天成熟花蕾,通常在19:00~22:00才能达到生理成熟而开放吐香,其中以19:00至翌日凌晨2:00为开放吐香盛期。正常气温下,开放吐香时间可达20~24h,但在窨制状态下吐香的时间缩短1/20~1/3。

(2) 影响茉莉花鲜花开放吐香的外界条件

①环境温度、湿度 此处指气温和空气相对湿度。适宜的温度为35℃,空气相对湿度为80%~85%。可促使当天的成熟花蕾离体后在加工环境中达到生理成熟而开放吐香,获得较为理想的花香质量。

②空气流通量 在某种程度上可反映鲜花的供氧状况。离体鲜花仍有生理代谢过程,在达到生理成熟阶段,供氧足,则花朵呼吸强度大,生理成熟快,开放吐香早;供氧不足,花朵不能顺利完成生理成熟和开放吐香,而且会因无氧呼吸产生酒精味。

③在窨品温度和水分 主要影响吐香与吸香的效率,最终影响窨制品质。当茶叶与花拼合后进入静置窨花阶段,温度和水分以及供氧状况等因素不仅影响鲜花的生命力,而且影响鲜花体内酶的活化、释放芳香物质并扩散到茶叶中。窨制过程温度和水分是一种动态变化过程,过高或过低均不利于窨花质量。

窨制工艺应抓住吐香的关键时期,适时进行茶叶与花的拼合,以获得优质且多量的茉莉花香产品。

2. 茶叶吸香

茶叶在加工过程中经过揉捻造型、烘炒制干等工艺流程形成特有的外形,如条形、圆形、卷曲形等,成为一种表面凹凸不平的、多孔隙的物质,加上含有许多具有吸附性质的化学物质如棕榈酸和萜烯类化合物、水浸出物等,因而茶叶具有较强的吸附性能,花茶的窨制工艺正是利用这一特性。在窨制过程中,茶叶是吸附剂,而鲜花中的芳香物质和水分子是吸附质。

茶叶的吸附作用大体上可划分为3个过程:a. 扩散。吸附质气体(挥发性芳香油和水蒸气)向茶叶外表面的扩散。b. 内扩散。吸附质气体沿着茶叶的孔隙深入全吸附表面(孔隙内表面或称孔表面)的扩散。c. 茶叶孔隙内吸附表面的吸附。一般来说,吸附作用的最后一个过程是很快的。花茶窨制过程中,物理吸附和化学吸附并存,茶叶的吸香能力强弱取决于素坯本身的物理性状和化学成分组成,吸香量与鲜花的香气释放量有关,并受窨制工艺条件如水分、温度、空气湿度等因素的影响。

(1) 影响茶叶吸香的茶叶自身因素

茶叶的物理性状和化学成分都在不同程度上影响窨制工艺效果。

①茶叶吸香效果与茶叶孔隙有关 茶坯的吸附性能与毛细管作用有关,即与茶叶孔

隙的孔径大小、孔隙长短密切相关。茶叶表面上分布着很多微小的孔隙，由于这些孔隙的存在，茶叶的比表面积很大。窨花过程中，茉莉鲜花释放的气体芳香物质不断进入茶叶孔隙中，一旦与茶叶表面接触，很快就被吸附在上面。茶坯的比表面积大小是炒青>半烘炒青>烘青，其中炒青茶坯吸附速度较快，但脱附也相应较快。在花茶最佳素坯原料的选择上，认为3种素坯的吸香能力和保香效果依次为烘青>半烘炒青>炒青。吸附平衡以烘青最慢，炒青与半烘炒青相近；解吸平衡则以炒青最快，烘青近似半烘炒青。综合评价是以烘为主的半烘炒青为适制花茶的最佳素坯原料，但烘青仍不失为较理想的花茶原料。

此外，细嫩茶坯孔径小、孔隙短，吸附能力强，吸收香气量多，但吸香速度慢；粗老茶坯孔径大、孔隙长，吸附能力弱，吸收香气量少，但吸香速度快。因此在工艺处理上，嫩度好的高档茶采用多窨次，多下花量。

②茶叶吸香效果与茶叶内某些化学组成有关　茶叶内含有棕榈酸和萜烯类等成分，具有较强的吸附性能，能吸附花香和其他异气，且具有定香的作用。细嫩茶坯含棕榈酸较多，有利于吸香，粗老茶坯则相反。研究显示，水浸出物也是影响茶叶吸附性能的重要因素。一般地，嫩茶水浸出物含量高，有利于吸香。

（2）影响茶叶吸香的工艺因素

①茶叶吸香能力与茶坯含水量有关　研究表明，当茶坯的含水量为2.1%~47%时，茶叶有明显的吸香能力，以含水量为10%~30%的茶叶吸香效果高于含水量低于10%或含水量高于30%的茶叶，但以含水量为15%~25%时窨制效果好。而且较高含水量的茶坯在窨制过程中能保持鲜花的活力，明显提高鲜花吐香能力。这就改变了原有的在低水分、干燥条件下付窨的单一制法。

②茶叶吸香效果与窨制温度有关　温度与香气分子的扩散作用有直接关系。温度高，香气分子扩散速度快，香气浓度大，茶坯的吸香作用也增强。不同鲜花的香气分子扩散作用所要求的温度不同，因此窨花的温度有所不同。如玳玳花的坯温要求较高，通常在60℃左右；而茉莉花一般付窨坯温应控制在30~33℃。温度的影响是多方面的，既影响鲜花的生理过程，也影响茶坯的吸附过程。

知识点四　花茶品质特征描述

一、外形品质描述

花茶外形品质描述基本与茶坯所属的茶类相同。如选用的茶坯属绿茶类，以绿茶的外形品质描述相同；选用的茶坯属乌龙茶类，以乌龙茶的外形品质描述。描述色泽优次大致顺序为：黄绿→绿黄→尚绿黄→黄→黄稍暗→黄稍枯。

二、内质描述

1. 汤色

汤色的描述应一并表达颜色种类、色泽深浅和亮度，同时要注意花茶窨制过程中使汤色加深变黄、浑、浊等情况。描述汤色优次大致顺序为：嫩黄明亮→浅黄→杏黄明亮→黄明亮→黄尚亮→黄稍暗。

2. 香气

香气主要评比香气的鲜灵度、浓度、纯度、持久性，其中又以鲜灵度、浓度为主。鲜灵度即新鲜敏锐、给人愉悦感的程度。浓度则为香气浓厚、持久程度，分辨高低强弱。纯度审评有无异杂味，香味里若有浊闷味、水闷味、花蒂味、透素、透兰等为不纯。要注意分辨花茶中可能出现的品质缺陷。描述香气优次大致顺序为：鲜灵→鲜浓→幽香→鲜纯→纯→香薄→香弱→香浮→透兰→透素。应根据实样进行客观描述。

3. 滋味

滋味的描述应注意把握品质规格要求：一级要求鲜灵、浓厚、鲜爽；二级要求鲜浓、醇厚、较爽；三级要求较鲜浓、醇和、尚爽；四级要求尚浓、醇正；五级要求香弱、平和；六级要求香薄略透素；碎茶要求尚浓、尚嫩、醇正。描述滋味优次大致顺序为：鲜浓醇爽、回甘→鲜浓醇厚→浓醇→醇厚→醇和→平和。

4. 叶底

包括叶质嫩度及色泽匀整度、亮度。嫩度、匀整度用"细嫩""柔软""肥厚""嫩匀""匀整"等评语表达。由于茶坯经过窨制，色泽一般以黄为主。

三、花茶各等级品质特征描述

一级花茶条索紧细圆直匀整，有锋苗和白毫，略有嫩茎，色泽绿润，香气鲜灵浓厚清雅。

二级花茶条索圆紧均匀，稍有锋苗和白毫，有嫩茎，色泽绿润，香气清雅。

三级花茶条索较圆紧，略有筋梗，色泽绿匀，香气纯正。

四级花茶条索尚紧，稍露筋梗，色泽尚绿匀，香气纯正。

五级花茶条索粗松有梗，色泽露黄，香气稍粗。

四、不同花茶各等级感官品质要求

1. 烘青茉莉花茶、炒青（含半烘炒青）茉莉花茶、茉莉碎茶和茉莉片茶

参照国家标准《茉莉花茶》（GB/T 22292—2017），将茉莉花茶分为烘青茉莉花茶、炒青（含半烘炒青）茉莉花茶、茉莉碎茶和茉莉片茶。其感官品质要求见表9-15至表9-18所列。

表9-15 特种烘青茉莉花茶感官品质要求

类别	外形				内质			
	形状	整碎	色泽	净度	香气	滋味	汤色	叶底
造型茶	针形、兰花或其他特殊型	匀整	黄褐润	洁净	鲜灵浓郁持久	鲜浓醇厚	嫩黄、清澈明亮	嫩黄绿明亮
大白毫	肥壮紧直重实、满披白毫	匀整	黄褐银润	洁净	鲜灵浓郁持久幽长	鲜爽醇厚甘滑	浅黄或杏黄鲜艳明亮	肥嫩多芽、嫩黄绿匀亮

(续)

类别	外形				内质			
	形状	整碎	色泽	净度	香气	滋味	汤色	叶底
毛尖	毫芽细秀紧结、平伏白毫显露	匀整	黄褐油润	洁净	鲜灵浓郁持久清幽	鲜爽甘醇	浅黄或杏黄清澈明亮	细嫩显芽、嫩黄绿匀亮
毛峰	紧结肥壮、锋毫显露	匀整	黄褐润	洁净	鲜灵浓郁高长	鲜爽浓醇	浅黄或杏黄清澈明亮	肥嫩显芽、嫩绿匀亮
银毫	紧结肥壮、平伏毫芽显露	匀整	黄褐油润	洁净	鲜灵浓郁	鲜爽醇厚	浅黄或杏黄清澈明亮	肥嫩、黄绿匀亮
春毫	紧结细嫩、平伏毫芽较显	匀整	黄褐润	洁净	鲜灵浓纯	鲜爽浓醇	黄明亮	嫩匀、黄绿匀亮
香毫	紧结显毫	匀整	黄润	净	鲜灵纯正	鲜浓醇	黄明亮	嫩匀、黄绿匀亮

表9-16 烘青茉莉花茶各等级感官品质要求

级别	外形				内质			
	条索	整碎	色泽	净度	香气	滋味	汤色	叶底
特级	细紧或肥壮有锋苗有毫	匀整	绿黄润	净	鲜浓持久	浓醇爽	黄亮	嫩软匀齐、黄绿明亮
一级	紧结有锋苗	匀整	绿黄尚润	尚净	鲜浓	浓醇	黄明	嫩匀、黄绿明亮
二级	尚紧结	尚匀整	绿黄	稍有嫩茎	尚鲜浓	尚浓醇	黄尚亮	嫩尚匀、黄绿亮
三级	尚紧	尚匀整	尚绿黄	有嫩茎	尚浓	醇和	黄尚亮	尚嫩匀、黄绿
四级	稍松	尚匀	黄稍暗	有茎梗	香薄	尚醇和	黄欠亮	稍有摊张、绿黄
五级	稍粗松	尚匀	黄稍枯	有梗朴	香弱	稍粗	黄较暗	稍粗大、黄稍暗

表9-17 炒青(含半烘炒青)茉莉花茶各等级感官品质要求

级别	外形				内质			
	条索	整碎	色泽	净度	香气	滋味	汤色	叶底
特级	细紧或肥壮有锋苗有毫	匀整	绿黄润	净	鲜浓持久	浓醇爽	黄亮	嫩软匀齐、黄绿明亮
一级	紧结有锋苗	匀整	绿黄尚润	尚净	鲜浓	浓醇	黄明	嫩匀黄绿明亮

(续)

级别	外形				内质			
	条索	整碎	色泽	净度	香气	滋味	汤色	叶底
二级	尚紧结	尚匀整	绿黄	稍有嫩茎	尚鲜浓	尚浓醇	黄尚亮	嫩尚匀、黄绿亮
三级	尚紧	尚匀整	尚绿黄	有嫩茎	尚浓	醇和	黄尚亮	尚嫩匀黄绿
四级	稍松	尚匀	黄稍暗	有茎梗	香薄	尚醇和	黄欠亮	稍有摊张、绿黄
五级	稍粗松	尚匀	黄稍枯	有梗朴	香弱	稍粗	黄较暗	稍粗大、黄稍暗

表9-18 茉莉花茶碎茶和片茶的感官品质特征

碎茶	通过紧门筛(筛网孔径0.8~1.6mm)的洁净重实的颗粒茶,有花香,滋味尚醇
片茶	通过紧门筛(筛网孔径0.8~1.6mm)的轻质片状茶,有花香,滋味尚醇

2. 福州茉莉花茶

参照福建省地方标准《地理标志产品 福州茉莉花茶》(DB35/T 991—2010),其感官品质要求见表9-19所列。

表9-19 福州茉莉花茶感官品质要求

级别	外形				内质				窨次
	条索	整碎	色泽	净度	香气	滋味	汤色	叶底	
银毫级以上特种茶	圆形、扁形、针形、螺形、珠形、束形等	匀整	绿润、黄亮、银亮	洁净	鲜灵、馥郁永久	鲜浓醇厚、回甘	黄绿、清澈、明亮	毫芽肥嫩、匀亮	六窨以上
银毫级	紧结、芽壮、毫显	匀整、平伏	绿润	洁净	鲜灵、浓郁持久	鲜浓醇厚	黄绿、清澈、明亮	肥嫩、匀亮、毫芽显	六窨一提
春毫级	紧结、细嫩、显毫	匀整、平伏	绿润	洁净	鲜灵、浓郁	鲜浓醇厚	黄绿、明亮	细嫩、匀亮、显毫	五窨一提
香毫级	紧结、锋苗、显毫	匀齐、平伏	绿润	洁净	鲜灵尚浓郁	鲜浓醇厚	黄绿、明亮	嫩绿、明亮、显毫	五窨一提
特级	紧结、多毫	匀齐、平伏	黄绿尚润	净略含嫩筋	鲜浓	鲜浓	淡黄、明亮	嫩绿、匀亮	四窨一提

3. 扁形桂花绿茶、条形桂花绿茶、桂花红茶和桂花乌龙茶

参照供销合作行业标准《桂花茶》(GH/T 1117—2015),桂花茶分为扁形桂花绿茶、条形桂花绿茶、桂花红茶和桂花乌龙茶,其感官品质要求见表9-20至表9-23所列。

表 9-20　扁形桂花绿茶感官品质要求

级别	外形				内质			
	条索	整碎	色泽	净度	香气	滋味	汤色	叶底
特级	扁平光直	匀齐	嫩绿润	匀净	浓郁持久	醇厚	嫩绿明亮	嫩绿成朵，匀齐明亮
一级	扁平挺直	较匀齐	嫩绿尚润	洁净	浓郁尚持久	较醇厚	尚嫩绿明亮	成朵，尚匀齐明亮
二级	扁平尚挺直	匀整	绿润	较洁净	浓	尚浓醇	绿明亮	尚成朵，绿明亮
三级	尚扁平挺直	较匀整	尚绿润	尚洁净	尚浓	尚浓	尚绿明亮	有嫩单片，绿尚明亮

表 9-21　条形桂花绿茶感官品质要求

级别	外形				内质			
	条索	整碎	色泽	净度	香气	滋味	汤色	叶底
特级	细紧	匀齐	嫩绿润	匀净	浓郁持久	醇厚	嫩绿明亮	嫩绿成朵，匀齐明亮
一级	紧细	较匀齐	嫩绿尚润	净稍含嫩茎	浓郁尚持久	较醇厚	尚嫩绿明亮	成朵，尚匀齐明亮
二级	较紧细	匀整	绿润	尚净有嫩茎	浓	浓醇	绿明亮	尚成朵，绿明亮
三级	尚紧细	较匀整	尚绿润	尚净稍有筋梗	尚浓	尚浓	尚绿明亮	有嫩单片，绿尚明亮

表 9-22　桂花红茶感官品质要求

级别	外形				内质			
	条索	整碎	色泽	净度	香气	滋味	汤色	叶底
特级	细紧	匀齐	乌润	匀净	浓郁持久	醇厚香甜	橙红明亮	细嫩、红匀明亮
一级	紧细	较匀齐	乌较润	较匀净	浓郁尚持久	较醇厚香甜	橙红尚明亮	嫩匀红亮
二级	较紧细	匀整	乌尚润	尚匀净	浓	醇和	橙红明	嫩匀尚红亮
三级	尚紧细	较匀整	尚乌润	尚净	尚浓	醇正	红明	尚嫩匀尚红亮

项目九　再加工茶审评

表 9-23 桂花乌龙茶感官品质要求

级别	外形				内质			
	条索	整碎	色泽	净度	香气	滋味	汤色	叶底
特级	肥壮、紧结、重实	匀整	乌润	洁净	浓郁持久、桂花香明	醇厚、桂花香明、回甘	橙黄、清澈	肥厚软亮、匀整
一级	较肥壮、结实	较匀整	乌较润	净	清高持久、桂花香明	醇厚、带有桂花香	深橙黄、清澈	尚软亮、匀整
二级	稍肥壮、略结实	尚匀整	尚乌润	尚净、稍有嫩幼梗	桂花香、尚清高	醇和、带有桂花香	橙黄、深黄	尚软亮、略匀整

4. 特种珠兰花茶和烘青珠兰花茶

参照安徽省地方标准《珠兰花茶》（DB/T 1355—2018），根据茶坯原料不同，珠兰花茶分为特种珠兰花茶和烘青珠兰花茶，其感官品质要求见表 9-24、表 9-25 所列。

表 9-24 特种珠兰花茶的感官品质要求

类别		级别	外形	内质			
				香气	滋味	汤色	叶底
特种绿茶类	珠兰黄山毛峰	特级一等	芽头肥壮，匀齐，形似雀舌，毫显，嫩绿泛象牙色，有金黄片	嫩香馥郁，兰香	幽雅持久，鲜醇甘爽	嫩黄绿，清澈鲜亮	嫩黄，匀亮，鲜活
		特级二等	芽头较肥壮，较匀齐，形似雀舌，毫显，嫩黄绿润	嫩清香，兰香幽长	鲜醇爽	嫩黄绿，清澈明亮	嫩黄，明亮
		特级三等	芽头尚肥壮，尚匀齐，毫显，黄绿润	清香，兰香幽雅	鲜醇较爽	嫩黄绿明亮	嫩黄，明亮
		一级	芽叶肥壮，匀齐隐毫，条微卷，黄绿润	香气纯正，兰香较幽雅	鲜醇	黄绿清亮	较嫩匀，黄绿亮
		二级	芽叶较肥壮，较匀整，条微卷，显芽毫，较黄绿润	香气较纯正，兰香尚幽	醇厚	黄绿明亮	尚嫩匀，黄绿亮
		三级	芽叶尚肥壮，条略卷，尚匀，尚黄绿润	兰香尚显	较醇厚	黄绿较亮	尚匀，黄绿
	珠兰大方	特级	扁伏齐整，挺直饱满，色绿微黄，毫稍显	香气高长，兰香幽雅持久	醇厚甘爽	嫩黄绿明亮	芽头壮实，嫩黄匀亮
		一级	扁平匀整，挺直，浅黄绿，毫隐	香气纯正，兰香幽长	鲜醇回甘	黄绿明亮	嫩匀成朵，黄绿明亮
		二级	扁平，尚挺直，黄绿	香气纯正，兰香较幽长	醇厚	黄绿较亮	芽叶柔软，黄绿亮
	珠兰黄山芽		条索紧细，锋苗挺秀，匀整，黄绿光润，毫显	兰香幽雅持久	醇爽回甘	清澈黄亮	细嫩明亮
	珠兰特型绿茶		呈针形、卷曲形、螺形或其他特殊造型，匀整，洁净，绿润	兰香	醇爽回甘	嫩黄清亮	黄绿明亮

（续）

类别	级别	外形	内质			
			香气	滋味	汤色	叶底
特种红茶类	珠兰红香螺 特级	细嫩卷曲金毫显露，色乌黑油润，匀整，净度好	嫩甜香高鲜，兰香幽雅持久	甜醇鲜爽	红艳明亮	红亮匀齐，细嫩显芽
	一级	紧结卷曲显毫，色乌黑较油润，较匀整，净度较好	鲜甜香，兰香幽长	甜醇尚鲜	红亮	红亮嫩匀
	二级	紧结卷曲尚显毫，色乌润，尚匀整，净度尚好	甜香，兰香幽雅	甜醇尚厚	红较亮	红亮较嫩匀
	珠兰红毛峰 特级	紧结弯曲露毫，显锋苗，色乌润，匀整，净度好	甜香高鲜，兰香幽雅持久	鲜甜醇	红艳明亮	红亮匀齐，柔嫩
	一级	紧结弯曲显锋苗，色乌较润，较匀整，净度较好	鲜甜香，兰香幽长	甜醇尚鲜	红亮	红亮嫩匀
	二级	紧结弯曲有锋苗，色乌尚润，尚匀整，净度尚好	甜香，兰香幽雅	甜醇尚厚	红较亮	红亮较嫩匀
	珠兰特型红茶	呈针形、卷曲形、螺形或其他特殊造型，匀整，洁净，乌润	甜香，兰香协调	甜醇	红亮	红亮匀

表 9-25 烘青珠兰花茶感官品质要求

级别	外形	内质			
		香气	滋味	汤色	叶底
特级	条索紧细，锋苗显露，匀整，匀净，深绿润	兰香幽雅持久	醇爽较鲜	嫩黄清亮	嫩匀柔软明亮
一级	条索紧细，显锋苗，匀整平伏，绿润	兰香幽长	醇浓甘爽	黄绿清澈明亮	细嫩匀整，明亮
二级	条索紧结，尚匀整，尚净，黄绿润	兰香幽雅	浓醇带鲜	绿黄亮	嫩尚匀亮
三级	条索尚紧，平伏，尚匀整，尚净，稍含嫩茎，黄绿稍润	兰香较幽雅	醇厚	绿黄尚亮	尚嫩亮
四级	条索壮实，稍露筋梗，尚匀整，尚净，有茎梗，黄绿稍润	兰香显	尚醇厚	黄尚亮	尚软有摊张
五级	条索稍粗，略扁，含梗片，尚匀，有梗朴，黄稍枯暗	兰香尚显	尚醇	黄稍暗	稍粗老
碎茶	通过紧门筛（筛网孔径 0.8~1.6mm）的洁净重实的颗粒茶，有兰香，滋味尚醇				
片茶	通过紧门筛（筛网孔径 0.8~1.6mm）的轻质片状茶，有兰香，滋味尚醇				

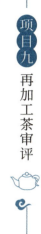

知识点五　花茶审评方法

花茶审评方法采用柱形杯审评法：拣除茶样中的花瓣、花萼、花蒂等花类夹杂物，称取有代表性茶样 3g，置于 150mL 评茶杯中，注满沸水，加盖浸泡 3min，按冲泡次序依次等速将茶汤沥入评茶碗中，审评汤色、香气（鲜灵度和纯度）、滋味；第二次冲泡 5min，沥出茶汤，依次审评汤色、香气（浓度和持久性）、滋味、叶底。结合两次冲泡综合评判。

一、花茶外形审评

花茶是用茶坯和鲜花窨制而成，所以花茶的外形由茶坯和干花两部分组成，而这两部分直接影响到花茶的质量，反映出窨制的技术水平。审评花茶外形时，既要审评茶坯的外形，也要注意干花的形态和色泽。窨制花茶的烘青茶坯，目前大体上分为 3 种类型：一是福建坯，以多毫的中大叶品种为主；二是江苏、浙江、安徽坯，以条索紧细的中小叶种为主；三是广西、云南的西南茶坯，条索肥壮，含茎梗稍多。另外，还有湖南、湖北等省份的炒青、半烘炒青茶坯，条索紧结，光滑。

花茶外形审评基本与茶坯所属的茶类相同。如选用茶坯属绿茶类，与绿茶的外形审评方法相同；选用茶坯属乌龙茶类，与乌龙茶的外形审评方法相同。

条索　评比细紧或粗松，茶质轻重，茶身圆扁、弯直，有无锋苗及长秀短钝、有无毫芽等。评比时要注意鉴别细与瘦、壮与粗的差别，毫芽要肥壮，不可与驻芽相混淆。还要注意花茶窨制过程使其条索松散的情况。

整碎　评比面张茶、中段茶、下盘茶的比例和筛号茶拼配是否匀称适宜，察看面张茶是否平伏和筛档的匀称情况。特别要注意下盘茶是否超过标准。

色泽　评比枯润、匀杂、颜色。要注意花茶经过窨制其颜色与绿茶相比应显得绿中泛黄。

净度　评比梗、筋、片、籽等茶类夹杂物含量，花瓣、花萼、花蒂等花类夹杂物含量，以及非茶类夹杂物含量。

二、花茶内质审评

1. 香气

评比鲜灵度、浓度、纯度。嗅之有茉莉鲜花香气，香气感觉越明显、越敏锐，表明鲜灵度越好。浓度不但反映在香气浓重上，还反映在持久耐嗅和耐泡上。乍嗅尚香、二嗅香微、三嗅香尽，表明浓度低。第一次冲泡 3min 嗅香，着重鉴定鲜灵度和纯度；第二次冲泡 5min，着重鉴定浓度和持久性，浓度和持久性在第二次冲泡时容易区别。纯度是鉴评茉莉花香气是否纯正，是否杂有其他花香型的香气或其他气味。好的花茶，香气为花香幽雅；鲜灵芬芳持久；花香模糊，香气欠纯，透素、透底，为次。

2. 滋味

评比醇和度、鲜爽度、浓厚。茉莉花茶茶汤要求醇和而不苦、不涩，鲜爽而不闷、不浊。贵浓厚耐泡、忌淡薄,忌显绿茶生青或涩味。正常的花茶滋味,醇厚鲜爽,鲜花味浓。鲜花味淡,茶坯味浓,淡水味、不鲜爽,为次。

3. 汤色
评比明亮程度。花茶正常的汤色是黄绿明亮。汤色黄、黄暗、甚至浑浊为次。

4. 叶底
评比嫩度和色泽。嫩度评比粗老肥嫩、叶质硬挺柔软,以软嫩为佳。色泽评比颜色、亮暗、匀杂,以黄绿匀亮为佳。

思考与练习

一、名词解释(请依据审评术语国家标准解释以下名词)

扁平四方体、斧头形、包心外露、菌花香、泥鳅边、槟榔香、起层、断甑、歪扭

二、单项选择题

1. 审评时,常用(　　)术语描述茉莉花茶中带有明显的兰花香。
   A. 透素　　　　B. 透兰　　　　C. 香浮　　　　D. 香贫

2. 压制茶样随机抽取后,应从各件内不同部位取出(　　)个(块),集中,再按要求抽取所需留样量。
   A. 2~3　　　　B. 2~4　　　　C. 1~5　　　　D. 1~2

3. 不同茶类感官品质审评的侧重点不同,(　　)是形质并重的茶类。
   A. 黄茶　　　　B. 乌龙茶　　　C. 红碎茶　　　D. 压制茶

4. 抹茶审评方法采用柱形杯审评法,应取(　　)茶样,置于(　　)的评茶碗中。
   A. 3g,240mL　　B. 0.6g,240mL　C. 3g,150mL　　D. 0.6g,150mL

5. 袋泡茶审评需要冲泡(　　)次。
   A. 1　　　　　B. 2　　　　　C. 3　　　　　D. 4

三、判断题

1. 袋泡茶是按外形、汤色、香气、滋味、叶底5项进行审评的。(　　)
2. 日本蒸青绿茶中,碾茶的外形品质为薄薄单片叶,色泽浓绿。(　　)
3. 茉莉花茶的茶叶吸香原理是茶叶具有吸湿性能。(　　)
4. 抹茶颗粒柔软细腻均匀,色泽鲜绿明亮,香气覆盖香显著,滋味鲜醇味浓,汤色浓绿。(　　)
5. 紧压茶审评方法采用柱形杯审评法,审评结果以第一泡为主,综合第二泡进行评判。(　　)

四、填空题

1. 抹茶是由茶鲜叶经_____、_____、_____、_____、_____、_____、_____等工艺加工而成。

2. 袋泡茶外形审评主要评_____。

3. 参照《茉莉花茶》(GB/T 22292—2017),将茉莉花茶分为_____、_____、

_____和_____。

4. 紧压茶审评形状，饼形评比_____是否规整，有无_____。砖形、方形评比形状是否_____、_____、_____。_____、_____、紧茶评比形状是否端正、规整，外形有无直边、斜边、弧度合理程度。要注意有无歪扭、掉把的现象，碗臼状口是否圆形规整，碗口处是否居中。

5. 花茶的外形由_____和_____两部分组成，而这两部分直接影响到花茶的质量，反映出窨制的技术水平，审评花茶外形时既要审评_____，也要注意_____。

五、简答题

1. 紧压茶、抹茶、花茶审评选取什么规格的审评杯（碗）？称茶几克？多次冲泡时间分别为多少分钟？各品质特征分别以第几次冲泡结果为主？

2. 简述国家标准将紧压茶分为哪9个部分。

3. 简述袋泡茶产品分类。

4. 简述茉莉花茶窨制原理及工艺流程。

六、拓展与论述题

请以3款花茶为例，开展内质和外质审评，对3款花茶品质特征进行描述。

项目完成情况及反思

1. _____
2. _____
3. _____
4. _____
5. _____

参考文献

安徽农学院，1989. 制茶学[M]. 2版. 北京：中国农业出版社.
陈宗懋，2015. 中国茶叶大辞典[M]. 北京：中国轻工业出版社.
段建真，郭素英，1993. 茶树新梢生育生态场的研究[J]. 茶业通报（1）：1-5.
顾谦，陆锦时，叶宝存，2002. 茶叶化学[M]. 合肥：中国科学技术出版社.
李宗垣，凌文斌，2006. 安溪铁观音制作与品评[M]. 福州：海潮摄影艺术出版社.
鲁成银，2014. 茶叶审评与检验技术[M]. 北京：中央广播电视大学出版社.
陆松侯，施兆鹏，2001. 茶叶审评与检验[M]. 3版. 北京：中国农业出版社.
骆少君，2004. 评茶员培训教材[M]. 北京：中国劳动社会保障出版社.
骆耀平，2015. 茶树栽培学[M]. 5版. 北京：中国农业出版社.
牟杰，2018. 评茶员（初级/中级/高级）[M]. 北京：中国轻工业出版社.
人力资源和社会保障部教材办公室，2012. 茶叶加工工培训教材. 初级/中级/高级/技师/高级技师[M].北京：中国劳动社会保障出版社.
施兆鹏，黄建安，2010. 茶叶审评与检验[M]. 4版. 北京：中国农业出版社.
宛晓春，2003. 茶叶生物化学[M]. 3版. 北京：中国农业出版社.
夏涛，2014. 制茶学[M]. 3版. 北京：中国农业出版社.
徐树来，王永华，2009. 食品感官分析与实验[M]. 2版. 北京：化学工业出版社.
杨福臣，张兰，2017. 食品感官分析技术[M]. 武汉：武汉理工大学出版社.
杨胜伟，2015. 恩施玉露[M]. 北京：中国农业出版社.
杨亚军，2009. 评茶员培训教材[M]. 北京：金盾出版社.
叶乃兴，2010. 白茶科学·技术与市场[M]. 北京：中国农业出版社.
叶乃兴，2013. 茶学概论[M]. 北京：中国农业出版社.
赵镭，邓少平，刘文，2015. 食品感官分析词典[M]. 北京：中国轻工业出版社.
朱旗，2020. 茶学概论[M]. 2版. 北京：中国农业出版社.

数字资源列表

序号	章节	资源类型	页码
1	项目一　夯实评茶基础	图片、习题参考答案	2
2	项目二　解锁茶叶审评基本条件及基础技能	图片、习题参考答案	48
3	项目三　绿茶审评	图片、习题参考答案	96
4	项目四　红茶审评	图片、习题参考答案	122
5	项目五　黄茶审评	图片、习题参考答案	140
6	项目六　白茶审评	图片、习题参考答案	152
7	项目七　乌龙茶审评	图片、习题参考答案	164
8	项目八　黑茶审评	图片、习题参考答案	184
9	项目九　再加工茶审评	图片、习题参考答案	200